建筑工程施工

杨德军 著

吉林科学技术出版社

图书在版编目（CIP）数据

建筑工程施工 / 杨德军著． -- 长春：吉林科学技术出版社，2019.10
ISBN 978-7-5578-6166-7

Ⅰ．①建… Ⅱ．①杨… Ⅲ．①建筑施工 Ⅳ．①TU74

中国版本图书馆CIP数据核字（2019）第232656号

建筑工程施工

著　　者	杨德军
出 版 人	李　梁
责任编辑	端金香
封面设计	刘　华
制　　版	王　朋
开　　本	185mm×260mm
字　　数	380千字
印　　张	17.25
版　　次	2019年10月第1版
印　　次	2019年10月第1次印刷
出　　版	吉林科学技术出版社
发　　行	吉林科学技术出版社
地　　址	长春市福祉大路5788号出版集团A座
邮　　编	130118

发行部电话／传真　0431—81629529　　81629530　　81629531
　　　　　　　　　　81629532　　81629533　　81629534

储运部电话　0431—86059116
编辑部电话　0431—81629517

网　　址	www.jlstp.net
印　　刷	北京宝莲鸿图科技有限公司
书　　号	ISBN 978-7-5578-6166-7
定　　价	70.00元

版权所有　翻印必究

前　言

随着我国社会的发展，优质的建筑工程不仅能够满足人们的日常生活需要，同时还能改善人们的生活品质。然而，优质的建筑工程，直接取决于其施工质量。因此，施工技术在建筑工程中有着至关重要的地位。建筑施工是一项多工种、多专业的复杂的系统工程，要使施工全过程顺利进行，以期达到预定的目标，就必须用科学的方法进行施工管理。但在贯彻制度和落实责任制的时候，往往流于形式，因此在重特大安全事故频发的现实状况下，建筑工程施工质量已成为全社会各方普遍关注的问题。要提高建筑工程的总体质量，必须狠抓施工的每一个环节，每一个阶段，把控好质量要求。本书将通过对土方工程施工，地基与基础工程施工，砌筑工程施工，钢筋混凝土结构工程施工，钢结构工程施工，防水工程施工，装饰工程施工等做了简要的阐释。

目 录

第一章 土方工程施工 ··· 1
   第一节 土方的种类和鉴别 ·· 1
   第二节 土方施工 ·· 7
   第三节 基坑支护与降排水 ·· 39
   第四节 冬期施工和雨期施工措施 ·· 45

第二章 地基与基础工程施工 ·· 55
   第一节 地基处理 ··· 55
   第二节 钢筋混凝土基础施工 ·· 61
   第三节 桩基础施工 ·· 64

第三章 砌筑工程施工 ··· 75
   第一节 砌体材料 ··· 75
   第二节 脚手架 ·· 77
   第三节 砂浆的制备 ·· 84
   第四节 砌体施工 ··· 87
   第五节 冬期施工和雨期施工措施 ·· 94

第四章 钢筋混凝土结构工程施工 ··· 96
   第一节 模板施工 ··· 96
   第二节 钢筋施工 ·· 104
   第三节 混凝土施工 ··· 127
   第四节 预应力混凝土工程施工 ··· 135
   第五节 冬期施工和雨期施工 ·· 142
   第六节 钢筋混凝土工程施工 ·· 147

第五章 钢结构工程施工······155
第一节 钢结构加工机具······155
第二节 钢结构的制作工艺······160
第三节 钢结构连接施工工艺······168
第四节 钢结构安装工艺······174
第五节 钢结构涂装施工······180

第六章 防水工程施工······186
第一节 卷材防水屋面施工······186
第二节 涂膜防水屋面施工······189
第三节 刚性防水屋面施工······194
第四节 地下防水工程施工······201
第五节 卫生间防水施工······204
第六节 防水工程冬期施工······206

第七章 装饰工程施工······209
第一节 抹灰施工······209
第二节 饰面板与饰面砖施工······214
第三节 地面施工······221
第四节 吊顶与轻质隔墙施工······234
第五节 门窗施工······239
第六节 涂饰施工······243
第七节 裱糊施工······245
第八节 幕墙工······249
第九节 装饰工程的冬期和雨期施工······261

结　语······266

参考文献······267

第一章 土方工程施工

建筑施工中，常见的土方工程有场地平整、基坑开挖及基坑回填等。土方工程主要包括土（或石）的挖掘、填筑和运输等施工过程，以及排水、降水和土壁支护等辅助工程。

土方工程施工的特点是：面广量大，劳动繁重，大多为露天作业，施工条件复杂，易受地区气候条件影响。且土本身是一种天然物质，种类繁多，施工时受工程地质和水文地质条件的影响也很大。因此为了减轻劳动强度、提高劳动生产效率、加快工程进度、降低工程成本，在组织施工时，应根据工程自身条件，制定合理施工方案，尽可能采用新技术和机械化施工。

第一节 土方的种类和鉴别

土的工程分类是地基基础勘查与设计、施工的前提，因此土的工程分类是岩土工程界普遍关心的问题之一，也是勘察、设计规范的首要内容，在20世纪80年代到90年代制定的一批规范发展和丰富了土的分类系统。20世纪初期，瑞典土壤学家阿太堡提出了土的粒组划分方法和土的液限、塑限的测定方法，为近代土分类系统的形成奠定了基础。到40年代末，50年代初，土的工程分类已逐步成熟，形成了不同的分类基础。

从为工程服务的目的来说，土的分类系统是把不同的土分别安排到各个具有相近性质的组合中去，其目的是为了人们有可能根据同类土已知的性质去评价，或为工程师提供一个可采用的描述与评价土的方法。由于各类工程特点不同，分类依据的侧重面也就不同，因而形成了服务于不同工程类型的分类体系。

一、土的工程分类

（一）为工程预算服务的分类

国家计划委于1986年10月1日发布的规定中，将土分为普通土、坚土、砂砾坚土三类。

（二）为判定和评估岩土工程性质的分类

1. 根据土的颗粒级配、塑性指标等土的物理性质，可将土分为碎石类土。粒径大于2毫米的颗粒含量超过全重的50%以上。根据颗粒级配及形状又可分为漂石土、块石土、卵石土、碎石土、圆砾土和角砾土。

2. 砂土。粒径大于 2 毫米的颗粒不超过全重的 50%，塑性指数不大于 3 的土。根据颗粒级配又可分为砂砾、粗砂、中砂、细砂和粉砂。

3. 黏性土：具有黏性和可塑性，塑性指数大于 3 的土。第四纪晚更新及其以前沉积的黏性土为老黏土；第四纪全新世沉积的黏性土为一般黏土；文化期以来新沉积的黏性土称为新近沉积黏性土。按土的塑性指数 Ip 有可分为黏土、亚黏土和轻亚黏土三种。

（三）按工程性质分类

可分为软土、人工回填土、黄土、膨胀土、红黏土及盐渍土等特殊土。

1. 软土。在静水或缓慢的流水环境中沉积，经生物化学作用形成饱和黏性土

2. 人工回填土：由于人类活动而产生的堆积物，其物质成分一般较为杂乱，均匀性差。由碎石土、砂土、黏性土等一种或数种组成的称为素填土。经过分层压实统称为压实填土。大量含有垃圾、工业废料等杂物的称为杂填土。

3. 黄土：是在干燥气候条件下形成的一种具有灰黄色或棕黄色的特殊土，颗粒在 0.05～0.005 毫米的占总重量 50% 以上，质地均一，结构疏散，孔隙率很高，有肉眼可见的大孔隙，含碳酸钙 10% 左右，无沉积层理。

4. 膨胀土：黏粒成分主要由亲水性矿物质赞成，液限大于 40%，切膨胀性能较大，自由膨胀率大于 40%，是黏性土的特征之一。在自然状态下，多呈硬塑性或坚硬状态，具有黄、红、灰白等色，

5. 红黏土：又石灰岩、白云岩、泥灰岩等碳酸盐类岩石，经过风化过程后，残积，坡积形成褐红、棕红、黄褐等塑性黏土。

6. 盐渍土：土层内平均易容盐的含量大于 0.5%，土的盐渍化使结构破坏以至土层疏松。冬季的土体膨胀，雨季时强度降低。在潮湿状态时，含盐越大，清度越低。含盐量高时不易压实。

二、土的有关工程性质

（一）土的可松性

土具有可松性，即自然状态下的土，经过开挖后其体积因松散而增加，后虽然经过回填压实仍不能恢复其原来的体积，这种性质称为土的可松性。土的可松性程度用可松性系数表示，即：

最初可松性系数：$K_s = V_2 \div V_1$

最后可松性系数：$K'_s = V_3 \div V_1$

式中：V_1——土在自然状态下的体积（m³）；

V_2——土挖出后的松散状态下的体积（m³）；

V_3——土经回填压实后的体积（m³）。

土的可松性程度与土质有关。可松性系数对土方的调配、土方量的计算、运输、填筑等都有影响。可松性系数可参考表 1-1-1。

表 1-1-1 可松性系数参考值

土的类别	土的名称	土的可松性系数	
		K_s	K'_s
一类土（松软土）	砂，粉土，冲击砂土层，种植土，泥炭（淤泥）	1.08～1.17	1.01～1.03
二类土（普通土）	粉质黏土，潮湿的黄土，夹有碎石、卵石的砂，种植土，填筑土及粉土	1.14～1.28	1.02～1.05
三类土（坚土）	软及中等密实土，重粉质黏土，粗砾石，干黄土及碎石，卵石的黄土，粉质黏土，压实的填筑土	1.24～1.30	1.04～1.07
四类土（砂砾坚土）	重黏土及含碎石、卵石的黏土，粗卵石，密实的黄土，天然级配砂石，软泥灰岩及蛋白石	1.26～1.32	1.06～1.09
五类土（软石）	硬石炭纪黏土，中等密实的页岩，泥灰岩，白垩土，胶结不紧的砾岩，软的石灰岩	1.30～1.45	1.10～1.20
六类土（次坚石）	泥岩，砂岩，砾岩，坚实的页岩，泥灰岩，密实的石灰岩，风化花岗岩，片麻岩	1.30～1.45	1.10～1.20
七类土（坚石）	大理岩，辉绿岩，玢岩，粗、中粒花岗岩，坚实的白云岩，砂岩，砾岩，片岩，石灰岩，风化痕迹的安山岩，玄武岩	1.30～1.45	1.10～1.20
八类土（特坚石）	安山岩，玄武岩，花岗片麻岩，坚实的细粒花岗岩，闪长岩，石英岩，辉长岩，辉绿岩，玢岩	1.45～1.50	1.20～1.30

（二）土的渗透性

土的渗透性是指土体被水透过的性质。土体孔隙中的水在重力作用下会发生流动，流动速度与土的渗透性有关。法国学者达西根据砂土渗透试验得到达西定律如下：

$$V = K * I$$

式中：V——水在土中的渗流速度（m/d）；

K——土的渗透系数（m/d），K 值由试验确定，也可参考表 1-1-2；

I——水力坡度，$I=h/L$；

h——A、B 两点的水位差（m）；

L——渗流路程长度（m）。

表 1-1-2 土的渗透系数

土的名称	渗透系数 K（m/d）	土的名称	渗透系数 K（m/d）
黏土	<0.005	中砂	5.0～20.00
粉质黏土	0.005～0.10	均质中砂	35～50
轻粉质黏土	0.10～0.50	粗砂	20～50
黄土	0.25～0.50	圆砾石	50～100
粉砂	0.50～1.00	卵石	100～500
细砂	1.00～5.00	—	—

（三）土的含水量

土的含水量是土中水的质量与固体颗粒质量之比，用百分数表示。即

$$w = \frac{m_1 - m_2}{m_2} \times 100\% = \frac{m_w}{m_s} \times 100\%$$

式中：m_1——含水状态时土的质量（kg）；

m_2——烘干后土的质量（kg）；

m_w——土中水的质量（kg）；

m_s——固体颗粒的质量（kg）。

土的含水量随气候条件、雨雪和地下水的影响而变化，对土方边坡的稳定性及填方密实程度有直接的影响。

（四）土的天然密度

土在天然状态下单位体积的质量，称为土的天然密度。即

$$\rho = m/V$$

式中：ρ——土的天然密度（g/cm³）；

m——土的总质量（g）；

V——土的天然体积（cm³）。

（五）土的干密度

单位体积中土的固体颗粒的质量，称为土的干密度。即

$$\rho_d = m_s/V$$

式中：ρ_d——土的天然密度（g/cm³）；

m_S——土中固体颗粒的质量（g）；

V——土的天然体积（cm³）。

（六）土的压实系数

土的密实程度用土的压实系数表示。即

$$\lambda_c = \rho_d / \rho_{d\max}$$

式中：λ_c——土的压实系数；

ρ_d——土的实际干密度；

$\rho_{d\max}$——土的最大干密度。

土的干密度可以用"环刀法"测定。即用环刀取样，测出天然密度 ρ，烘干后测出含水量 w，然后用下式计算实际干密度：$\rho_d = \rho/1 + 0.01w$。而土的最大干密度 $\rho_{d\max}$ 可由击实试验测出。

土的工程性质对土方工程的施工有直接影响，在进行土方量的计算、确定运土机具的数量等情况时，要考虑到土的可松性。在进行基坑、基槽的开挖、确定降水方案等情况时，

要考虑到土的渗透性。在考虑土方边坡稳定、进行填土压实等情况时，要考虑到土的密实度 λ_c，进而考虑到天然密度 ρ、干密度 ρ_d 及含水量 w。

三、土的鉴别

各种土的现场鉴别如下各表。

表 1-1-3　砂石土、砂土的现场鉴别方法

类别	土的名称	观察颗粒粗细	干燥时的状态	湿润时拍击状态	黏着程度
砂砾石	卵（碎）石	一半以上的粒径超过20毫米	颗粒完全分散	表面无变化	无黏着感
	圆（角）砾	一半以上的粒径超过2毫米（小高粱粒大小）	颗粒完全分散	表面无变化	无黏着感
砂土	砾砂	约有1/4以上的粒径超过2毫米（小高粱粒大小）	颗粒完全分散	表面无变化	无黏着感
	粗砂	约有一半以上的粒径超过5毫米（细小米大小）	颗粒完全分散，但有个别胶结一起	表面无变化	无黏着感
	中砂	约有一半以上的粒径超过0.25毫米（白菜籽大小）	颗粒完全分散，局部胶结但一碰即散	表面偶有水印	无黏着感
	细砂	大部分颗粒粗豆米粉近似（>0.1毫米）	颗粒大部分分散，少量胶结，部分少加碰撞即散	表面偶有水印（翻浆）	偶有轻微黏着感
	粉砂	大部分颗粒与小米粒近似	颗粒少部分分散，大部分胶结，稍加压力可分散	表面有显著翻浆现象	有轻微黏着感

注：在观察颗粒进行分类时，应将鉴别的图样从表中颗粒最粗类别逐级查对，当首先符合某一类土的条件时，既按该土定名。

表 1-1-4　碎石类土密实度现场鉴别方法

密实度	骨架和填充物	天然坡和可挖性	可黏性
密实	骨架颗粒含量大于总重的70%，呈交错紧贴，连续接触孔隙填满，充填物密实	天然陡坡较稳定，坎下堆积物较少，镐挖掘困难，用撬棍方能松动，坑壁稳定，从坑壁取出大颗粒处能保持凹面状态	钻进困难，冲击钻探时钻杆、吊锤跳动剧烈，孔壁较稳定
中密	骨架颗粒含量等于总重的60%~70%，呈交错排列，大部分接触。孔隙填满，充实物中密	天然坡不宜陡立或坎下堆积物较多，但坡度大于安息角。镐可挖掘，坑壁有掉块现象，从坑壁取出大颗粒处砂土不易保持凹面状态	钻进较困难，冲击钻探时钻杆、吊锤跳动不剧烈，孔壁有坍塌现象
稍密	骨架颗粒含量小总重的60%，排列混乱，大部分不接触。空隙中的充填物稍密	不能形成陡坡，天然坡接近粗粒的安息角。锹可挖掘，可坍塌，从坑壁取出大颗粒处砂土即坍落	钻进较容易，冲击钻探时，钻杆稍有跳动，孔壁易坍塌

注：碎石类土密实度应按表各项综合确定。

表 1-1-5 黏性土的现场鉴别方法

土的名称	干土的状态	湿土的状态	湿润时用刀切	用手搓摸的感觉	黏着程度	湿土搓条情况
黏土	坚硬，用碎块能打碎，碎块不会碎落	粘塑的，腻滑的，粘连的	切面非常光华规则，刀刃有涩滞，有阻力	湿土用手捻有滑腻感觉，当水分较大时极为黏手，感觉不到有颗粒存在	湿极易黏着物体，干燥后不易剥去，用手反复洗才能去掉	能搓成0.5毫米土条（长度不短于手掌）。手持一端不致断裂
亚黏土	用锤击或手压土块容易碎开	塑性的，弱粘连	稍有光滑面，切面有规则	仔细捻摸感到有少量细颗粒，稍有滑腻感和黏滞感	能黏着物体，干燥后较易剥落	能搓成0.5~2毫米的土条
轻亚黏土	用锤击或手压土块容易碎开	塑性的，弱粘连	无光滑面，切面比较粗糙	感觉有细颗粒存在或粗糙，有轻微黏滞感觉或无黏滞感	一般不黏着物体，干燥后，一碰即碎	能搓成2~3毫米的土条

表 1-1-6 人工回填土、淤泥、泥炭的现场鉴别方法

土的名称	观察颜色	夹杂物	形状（构造）	侵入水中的现象	搓土条情况	干燥后强度
人工填土	无固定颜色	砖瓦、碎块、垃圾、炉灰等	夹杂物呈现于外，构造复杂	大部分变成微软淤泥其余部分为碎瓦、炉渣在水中单独出现	一般能搓成3毫米土条但易断，遇到杂质多时即不能搓成条	干燥后部分杂质脱落。故无定型，稍微一加力就破碎
淤泥	灰黑色，有臭味	池沼中有半腐朽的细小动植物遗体，如草根，小螺壳等	夹杂物仔细观察可以发现，构造呈层状，但有时不明显	外观无显著变化，在水面上出气泡	一般淤泥质土接近与轻亚黏土，故能搓成3毫米土条（长至少3厘米），容易断裂	干燥后体积显著收缩，强度不大，锤击时呈粉末状，用手指能捻碎
黄土	黄褐两色的混合色	有白色粉末出现在纹理之中	夹杂物常清晰显现，构造上有垂直大孔（肉眼可见）	即行崩散，分成散的有颗粒集团，在水面出现很多白色液体	搓条情况与正常的亚黏土类似	一般黄土相当于亚黏土，干燥后强度很高，手指不易捻碎
泥炭	深灰或黑色	有半腐朽的动植物遗体，其含量超过600%	夹杂物有时可见构造上无规律	极易崩碎，变为细软淤泥，其余部分为植物根、动物残体、渣滓悬浮于水	一般能搓成1~3毫米土条，但残渣很多时，仅能搓成3毫米以上的土条	干燥后大量收缩，部分杂质脱落，故有时无定型

第二节 土方施工

一、场地平整

(一)场地平整的程序

场地平整是将需进行建筑范围内的自然地面,通过人工或机械挖填平整改造成为设计所需要的平面,以利现场平面布置和文明施工。在工程总承包施工中,三通一平工作常常是由施工单位来实施,因此场地平整也成为工程开工前的一项重要内容。

场地平整要考虑满足总体规划、生产施工工艺、交通运输和场地排水等要求,并尽量使土方的挖填平衡,减少运土量和重复挖运。

场地平整为施工中的一个重要项目,它的一般施工工艺程序安排是:现场勘察→清除地面障碍物→标定整平范围→设置水准基点→设置方格网,测量标高→计算土方挖填工程量→平整土方→场地碾压→验收。

当确定平整工程后,施工人员首先应到现场进行勘察,了解场地地形、地貌和周围环境。根据建筑总平面图及规划了解并确定现场平整场地的大致范围。

平整前必须把场地平整范围内的障碍物如树木、电线、电杆、管道、房屋、坟墓等清理干净,然后根据总图要求的标高,从水准基点引进基准标高作为确定土方量计算的基点。

土方量的计算有方格网法和横截面法,可根据地形具体情况采用。现场抄平的程序和方法由确定的计算方法进行。通过抄平测量,可计算出该场地按设计要求平整需挖土和回填的土方量,再考虑基础开挖还有多少挖出(减去回填)的土方量,并进行挖填方的平衡计算,做好土方平衡调配,减少重复挖运,以节约运费。

大面积平整土方宜采用机械进行,如用推土机、铲运机推运平整土方;有大量挖方应用挖土机等进行。在平整过程中要交错用压路机压实。

(二)平整场地的一般要求

1. 平整场地应做好地面排水。平整场地的表面坡度应符合设计要求,如设计无要求时,一般应向排水沟方向做成不小于 0.2% 的坡度。

2. 平整后的场地表面应逐点检查,检查点为每 100~400m² 取 1 点,但不少于 10 点;长度、宽度和边坡均为每 20m 取 1 点,每边不少于 1 点。

3. 场地平整应经常测量和校核其平面位置、水平标高和边坡坡度是否符合设计要求。平面控制桩和水准控制点应采取可靠措施加以保护,定期复测和检查;土方不应堆在边坡边缘。

（三）场地平整的土方量计算

场地平整前，要确定场地设计标高，计算挖填土方量以便据此进行土方挖填平衡计算，确定平衡调配方案，并根据工程规模、施工期限、现场机械设备条件，选用土方机械，拟定施工方案。

1. 场地平整高度的计算

对较大面积的场地平整，正确地选择场地平整高度（设计标高），对节约工程投资、加快建设速度均具有重要意义。一般选择原则是：在符合生产工艺和运输的条件下，尽量利用地形，以减少挖方数量；场地内的挖方与填方量应尽可能达到互相平衡，以降低土方运输费用；同时应考虑最高洪水位的影响等。

场地平整高度计算常用的方法为"挖填土方量平衡法"，因其概念直观，计算简便，精度能满足工程要求，应用最为广泛，其计算步骤和方法如下：

（1）计算场地设计标高

如图 1-2-1(a)，将地形图划分方格网（或利用地形图的方格网），每个方格的角点标高，一般可根据地形图上相邻两等高线的标高，用插入法求得。当无地形图时，亦可在现场打设木桩定好方格网，然后用仪器直接测出。

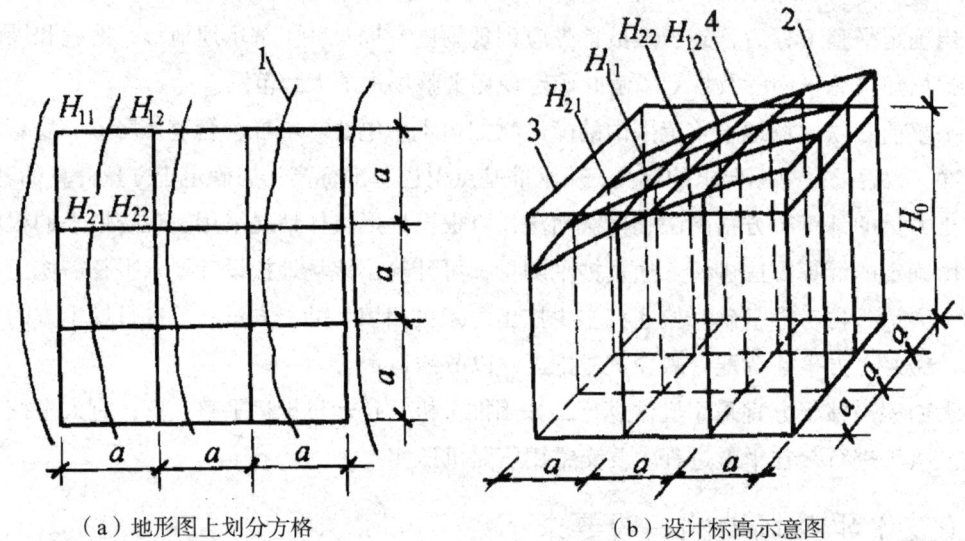

（a）地形图上划分方格　　　　（b）设计标高示意图

1- 等高线；2- 自然地坪；3- 设计标高平面；4- 自然地面与设计标高平面的交线（零线）

图 1-2-1　场地设计标高计算简图

一般要求是，使场地内的土方在平整前和平整后相等而达到挖方和填方量平衡，如图 1-2-1(b)。设达到挖填平衡的场地平整标高为 H_0，则由挖填平衡条件，H_0 值可由下式求得：

$$H_0 = \frac{\sum H_1 + 2\sum H_2 + 3\sum H_3 + 4\sum H_4}{4N}$$

式中：a——方格网边长（m）；

N——方格网数（个）；

$H_{11}\cdots H_{22}$——任一方格的四个角点的标高（m）；

H_1——一个方格共有的角点标高（m）；

H_2——二个方格共有的角点标高（m）；

H_3——三个方格共有的角点标高（m）；

H_4——四个方格共有的角点标高（m）。

（2）考虑设计标高的调整值

上式计算的 H_0，为一理论数值，实际尚需考虑：①土的可松性；②设计标高以下各种填方工程用土量，或设计标高以上的各种挖方工程量；③边坡填挖土方量不等；④部分挖方就近弃土于场外，或部分填方就近从场外取土等因素。考虑这些因素所引起的挖填土方量的变化后，适当提高或降低设计标高。

（3）考虑排水坡度对设计标高的影响

上式计算的 H_0 未考虑场地的排水要求（即场地表面均处于同一个水平面上），实际均应有一定排水坡度。如场地面积较大，应有2‰以上排水坡度，尚应考虑排水坡度对设计标高的影响。故场地内任一点实际施工时所采用的设计标高 H_0（m）可由下式计算：

单向排水时：$H_n = H_0 + l \times i$

双向排水时：$H = H_0 \pm l_x i_x \pm l_y i_y$

式中：z——该点至 H_0 的距离（m）；

i——x 方向或 y 方向的排水坡度（不少于2‰）；

l_x、l_y——该点于 x-x、y-y 方向距场地中心线的距离（m）；

i_x、i_y——分别为 x 方向和 y 方向的排水坡度；

$\pm$——该点比 H_0 高则取"+"号，反之取"-"号。

2. 场地平整土方工程量的计算

在编制场地平整土方工程施工组织设计或施工方案、进行土方的平衡调配以及检查验收土方工程时，常需要进行土方工程量的计算。计算方法有方格网法和横断面法两种。

（1）方格网法

用于地形较平缓或台阶宽度较大的地段。计算方法较为复杂，但精度较高，其计算步骤和方法如下：

1）划分方格网

根据已有地形图（一般用1∶500的地形图）将欲计算场地划分成若干个方格网，尽量与测量的纵、横坐标网对应，方格一般采用20m×20m 或 40m×40m，将相应设计标高和自然地面标高分别标注在方格点的右上角和右下角。将自然地面标高与设计地面标高的差值，即各角点的施工高度（挖或填），填在方格网的左上角，挖方为（-），填方为（+）。

2）计算零点位置

在一个方格网内同时有填方或挖方时，应先算出方格网边上的零点的位置，并标注于方格网上，连接零点即得填方区与挖方区的分界线（即零线）。

零点的位置按下式计算（图1-2-2）：

$$x_1 = \frac{h_1}{h_1 + h_2} \times a \qquad x_2 = \frac{h_2}{h_1 + h_2} \times a$$

式中：x_1，x_2——角点至零点的距离（m）；

h_1，h_2——相邻两角点的施工高度（m），均用绝对值；

a——方格网的边长（m）。

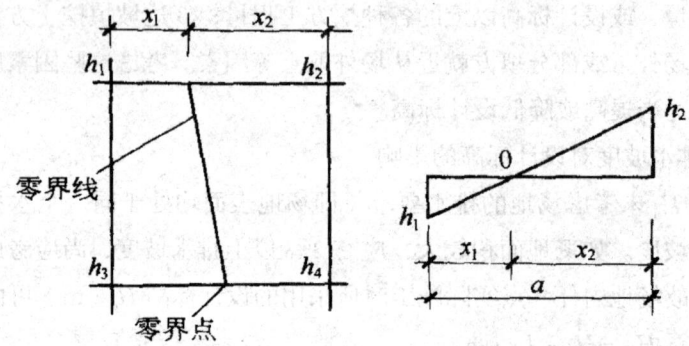

图1-2-2　零点位置计算示意图

为省略计算，亦可采用图解法直接求出零点位置，如图1-2-3所示，方法是用尺在各角上标出相应比例，用尺相接，与方格相交点即为零点位置。这种方法可避免计算（或查表）出现的错误。

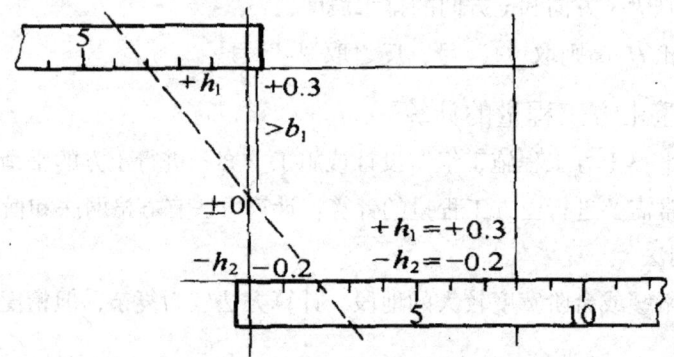

图1-2-3　零点位置图解法

3）计算土方工程量

按方格网底面积图形和表1-2-1所列体积计算公式计算每个方格内的挖方或填方量，或用查表法计算，有关计算用表见表1-2-1。

表 1-2-1　常用方格网点计算公式

项目	图式	计算公式
一点填方或挖方（三角形）		$V = \dfrac{1}{2}bc\dfrac{\sum h}{3} = \dfrac{bch_3}{6}$ 当 b=c=a 时，$V = \dfrac{a^2 h_3}{6}$
二点填方或挖方（梯形）		$V_+ = \dfrac{b+c}{2}a\dfrac{\sum h}{4} = \dfrac{a}{8}(b+c)(h_1+h_3)$ $V_- = \dfrac{d+e}{2}a\dfrac{\sum h}{4} = \dfrac{a}{8}(d+e)(h_2+h_4)$
三点填方或挖方（五角形）		$V = (a^2 - \dfrac{bc}{2})\dfrac{\sum h}{5} = (a^2 - \dfrac{bc}{2})\dfrac{h_1+h_2+h_4}{5}$
四点填方或挖方（正方形）		$V = \dfrac{a^2}{4}\sum h = \dfrac{a^2}{4}(h_1+h_2+h_3+h_4)$

注：① a——方格网的边长（m）；b、c——零点到一角的边长（m）；h_1、h_2、h_3、h_4——方格网四角点的施工高程（m），用绝对值代入；$\sum h$——填方或挖方施工高程的总和（m），用绝对值代入；V——挖方或填方体积（m³）。② 本表公式是按各计算图形底面积乘以平均施工高程而得出的。

4) 计算土方总量

将挖方区（或填方区）所有方格计算土方量汇总，即得该场地挖方和填方的总土方量。

（2）横截面法

横截面法适用于地形起伏变化较大地区，或者地形狭长、挖填深度较大又不规则的地区采用，计算方法较为简单方便，但精度较低。其计算步骤和方法如下：

1) 划分横截面

根据地形图、竖向布置或现场测绘，将要计算的场地划分横截面 AA'、BB'、CC''……（图1-2-4），使截面尽量垂直于等高线或主要建筑物的边长，各截面间的间距可以不等，一般可用 10m 或 20m，在平坦地区可用大些，但最大不大于 100m。

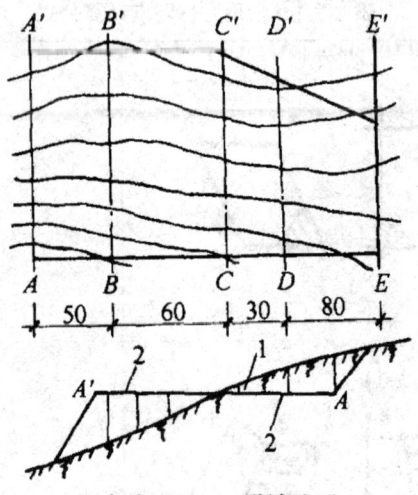

1- 自然地面；2- 设计地面

图 1-2-4 画横截面示意图

2）画横截面图形

按比例绘制每个横截面的自然地面和设计地面的轮廓线。自然地面轮廓线与设计地面轮廓线之间的面积，即为挖方或填方的截面。

3）计算横截面面积

按表 1-2-2 横截面面积计算公式，计算每个截面的挖方或填方截面面积。

表 1-2-2 常用截断面计算公式

横截面图式	截面积计算公式
	$A = h(b + nb)$
	$A = h[b + \dfrac{h(m+n)}{2}]$
	$A = b\dfrac{h_1 + h_2}{2} + nh_1h_2$

续 表

横截面图式	截面积计算公式
	$A = h_1 \dfrac{a_1+a_2}{2} + h_2 \dfrac{a_2+a_3}{2} + h_3 \dfrac{a_3+a_4}{2} + h_4 \dfrac{a_4+a_5}{2}$
	$A = \dfrac{a}{2}(h_0 + 2h + h_n)$ $h = h_1 + h_2 + h_3 + h_4 + h_5$

4）计算土方量

根据横截面面积按下式计算土方量：

$$V = \frac{A_1 + A_2}{2} \times s$$

式中：V——相邻两横截面间的土方量（m³）；

A_1，A_2——相邻两横截面的挖（–）（或填（+））的截面积（m²）；

s——相邻两横截面的间距（m）。

3. 边坡土方量计算

用于平整场地、修筑路基、路堑的边坡挖、填土方量计算，常用图算法。

图算法系根据地形图和边坡竖向布置图或现场测绘，将要计算的边坡划分为两种近似的几何形体（图 1-2-5），一种为三角棱体（如体积①~③、⑤~⑪）；另一种为三角棱柱体（如体积④），然后应用表 1-2-3 几何公式分别进行土方计算，最后将各块汇总即得场地总挖土（–）、填土（+）的量。

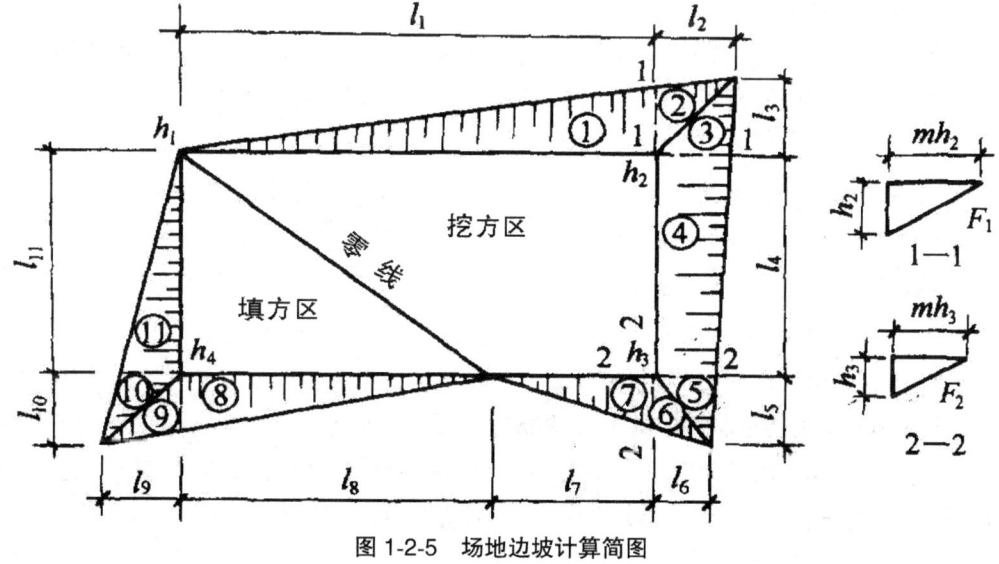

图 1-2-5　场地边坡计算简图

表 1-2-3 常用边坡三角棱体、棱柱体计算公式

项目	计算公式	符号意义
边坡三角棱体体积	边坡三角棱体体积 V 可按下式计算 $V_1 = \frac{1}{3} F_1 l_1$ 其中：$F_1 = \frac{h_2(mh_2)}{2} = \frac{mh_2^2}{2}$ V_2、V_3、$V_5 \sim V_{11}$ 计算方法同上	V_1、V_2、V_3、$V_5 \sim V_{11}$——边坡①、②、③、⑤~⑪三角棱体体积（m³）； l_1——边坡①的边长（m）； F_1——边坡①的端面积（m²）； h_2——角点的挖土高度（m）； M——边坡的坡度系数； V_4——边坡④三角棱柱体体积（m³）； l_4——边坡④的长度（m）； F_1、F_2、F_0——边坡④两端及中部的横截面面积。
边坡三角棱体体积	边坡三角棱体体积可按下式计算 $V_4 = \frac{F_1 + F_2}{2} l_4$ 当两端横截面面积相差很大时，则： $V_4 = \frac{l_4}{6}(F_1 + 4F_0 + F_2)$ F_1、F_2、F_0 计算方法同上	

4. 土方的平衡与调配计算

计算出土方的施工标高、挖填区面积、挖填区土方量，并考虑各种变动因素（如土的松散率、压缩率、沉降量等）进行调整后，应对土方进行综合平衡与调配。土方平衡调配工作是土方规划设计的一项重要内容，其目的在于使土方运输量或土方运输成本为最低的条件下，确定填、挖方区土方的调配方向和数量，从而达到缩短工期和提高经济效益的目的。

进行土方平衡与调配，必须综合考虑工程和现场情况、进度要求和土方施工方法以及分期分批施工工程的土方堆放和调运问题，经过全面研究，确定平衡调配的原则之后，才可着手进行土方平衡与调配工作，如划分土方调配区，计算土方的平均运距、单位土方的运价，确定土方的最优调配方案。

（1）土方的平衡与调配原则

1）挖方与填方基本达到平衡，减少重复倒运。

2）挖（填）方量与运距的乘积之和尽可能为最小，即总土方运输量或运输费用最小。

3）好土应用在回填密实度要求较高的地区，以避免出现质量问题。

4）取土或弃土应尽量不占农田或少占农田，弃土尽可能有规划地造田。

5）分区调配应与全场调配相协调，避免只顾局部平衡，任意挖填而破坏全局平衡。

6）调配应与地下构筑物的施工相结合，地下设施的填土，应留土后填。

7）选择恰当的调配方向、运输路线、施工顺序，避免土方运输出现对流和乱流现象，同时便于机具调配、机械化施工。

（2）土方平衡与调配的步骤及方法

土方平衡与调配需编制相应的土方调配图，其步骤如下：

1）划分调配区。在平面图上先划出挖填区的分界线，并在挖方区和填方区适当划出若干调配区，确定调配区的大小和位置。划分时应注意以下几点：

①划分应与房屋和构筑物的平面位置相协调，并考虑开工顺序、分期施工顺序；

②调配区大小应满足土方施工用主导机械的行驶操作尺寸要求；

③调配区范围应和土方工程量计算用的方格网相协调。一般可由若干个方格组成一个调配区；

④当土方运距较大或场地范围内土方调配不能达到平衡时，可考虑就近借土或弃土，此时一个借土区或一个弃土区可作为一个独立的调配区。

2）计算各调配区的土方量并标明在图上。

3）计算各挖、填方调配区之间的平均运距，即挖方区土方重心至填方区土方重心的距离，取场地或方格网中的纵横两边为坐标轴，以一个角作为坐标原点，按下式求出各挖方或填方调配区土方重心坐标 X_0 及 Y_0：

$$X_0 = \frac{\sum(x_i V_i)}{\sum V_i} \qquad Y_0 = \frac{\sum(y_i V_i)}{\sum V_i}$$

式中：x_i、y_i——i 块方格的重心坐标；

V_i——i 块方格的土方量。

填、挖方区之间的平均运距 L_0 为：

$$L_0 = \sqrt{(x_{0T} - x_{0W})^2 + (y_{0T} - y_{0W})^2}$$

式中：x_{0T}、y_{0T}——填方区的重心坐标；

x_{0W}、y_{0W}——挖方区的重心坐标。

一般情况下，亦可用作图法近似地求出调配区的形心位置 O 以代替重心坐标。重心求出后，标于图上，用比例尺量出每对调配区的平均运输距离（L_{11}、L_{12}、L_{13}……）。

所有填挖方调配区之间的平均运距均需一一计算，并将计算结果列于土方平衡与运距表内。

当填、挖方调配区之间的距离较远，采用自行式铲运机或其他运土工具沿现场道路或规定路线运土时，其运距应按实际情况进行计算。

4）确定土方最优调配方案。对于线性规划中的运输问题，可以用"表上作业法"来求解，使总土方运输量 $W = \sum_{i=1}^{m}\sum_{j=1}^{n} L_{ij} \times x_{ij}$ 为最小值，即为最优调配方案。

上式中：L_{ij}——各调配区之间的平均运距（m）；

x_{ij}——各调配区的土方量（m³）。

绘出土方调配图。根据以上计算，标出调配方向、土方数量及运距（平均运距再加施工机械前进、倒退和转弯必需的最短长度）。

5. 基坑土方量计算

挖基坑多用于需全部大开挖的满堂基础、独立基础、设备基础等土方工程。

（1）四面放坡基坑土方量计算

基坑土方量的计算可近似地按棱柱体（即上下底为两个平行的平面，所有的顶点都在两个平行平面上的多面体）体积公式计算。

$$V = (1 \div 6)H(A_1 + 4A_0 + A_2)$$

式中：V——四面放坡基坑土方量（体积）（m³）；

H——基坑深度（m）；

A_1、A_2——基坑上、下底面积（m²）；

A_0——基坑中截面（（$1 \div 2$）H处）面积（m²）。

（2）圆形放坡基坑土方量计算

圆形放坡基坑土方量按下式计算。

$$V = (1 \div 3)\pi H(R_{21} + R_1 R_2 + R_{22})$$

式中：V——圆形放坡基坑土方量（体积）（m³）；

R_1、R_1——圆形基坑上、下底半径（m）；

π——3.14；

H——基坑深度（m）。

6. 基槽土方量计算

多用于建筑物的条形基础、渠道、管沟等土方工程量。

基槽土方量计算，可沿其长度方向分段进行计算，各段土方量之和，即为总土方量。如该段内基槽横截面形状、尺寸不变时，其土方量即为该段横截面面积乘以该段基槽长度，一般两边放坡按下式计算

$$V = H(B + mH)L$$

式中：V——两边放坡基槽该段土方量（体积）（m³）；

H——基槽深度（m）；

B——基槽槽底宽度（m）；

L——该段基槽长度（m）；

m——坡度系数，$m = C/H$，当$m = 0$，则表示基槽垂直开挖不放坡；

C——基槽一边坡底宽（m）。

如该段内横截面的形状、尺寸有变化时，也可近似地用棱柱体的体积公式按下式计算。

$$Vi = (1 \div 6)Li(A_{i1} + 4A_{oi} + A_{i2})$$

式中：V_i——基槽该段土方量（体积）（m³）；

L_i——该段基槽长度（m）；

A_{i1}、A_{i2}——该段基槽两端横截面面积（m²）；

A_{oi}——该段基槽中截面（$1/2L_i$）面积（m²）。

二、基坑开挖

（一）开挖要求

1. 土方工程应分层分段进行开挖，应先支护后开挖，严格按照设计施工工况开挖，与支护施工协调配合进行，严禁超挖或倒坡开挖；基坑边坡开挖临近设计坡面时应用人工修坡，减小扰动，并及时支护，同时应采取措施防止在开挖过程中碰撞支护或扰动原状土，各区段各分层开挖。

2. 当基坑开挖发现坡面渗水时可通过超前注浆、坡面设置泄水孔等措施进行处理后，再快速进行支护施工，避免长时间暴露。

3. 基坑开挖至基底标高后，应及时进行地下结构施工。

4. 当地下主体施工至一定高度时，应适时做地下主体工程的防渗处理，然后按照设计要求及时回填。

（二）基坑开挖一般规定

1. 基坑开挖工程包括无围护结构的放坡基坑开挖和有围护结构的基坑开挖，以及与之相配合的地下水控制措施。

2. 基坑开挖前，应根据工程结构、基坑深度、地质条件、气候条件、周围环境、施工方法、施工工期和地面荷载等有关资料，确定基坑开挖方案和地下水控制施工方案。应熟悉围护结构撑锚系统的设计图纸，包括支护挡墙的类型、撑锚位置、标高及设置方法等设计要求。

3. 基坑开挖方案内容主要包括：支护结构的龄期、机械选择、基坑开挖时间、分层开挖深度及开挖顺序、坡道位置和车辆进出场道路、施工进度和劳动组织安排、降排水措施、监测方案、质量和安全措施，以及基坑开挖对周围建筑物需采取保护的措施等。

4. 基坑开挖应遵循时空效应原理，根据地质条件采取相应的开挖方式，一般应"分层开挖、先撑后挖"，撑锚与挖土配合，严禁超挖，在软土层及变形要求较严格时，应采用"分层、分区、分块、分段、抽槽开挖，留土护壁，快挖快撑，先形成中间支撑，限时对称平衡形成端头支撑，减少无支撑暴露时间"等方式开挖。基坑边缘位置土方和建筑材料，或沿挖方边缘移动运输工具和机械，一般应距基坑上部边缘不少于2m，弃土堆置高度不应超过1.5m，并且不能超过设计荷载值，在垂直的坑壁边，此安全距离还应适当加大。软土地区不宜在基坑边堆置弃土。

5. 施工中机具设备停放的位置必须平稳，大、中型施工机具距坑边距离应根据设备重量、基坑支撑情况、土质情况等，经计算确定。

6. 采用机械开挖土方时，需保持坑底土体原状结构，应在基坑底及坑壁留150~300mm厚土层，由人工挖掘修整。同时，要设集水坑，及时用泵排除坑底积水。做好挖土的机械、车辆的通道布置、挖土的顺序及周围堆土位置安排。不得在挖土过程中，碰撞围护结构和工程桩，损坏截水帷幕。

7. 基坑开挖时，应对平面控制桩、水准点、基坑平面位置、水平标高、边坡坡度等经常复测检查。在挖土和撑锚过程中，由专人作检查、观测，发生异常情况应立即查清原因，采取技术措施。限制坑顶周围振动荷载作用，并应作好机械上、下基坑坡道部位的支护。

8. 基坑周围地面应进行防水、排水处理，严防雨水等地面水浸入基坑周边土体。

9. 基坑开挖完成后，应及时清底验槽，减少暴露时间，防止暴晒和雨水浸刷破坏地基土的原状结构。对围护排桩的桩间土体，根据不同情况采用砌砖、插板、挂网喷、抹豆石混凝土等处理方法进行保护。并应对工程桩进行保护，严禁碰撞损坏桩头。

10. 基坑验槽后，及时浇筑垫层封闭基坑；垫层要做到基坑满封闭。基坑中工程桩桩头处理宜在垫层铺设后进行。

11. 基础结构完成后，应及时在基础和坑壁之间进行回填。回填土通常用原挖出的土（不得用腐殖土、冻土及含水量大的土等作为填土），或按图纸要求的填料，分层回填夯实，满足设计密实度要求。

12. 土方开挖过程中，特别是冬季、雨季、汛期施工时，注意气候、降雨、降温等预报，按施工方案的规定，采取必要的安全防护措施。

（三）基坑开挖方法

开挖方法主要有放坡分层挖土、有支撑分层挖土、盆式挖土、中心岛式挖土等几种，应根据基坑面积大小、开挖深度、支护结构形式、环境条件等因素选用。放坡分层开挖：分层挖土是将基坑按深度分为多层进行逐层开挖，这种开挖方式适合于四周空旷、有足够放坡场地、周围没有建筑设施或地下管线的情况。分层厚度，软土地基开挖方法主要有放坡分层挖土、有支撑分层挖土、盆式挖土、中心岛式挖土等几种，应根据基坑面积大小、开挖深度、支护结构形式、环境条件等因素选用。

1. 放坡分层开挖

分层挖土是将基坑按深度分为多层进行逐层开挖，这种开挖方式适合于四周空旷、有足够放坡场地、周围没有建筑设施或地下管线的情况。分层厚度，软土地基应控制在2m以内；硬质土可控制在5m以内为宜。开挖顺序可从基坑的某一边向另一边平行开挖，可从基坑两头对称开挖，或从基坑中间向两边平行对称开挖，也可交替分层开挖，这些均可根据工作面和土质情况决定。

在采用放坡开挖时，要求基坑边坡在施工期间保持稳定。基坑边坡坡度应根据土质、基坑深度、开挖方法、留置时间、边坡荷载、排水情况及场地大小确定。放坡开挖应有降低坑内水位和防止坑外水倒灌的措施。若土质较差且基坑施工时间较长，边坡坡面可采用钢丝网喷浆等措施进行护坡，以保持基坑边坡稳定。在软土地基下，不宜挖深过大，一般控制在6~7m左右，坚硬土层则不受此限制。放坡值应符合规范要求。

放坡开挖施工方便，挖土机作业无障碍，工效高，基础开挖后基础结构作业空间大，施工工期短，经济效益好。但在城市或人口密集地区施工，条件往往不允许采用这种开挖方式。

2. 有支护基坑开挖

有支护的基坑开挖包括有内支撑和无内支撑支护的基坑开挖。无内支撑支护有悬臂式、拉锚式、重力式、土钉墙等，该种支护的土壁可垂直向下开挖，不需要在基坑边四周有很大的场地，可用于场地狭小、土质又较差的情况。同时，在地下结构完成后，其基坑土方回填工作量也小。

有内支撑支护基坑土方开挖比较困难，其土方分层开挖必须考虑与支撑结构施工的相协调。在有内支撑支护的基坑中进行土方开挖，受内支撑影响比较大，施工中开挖、运土均较困难。

3. 盆式开挖

盆式开挖适合于基坑面积较大、支撑或拉锚作业困难且无法放坡的基坑。盆式开挖是先分层开挖基坑中间部分的土方，基坑周边一定范围内的土暂不开挖，形成盆式，开挖时可视土质情况放坡，此时留下的土坡可对四周围护结构形成被动土反压力区，以增强围护结构的稳定性，待中间部分的混凝土垫层、基础或地下室结构施工完成之后，再用水平支撑或斜撑对四周围护结构进行支撑，并突击开挖周边支护结构内部分被动土区的土，每挖一层支一层水平横顶撑，直至坑底，最后浇筑该部分结构混凝土。

盆式开挖法支撑用量小，费用低，盆式部位土方开挖方便，基坑面积大时，更显此法施工的优越性。

4. 中心岛式挖土

当基坑面积不大，周围环境和土质可以进行拉锚或采用支撑时，可采用此法施工。与盆式开挖相反，中心岛式挖土是先开挖基坑周边土方，基坑周围的土方暂时留置，中间留土方可作为支点搭设栈桥，挖土机可利用栈桥下到基坑挖土，运土的汽车亦可利用栈桥进入基坑运土，可有效加快挖土和运土的速度。挖土也分层开挖，一般先全面挖去一层，然后中间部分留置土墩，周圈部分分层开挖。挖土多用反铲挖土机，如基坑深度很大，可采用向上逐级传递方式进行土方装车外运。

在边缘土方开挖到基底以后，先浇筑该区域的底板，以形成底部支撑，再开挖中央部分的土方。

（四）基坑开挖过程

1. 施工准备

（1）建筑物位置的标准轴线桩、水平桩及灰线尺寸，已经过复核。

（2）在基坑施工前，应编制施工组织设计（方案）。根据地质资料和地下水位对基坑开挖的影响，确定基坑开挖的围护方案，以保证基坑作业顺利进行。

（3）决定挖土方案，包括开挖方法、挖土顺序、堆土弃土位置、运土方法及路线等。

（4）障碍物和地下管道已进行处理或迁移。

（5）排水或降水的设施准备就绪。

2. 土方开挖工艺

定位放线、验线→分步开挖至设计要求标高→边坡修整→截桩→排水→清理留土→验槽。

（1）测量放线及验线

放好轴线、坡顶线、坡底线、经复测及验收合格后开始开挖。

（2）基坑土方开挖和放线修坡

开挖时边坡预留 10cm 人工清理，随挖随修整边坡。基坑内的降水井管随挖土随下卸，但仍需工作。挖至基坑底时预留 200~300mm 厚土进行人工清除。在基坑内抄若干个基准点，拉通线找平。挖土时先挖边坡并留出边坡工作面，下一层土方开挖须待上一层土钉注浆体及喷射混凝土面层达到设计强度 70% 或锚索张拉锁定以后方可进行。

（3）排水、清土及验槽：

人工开挖基坑内小型基坑、排水沟、集水井。每一个集水坑内配备一台抽水泵，随时抽出坑内积水。试桩合格并清理基底预留土后进行基槽验收，验收合格后及时进行褥垫层施工，如不能及时进行，先行覆盖，防止水分蒸发。

3. 操作工艺

（1）土质均匀，且地下水位低于基坑（槽）或管沟底面标高，挖方深度不超过下列规定时，可以考虑不放坡和不加支撑。

密实、中等密实的砂土和碎石类土（填充物为砂土）——1.0m；

硬塑、可塑的轻亚黏土及亚黏土——1.25m；

硬塑、可塑的黏土——1.5m；

坚硬的黏土——2m。

（2）当地质条件良好，土质均匀且地下水位低于基坑（槽）或管沟底面标高时，挖土深度在 5m 以内不加支撑的边坡，其边坡坡度应符合表 1-2-4 的规定。超过 5m 深度的基坑（槽）和管沟开挖时，其边坡坡度应根据土的内摩擦角和凝聚力计算确定。

表 1-2-4 深度在 5m 内的基坑（槽）管沟边坡的最大坡度

土的类别	边坡坡度（高:宽）		
	坡顶无荷载	坡顶有静载	坡顶有动载
中密的砂土	1:1.00	1:1.25	1:1.50
中密的碎石类土（填充物为砂土）	1:0.75	1:1.00	1:1.25
中密的碎石类土（填充物为砂土）	1:0.50	1:0.67	1:0.75
硬塑的轻亚黏土	1:0.67	1:0.75	1:1.00
硬塑的亚黏土、黏土	1:0.33	1:0.50	1:0.67
老黄土	1:0.10	1:0.25	1:0.33
软土（经井点降水后）	1:1.00	—	—

注：静载指堆土或材料等。动载指机械挖土或汽车运输作业等。

（3）当基坑（槽）必须设置坑壁支撑时，应根据开挖深度、土质条件、地下水位、施工时间长短、施工季节和当地气象条件、施工方法与相邻建（构）筑物等情况进行设计和选择，一般上述条件均有利于施工的，可采用断续垂直支撑、断续水平支撑和连续垂直支撑、连续水平支撑等方法，可参考表 1-2-5。当深度较大和土质复杂时，必须选择有效的深基坑支护技术，一般应由相应资质的一级设计单位负责设计。按省建委有关文件，也可由公司有经验的技术人员通过认真周密的设计并制定方案，但须经公司总工程师审定后方能实施。

表 1-2-5 基坑（槽）加固支撑选用表

土的情况	基槽开挖深度（m）	支撑形式
天然湿度的黏土类，地下水很少	3 以内	断续支撑
天然湿度的黏土类，地下水很少	3~5	连续支撑
松散和湿度很高的土	—	连续支撑
松散和湿度较高的土，地下水很多且有液化现象	—	如未用降低水位措施则用板桩加支撑

注：本表适用于贫雨地区或少雨季节施工。

（4）采用钢（木）板桩、钢筋混凝土预制桩或灌注桩作坑壁支撑时，其构造或是否加设锚杆应按设计方案的规定。施工中应经常检查，如发现有变形、沉降等现象，应及时采取加固措施，以及通知设计人员。在雨期更应加强检查。

（5）采用钢筋混凝土地下连续墙用坑壁支撑时，其施工和验收要求应按设计图和有关规范规定执行。

（6）基坑（槽）底部开挖宽度应根据基础或防水处理施工工艺决定。

混凝土基础或垫层需支模者，每边增加工作面 0.3m；需用防水涂料（卷材）或防水砂浆做垂直防水（潮）层时，增加工作面 1~1.2m。

（7）管沟底部开挖宽度（有支撑者为撑板间的净宽），除管道结构宽度外，每侧增加工作面宽度，可参照表 1-2-6 采用。

表 1-2-6 管沟底部每侧工作面宽度

管道结构宽度（mm）	每侧工作面宽度（mm）	
	非金属管道	金属管道或砖沟
200~500	400	300
600~1000	500	400
1100~1500	600	600
1600~2500	800	800

注：（1）管道结构宽度：无管座按管身外皮计；有管座按管座外皮计；砖砌或混凝土按管沟外皮计；
（2）沟底需增设排水沟时，工作面宽度可适当增加。

（8）在原有建（构）筑物邻近挖土，如深度超过原建（构）筑物基础底标高，其挖土坑（槽）边与原基础边缘的距离必须大于高差的 1~2 倍（土质好时可取低限），并对边坡采取保护措施；如对旧有建（构）筑物基底有影响时，必须提请有关部门有建（构）筑物基础变形、沉陷的加固措施后方可施工。

（9）基坑（槽）和管沟的土方完成后应排干积水和清底，及时进行下一工序的施工。

（10）基坑（槽）和管沟挖土深度不得超过设计基底标高，对于个别超挖处，应使用石粉、碎石填补，并应夯实至要求的密实度。在天然地基或重要部位超挖时，应采用设计单位同意的补填方法（若采用低强度等级素混凝土等）去填补，并办好签证手续。

（11）采用天然地基的基础，挖至基坑（槽）底时，应会同甲方、质量监督站和设计人进行验槽。如缺乏地质资料或土质复杂的情况，必须进行钎探。钎探布置设计未规定时，可按表1-2-7执行。

表1-2-7　钎探排列表

槽宽（mm）	排列方式及图示	间距（m）	深度（m）
小于800	中心一排	1.5	1.5
800~2000	两排错开	1.5	1.5
大于2000	梅花型	1.5	2.0
柱基	梅花型	1.5~2.0	1.5并不短于短边

（12）钎探可采用人力或机械进行。钢钎可选用Φ22~25mm圆钢制成，长1.8~1.3m，钎尖呈60°锥状，用锤重3.6~4.5kg，落锤高度500~700mm，将钢钎垂上打入土中，每打入300mm记录一次锤击数，最后将钎探记录和结果分析对照天然地基情况而作出鉴定，如设计人提出也可使用轻便触探器进行试验。

钎探后的孔要填灌中砂至密实状态。

（13）挖方的弃土或放土，应保证挖方边坡的稳定与排水，当土质良好时，应距槽沟边缘0.8m以外堆放，且高度不宜超过1.5m。在软土地区，不得在挖方上侧放土。

（14）在软土地区开挖基坑（槽）或管沟时，应按施工组织设计或方案规定施工。

（15）土方工程一般不宜在雨天进行。在雨季施工时，工作面不宜过大。应逐段、逐片地完成，并应切实制订雨季施工的安全技术措施。

（16）土方边坡的加固（包括填方、排水沟和截水沟等边坡），应按土质、地下水位情况，并结合施工周期和季节制定保护方案。

（17）为减少对地基土的扰动，机械挖土应在基底标高以上保留200~300mm左右，以后用人工挖平清底；如人工挖土后不能立即修筑基础或铺设管道时，也应保留150mm厚的土层暂时不挖。所有预留厚度应在基础施工前用人工挖除。

4. 质量标准

基坑、基槽和管沟底的土质必须符合设计要求，并严禁扰动。

土方工程允许偏差项目见表1-2-8。

表 1-2-8　土方工程允许偏差项目

项目	允许偏差（mm）					检查方法
	桩基基坑基槽管沟	挖方场地平整		排水沟	地（路）面基层	
		人工施工	机械施工			
标高	0~-50	±50	±100	0~-50	0~-50	用水准仪检查
长度宽度	>0	>0	>0	0~+100	/	用经纬仪、线和尺量检查
边坡偏坡	不应	不应	不应	不应	/	观察或用坡度尺检查
表面平整	/	/	/	/	20	用2m靠尺和楔形塞尺检查

注：地（路）面基层的偏差只适用于直接在挖、填方上做在（路）面的基层。

5. 施工注意事项

（1）基坑开挖，在有水平标准严格控制基底的标高，标桩间的距离≤3m，以防基底超挖。

（2）在软土地层开挖桩基承台基坑时，应按工程桩施工顺序流水作业，以保证桩身强度达到70%以上时才开挖基坑。挖方要对称进行，高差不应超过0.8m，防止软土滑陷而发生桩身位移。

（3）在地下水位以下挖土，必须有措施、有方案。地质资料反映有细砂粉土、中粗砂层的工程项目，必须有截水、降水等有效防止流沙的措施。

（4）夜间施工时，施工现场应有足够照明设施，在危险地段设置明显的警示标志和护栏。

（5）土方开挖前，应对周围环境进行普查，清除安全隐患。对邻近设施在施工中进行沉降和位移观测。

（6）对定位桩、水准点等应注意保护好，挖运土时不得碰撞。并应定期复测，检查其可靠性。

（7）基坑（槽）、管沟的直立壁和边坡，在开挖后应有措施，避免塌陷。

（8）挖土需要的支护结构，在基础施工的全过程要做好保护，不得任意损坏或拆除。

（五）基坑土方施工控制措施

1. 坑顶周围严格限制堆土等地面超载，严禁超过设计荷载；为此在施工布置时，基坑边18米范围内均采用20cm厚C30砼硬化，其中10米范围内为施工平台，重载运渣车均在10米外运输便道上，避免地面超载。同时设备移动时应尽量在运输便道上，可以适当隔离振动荷载作用。

2. 严格控制土坡坡度，确保土坡稳定。支撑下部土体采用人工配合小挖机翻土。在每个限定长度的开挖段中，每一层土体的开挖底面标高以略低于该层支撑中心50cm为止，严禁超挖。

根据设计地质勘查报告坑内淤泥层在地面下 10~13 米，厚度约 3 米；主要影响第 3、4 层土方开挖。淤泥层透水性差，降水后土体内含水量仍较大，挖土设备坑内纵向作业通道根据情况进行石渣换填，同时采取沿通道分段后退开挖方式。

3. 每一层土体开挖中，采用水准仪控制坑底标高，并在桩上做好标记。在基坑底标高以上 200~300mm 的土方必须采用人工开挖；开挖保护层时，集中劳动力和配套设备，开挖一片，铺设一片垫层，防止人类活动和自然因素造成的扰动。

4. 对局部超挖处要用砂填实，严禁用开挖土方回填。本层土方开挖必须在最短的时间内完成，并在 1 天内完成垫层砼的浇注。

5. 当开挖至第三、四、五道支撑时，由于支撑层间距太小而不能使用挖掘设备纵向开挖，在施工过程中此时采用在同层支撑的两相临钢管间横向倒退开挖。

6. 坑底要设集水坑，及时排除坑内积水。开挖时及时封堵围护结构接缝内出现的水土流失，严防小股流水、流沙冲破围护结构接缝中存在的充填泥土的孔洞而导致大量涌砂和基底失稳。

7. 开挖过程中，定时检查井点降水深度。

8. 人工开挖至坑底设计标高后，立即量测最下一道圈梁（或钢支撑）底面至坑底的高度，并从观测此高度随时间而发生的变化中，定出坑底土体回弹量，并据此定为保证结构底板在砼浇注后能达到设计标高和设计厚度。

9. 钢筋砼底板要求在土方开挖完成 7 天内完成砼浇注。

10. 必须待砼圈梁及支撑达到相应强度后才能开始进入下一道工序。

11. 坑内外排水

（1）开挖土层平台中间设 300×300mm 的横向截水沟，在适当位置设集水坑便于随时将坑内的水排出坑外，严禁将截水沟，集水坑设在坡脚。

（2）在第一道圈梁临坑边修 300mm 高 ×240mm 宽砖墙，外侧用水泥砂浆抹面，防止施工便道上的雨水流入基坑内。

在基坑底备足高扬程潜水泵，保证基坑底为无水施工。

（六）保证基坑稳定的预防措施

1. 支撑失稳

基坑开挖前组织一定的钢支撑、注浆材料等备用；严格按设计分层分段开挖，并在规定的时间内架设好钢支撑；

基坑开挖过程中加强监控量测，建立预警机制；

基坑开挖过程中监控量测出现预警时，及时增加钢支撑，并调整基坑开挖参数，控制下阶段变形值；

当周边发生较大位移或沉降时，立即采取跟踪注浆措施。

2. 纵坡失稳

基坑纵向放坡不得陡于安全坡度。在基坑施工过程中，对纵向土坡加强监测，并将结果及时反馈指导施工，确保纵向边坡稳定；

加强基坑防排水措施。特别在雨季的基坑开挖时，纵坡面采用彩条防水布覆盖，每一个开挖台阶设置一个排水截水沟，每两个台阶设置一个汇水井以抽排积水；

纵坡失稳、局部坍塌时，应立即停止开挖，及时回填土方，加设支撑，并妥善做好排水；

边坡外控制附加荷载，当边坡出现预警时，及时卸载，避免出现滑坡事故。

3. 基底隆起及突涌

现场备齐钢材、沙袋、止水材料和一定数量的备用钢支撑以备抢险急用。

基坑开挖前做好基坑降水，并在基坑开挖过程中做好防排水措施。

当基坑有隆起的征兆时，对基坑基础下部土层进行注浆加固。

发生基底突涌或墙壁大量涌水涌土时，应立即停止开挖，撤出施工人员机械，严禁重型机械靠近。回填土方、沙袋进行压堵，立即堵截。并及时组织对墙外地表注浆压固，减少土体坍陷，控制位移。

基坑开挖过程中减少基坑暴露时间，挖至设计标高后及时浇注垫层和底板。

4. 围护结构渗漏水

施工现场备一定数量的橡胶软管，水泥和锚固剂以备用。如开挖后发现桩间有渗漏现象，必须立即进行堵漏。如果渗水较大，则采用在该处掏槽后埋设软管引流，在比较小的渗漏处用化学灌浆法进行堵漏。如果出现渗漏十分严重的地方采用在围护桩外相应的位置施工高压旋喷桩进行堵漏。

5. 围护结构变形

在开挖时由于围护结构迎土面局部侧压力过大而导致围护桩变形。如开挖过程中出现变形超过规范允许变形值时可采用在变形处加设钢支撑的办法。若加设钢支撑还不能满足需要时，采用围护桩外相应段进行高压旋喷桩加固外侧土体使土自身具有一定抗侧压力的能力，从而达到控制地下围护结构变形的目的。

6. 确保基坑稳定的强制性措施

（1）严格按施组要求施工

根据施工场地周围建筑物和地下管线、现行技术标准、地质资料做好深基坑施工组织设计和施工操作规程，通过技术交底，使全体施工人员认识到：深基坑开挖支撑施工是整个车站施工中的关键工序；基坑开挖应严格按照"时空效应"理论，采用分层、分段挖土，并遵循"开槽支撑、随挖随撑、分层开挖、严禁超挖的原则"，沿车站纵向按规定长度逐段开挖，随挖随撑，并及时加设轴力。

（2）充分做好基坑排水措施

为保证基坑开挖面不浸水，要在坡顶外设置截水沟或挡水堤，防止地表水冲刷坡面和基坑外排水回流渗入坑内，在坑基内及时设置排水沟和集水井，防止基坑内积水；在基坑开挖前，在基坑外侧设置排泄水沟，排除地面明水，防止地面明水流入基坑内。

（3）加强监测

在基坑开挖过程中，要紧跟支撑的进展，对围护结构变形和地层移动进行监测，根据监测资料及围护结构变形警标，及时采取措施改进，控制变形。

（4）基坑开挖施工的质量控制标准

在基坑土方开挖过程中，分段分层进行开挖，开挖至横向钢管支撑位置后及时施作钢管支撑，不得搁置时间过久而造成基坑变形。

支撑平面位置高程准确，支撑顺直无弯曲；钢围檩与支撑有可靠焊接。

端头斜撑平面位置和高程准确，其支托钢构件按设计要求制作。开挖段的土坡要根据土质特性，经边坡稳定性分析计算后确定出安全开挖坡度。根据以往施工经验，开挖纵坡时保持1∶3放坡较为安全。在基坑土方开挖中严格按开挖坡度施工，严禁在土方开挖中出现大的垂直土壁。

在基坑土方开挖过程中，避免损坏降水设备，确保降水井的正常运行，保证地下水位在开挖面以下2.0m。

严格控制基坑土方超挖方量：在土方挖至设计坑底时，严格控制其超挖量，及时施工砼垫层，封闭坑底。当底板及侧墙砼强度达到设计规定强度后方可进行最下面的支撑拆除，严禁过早拆除，防止底板砼出现裂缝，影响砼最终质量。

（七）基坑开挖过程中的事故处理

1. 事故预防措施

（1）开挖中可能存在的隐患或引发的事故应预先制定抢救方案；

（2）应在基坑工程施工过程中进行监测，实行信息化施工。掌握基坑施工边坡、围护结构的变形值和变形速率，及时查明坑周地面的裂缝及其变化等；

（3）调查相邻基坑施工情况并协调双方的施工；

（4）了解本地区类似场地已发生过的事故经验、教训，做好事故的防范；

（5）严格控制基坑周边地面荷载，设计时不漏算荷载，施工时不乱加荷载；

（6）对基坑周边的地上建筑、地下工程以及道路工程等应进行监测，采取预防保护措施；

（7）基坑施工过程应随时密切注意气候（降雨、台风、地震、降温等）预报，以便做好相应防灾措施。

基坑围护结构的安全受基坑的开挖卸载、气象、环境等较多的可变因素影响而改变，不可仅按某些特定的参数判断基坑工程的安全度，忽视基坑工程的实际动态变化。应对基坑工程的安全度进行随机分析，掌握可能引发病害事故的不利条件，提供有效的安全对策。

2. 事故的处理

（1）基坑工程发生病害事故时，应查明其确切原因，对基坑、相邻建筑物、道路及地下管线造成的危害程度，以便采取有效措施进行抢救处理；

（2）制定基坑病害事故处理方案时，不仅要对基坑事故能进行有效抢救，还要对周边建筑物、地下管线、道路及相邻基坑进行保护，不应产生不利影响；

（3）基坑工程发生病害事故时，应及时迅速组织抢救，避免丧失抢救时机，酿成更严重后果；

（4）基坑施工中异常情况的处理措施见附录B；

（5）事故处理后，应在事故发生部位及相邻部位增加监测点加强监测，及时进行预报工作，严防事故再度发生。并应抓紧进行诱发事故原因的整治工作，彻底清除事故隐患；

（6）基坑事故造成工程桩或地下结构损坏时，应根据损坏状况和其重要程度，采取有效加固方法进行处理，恢复正常使用功能。

（八）基坑工程现场监测

1. 一般规定

（1）现场监测是指在基坑开挖及地下工程施工过程中，对基坑岩土性状、支护结构变位和周围环境条件的变化，进行各种观测及分析工作，并将观测结果及时反馈，以指导设计与施工。

（2）支护结构设计图纸应根据工程的具体情况提出对现场监测的要求，包括观测项目、测点布置、观测精度、观测频度和临界状态报警值等。

（3）在基坑开挖前制定现场监测方案，主要内容包括监测目的、监测内容、测点布置、观测方法、监测项目报警值、监测结果处理要求和监测结果反馈制度等。

（4）严格实施现场监测方案，及时处理监测结果，监测工作应由有资质的勘察单位进行监测，并将监测结果及时向监理、设计和施工人员作信息反馈。必要时，应根据现场监测结果采取相应措施。

（5）基坑工程现场监测除应符合有关的规定外，尚应符合现行国家标准《工程测量规范》的有关规定。

2. 监测内容

（1）现场监测的对象包括：

1）自然环境；

2）基坑底部及周围土体；

3）支护结构；

4）地下水位；

5）周围建（构）筑物；

6）周围地铁、水管、排污管、电缆、煤气管等重要地下设施；

7）与基坑相邻的周围城市道路路面。

（2）应根据基坑工程的安全等级和实际情况具体特点选择确定现场监测项目。

3. 监测方法

（1）基坑工程的现场监测应以仪器观测为主、仪器观测和目测调查相结合。

（2）调查当地的气象情况，记录雨水、气温、台风、洪水等情况，并检查自然环境条件对基坑工程的影响程度。

（3）了解基坑工程的设计与施工情况、基坑周围的建（构）筑物、重要地下设施的布置情况和现状，密切检查基坑周围水管渗漏情况、煤气管道变形情况、基坑周围道路及地表开裂情况和建（构）筑物的开裂变位情况，并作好资料的记录与整理工作。

（4）检查支护结构的开裂变位情况，特别应重点检查支护桩体、支护墙面、主要支撑、连接点等关键部位的开裂变位情况及支护结构漏水的情况。

（5）边坡土体顶部和支护结构顶部的水平位移和垂直位移观测点应沿基坑周边布置，一般在每边的中部和端部均应布置观测点，且观测点间距不宜大于20m。

（6）对于与基坑周边距离不超过3H（H为基坑开挖深度）的建（构）筑物，应观测其变位。必要时尚应补测与基坑周边距离超过3H的建（构）筑物的变位。

（7）围护结构、支撑及锚杆的应力应变观测点和轴力观测点应布置在受力较大且有代表性的部位，观测点数量视具体情况而定。

（8）基坑周围地表沉降、地下水位、墙背土体深层位移、墙背土体的土压力和孔隙水压力的观测点宜设在基坑纵横轴线或其他有代表性的部位，观测点数量视具体情况而定。地下管线的沉降观测点宜设置于地下管线顶部，必要时可设置在管线底部地层内。

（9）基坑周围地表裂缝、建筑物裂缝和支护结构裂缝的观测应是全方位的，并选取其中裂缝宽度较大，有代表性的部位重点观测，记录其裂缝宽度、长度和走向。

（10）现场监测的观测仪器应满足观测精度和量程的要求。

（11）沉降观测基准点，应设在基坑工程影响范围以外，一般距基坑周边应不少于5H，也不宜少于30~50m，且数量不应少于两点。

（12）现场监测的准备工作应在基坑开挖前完成，从基坑开挖直至土回填完毕均应作观测工作。主要监测项目的监测时间间隔应作出规定。如发现变位速率较大、支护结构开裂等情况，应进一步加强观测，缩短监测时间间隔，并及时向监理、设计和施工人员报告监测结果。

（13）观测数据应及时分析整理，沉降、位移等观测项目尚应绘制随时间变化的关系曲线，对变形和内力的发展趋势做出评价。当观测数据达到报警值时必须立即通报有关单位和人员。

（14）监测记录和监测报告应采用监测记录表格，并应由监测、记录、校核人员签字。

（15）在监测工作完成后，由监测人员提交完整的基坑工程现场监测报告。

三、基坑回填

（一）施工准备

1. 技术准备

（1）项目部专业技术人员熟悉施工图纸、相关规范和施工总承包合同承包范围，掌握设计要求，弄清管廊回填土施工范围与市政道路施工范围之间的界面划分，为管廊施工部署做好准备工作。

（2）编制基坑回填施工方案，明确各专业工序间的配合协调、确定回填土的施工顺序、土方机械的行走路线，以及确定土源、机械选型、工艺流程、施工要点等要求，由编制人员向相关管理人员进行施工方案交底，项目技术部门和专业工长对参加施工人员进行施工技术交底和安全技术交底，并对机械操作人员和司机进行专门交底。确保现场施工人员都熟悉基坑回填的各个技术参数以及施工工艺。

（3）试验员在监理的见证下，采集不同种类填土土样送至试验室进行标准击实试验、CBR 试验、液限、塑限等试验，按照设计要求的重型或轻型压实标准，确定回填土最大干密度、最优含水率、控制干密度，并作好回填土试验取样准备工作。绘制各层压实度测定的取样分布图。

（4）同甲方、设计、监理协商，共同选取试验段的位置和长度，并做好试验段施工的准备工作。

2. 材料要求

（1）回填土料

1）回填土料应符合设计要求及国家现行标准的有关规定，土料含水量应满足压实要求，填方材料的强度（CBR）值应符合设计要求。不应使用含有淤泥、沼泽土、泥炭土、冻土、盐渍土、腐殖土、有机质土及含有生活垃圾的土，填土内不得含有草、树根等杂物。土的可溶性盐含量不得大于 5%；有机质含量不大于 5%。

2）宜优先利用基槽中挖出的土，宜采用黏土、砂等。回填土料宜就地取材，须经过建设单位、设计单位同意。如使用房渣土、工业废渣等需经过试验，确认可靠后方可使用。

3）采用人工夯实或蛙式打夯机的回填土，使用前应过筛，其粒径不应大于 50mm。

4）碎石类土或爆破石渣用作填料时，其最大粒径不得超过每层铺填厚度的 2/3，当使用振动辗时，不得超过每层铺填厚度的 3/4。铺填时，大块料不应集中，且不得填在分段接头处。

5）软土、湿陷性黄土、膨胀土、红黏土、盐渍土、冻土等特殊土的基坑回填，应符合设计要求和当地工程标准的规定。

（2）回填砂料

回填砂料应符合设计要求及国家现行标准的有关规定。填砂材料宜用中、粗砂，细度模数宜为2.0~3.2。不得含有草皮、生活垃圾、树根、腐殖质材料；不得含有沼泽土、淤泥，含泥量宜为3%~8%，且不应结团集中，有机质含量不应超过5%；特细砂不宜作为填砂材料；回填砂料的强度（CBR）值应符合设计要求。

（3）级配砂砾及级配砾石（碎石）填料

1）级配砂砾及级配砾石：天然砂砾应质地坚硬，含泥量不应大于砂质量（粒径小于5mm的10%），砾石颗粒中细长及扁平颗粒的含量不应超过20%，级配砾石最大粒径不应大于37.5mm。级配砂砾及级配砾石的压碎值<35%，其颗粒范围及技术指标宜符合表1-2-9的规定。

2）级配碎石：轧制碎石的材料可为各种类型的岩石（软质岩石除外）、砾石，碎石中不应有黏土块、植物根叶、腐殖质等有害物质；碎石中针片状颗粒的总含量不得超过20%；级配碎石应为多棱角块体，软弱颗粒含量应小于5%，偏平细长碎石含量应小于20%。级配砂砾及级配碎石的压碎值<35%，其颗粒范围及技术指标宜符合表1-2-9的规定。

表1-2-9 级配砾石/碎石的颗粒范围及技术指标

级配类型	通过下列筛孔（mm）的质量百分率（%）									液限（%）	塑性指数
	53	37.5	31.5	19	9.5	4.75	2.36	0.6	0.075		
级配碎石	—	100	90~100	73~88	49~69	29~54	17~37	8~20	0~7	<28	<6

3）进场的级配砂砾和碎石应进行颗粒组成、压碎值、级配试验等，其试验指标应符合设计要求及国家现行标准的有关规定。

3. 主要机具

（1）选择施工机械，应考虑工程特点、土石种类及数量、地形、回填高度、运距、气候条件、工期等因素，经济合理确定。

（2）运土机具：挖掘机、自卸汽车、装载机、推土机、推土机、小型挖掘机、手推车及翻斗车等。

（3）填夯机具：平碾、羊足碾和振动碾、平地机、蛙式打夯机、柴油打夯机、平板震动夯等。

（4）辅助工具：全站仪、水准仪、3m靠尺、塔尺、尼龙线、钢尺、铁锹（平头、尖头）、铁耙等。

4. 作业条件

（1）基坑回填应对综合管廊结构（包括管廊顶板的通风口、投料口、接出口等附属结构）、外防水、防水保护层（管廊两侧和顶板）等进行检查验收，并分段办理中间验收手续，以及向回填施工人员办理交接手续。

（2）填土前，应清理干净管廊两侧基底表面上的积水和杂物，清除淤泥，以及做好综合管廊的投料口、通风口等临时封堵，检查管线分支口预埋套管是否封堵，并办理好有关隐检手续。

（3）施工前应进行试验段施工，（根据工程特点、填方土料种类、密实度要求、施工条件等）合理确定填方土料含水量控制范围、预沉量值、压实机具、压实遍数、虚铺厚度和压实方式等施工参数。

（4）施工前，应按设计要求高程做好回填土面层水平高程标志的布置，测出回填面标高控制点并作出标记，回填土填筑前，先在基坑两侧围护结构或基坑边坡上，以及管廊侧壁防水保护层上，弹出分层回填标高线或在标高线位置沿管廊长度方向每隔20米钉上水平桩，挂线抄平，以便控制填土厚度。

（5）采用放坡和土钉墙支护形式的基坑，回填土前，根据卸土地点安排，破除局部边坡，就近修筑（斜开）卸土坡道。同时确定好土方机械、车辆的行走路线，应事先检查临时道路，必要时要进行加固加宽等准备工作。

（6）机械设备运至现场，进行维护检查，试运转，使机械处于良好的工作状态，确保施工机械满足连续作业条件。

（7）综合管廊土方工程施工前，应根据总体施工工期安排，考虑土方量、土方运距、土方工程施工顺序，进行土方平衡和合理调配，减少倒运次数，降低工程成本。

（二）施工工艺

1. 工艺流程（要有流程框图）

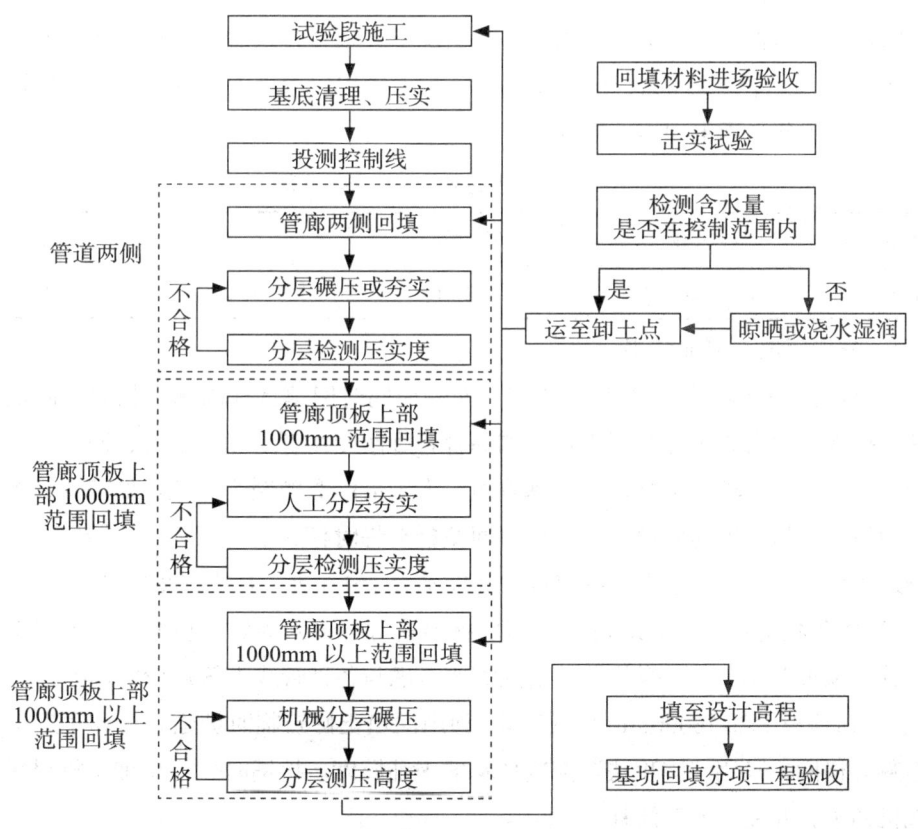

图 1-2-6　基坑回填施工工艺流程

2. 操作要点

（1）填土前，应按照施工方案的施工安排，划分基坑回填施工区段，并选择具有代表性的地段作为试验段，长度不宜小于200m。应针对管廊两侧、管廊顶板上1000mm范围、管廊顶板上1000mm以上范围的部位，分别进行试验数据采集和成果总结，分别确定土方压实的最佳方案，通过试验合理选择压实机具，并确定回填土料含水量控制范围、铺土厚度、压实遍数等施工参数。

（2）填土前应将管廊两侧基底表面上的垃圾和管廊顶板上的杂物等清理干净，基槽内排水沟应抽干积水、铲除淤泥，保持降排水系统正常运行；如基底土质疏松，遭受扰动，应在基底压实后再进行。

（3）管廊两侧基底清理后，应在管廊侧墙防水保护层上用墨线分别弹出回填分层厚度控制线，第一道墨线为填料虚铺厚度，第二道及以上墨线为填料压实厚度。当管廊两侧基槽较宽时，应在坡面上对应位置增加分层厚度控制线。当回填高度高于基坑边坡（自然地坪）时，应在两侧边缘，每隔20米设置标识桩，标识回填两侧的边界线和分层厚度控制线。

（4）检验土质。对来源不同、性质不同的回填土料，应按设计要求分别进行重型或轻型击实试验，测定填料的最大干密度和最佳含水量。各种土的最佳含水量（率）可参考下表。检验回填土料的种类、粒径、有无杂物，是否符合设计要求和相关规范的规定，以及土料的含水量是否在控制的范围内，一般情况下，填料含水量与最佳含水量的偏差控制在2%范围内。如含水量偏高，可采用翻松、晾晒或均匀掺入干土等措施；如遇填料含水量偏低，可采用预先洒水润湿等措施。

表1-2-10 土的最佳含水率参考表

土的种类	砂土	粉质黏土	粉土	黏土
最佳含水率（%）	8~12	12~15	16~22	19~23

（5）分层回填、摊铺整平

1）综合管廊两侧回填应对称、均衡，两侧应同时回填且标高基本相同。回填顺序应按照基底排水方向由高至低分层进行。如综合管廊两侧均有施工便道时，回填土应从便道两侧分别（进行）入坑，机械运土至基坑边，人工借助溜槽倒运入坑。如综合管廊一侧设有施工便道时，另一侧的回填土，需要将回填材料临时存放于管廊顶板（转运站），人工二次倒运入坑，人工摊铺整平。临时堆放高度不大于1.5米，且不得集中堆放。

2）管廊顶板上部1000mm范围，回填材料先对称运入管廊顶板两侧，再用小型机械摊铺至管廊顶板上，人工配合找平。期间需要考虑与各种管线支管敷设协调配合。

3）管廊顶板上部1000mm以上范围，利用回填土修筑临时坡道，自卸车运土。施工时撒石灰方格网，采用"体积法"控制填料的虚铺厚度。摊铺时，采用推土机粗平，然后用平地机精平，并配合人工修补。

4）综合管廊交叉口与管廊标准段的过渡连接段下面的回填施工，应配合管廊结构穿插进行，先期进行交叉口周围的回填，与连接段下面的回填同时进行，回填至结构底标高时，再进行连接段结构施工。

5）每层虚铺厚度应根据工程特点、回填土料种类、压实度要求、压实机具性能等通过试验确定。人工夯实虚铺厚度应小于200mm。

6）不同性质的土应分类、分层回填，不得混填。两种透水性不同的填料分层回填时，上层宜填筑透水性较小的填料。回填土料宜与原基坑各层土质相同。

7）回填土划分多个施工区段施工时，相邻两个施工区段的接头部位，如不能交替回填，则先填施工区段交界面应设置成斜坡形，分层留台阶，上、下层的交界面应错开，错开距离不小于1.0m；如能交替回填，则应分层相互交替搭接，搭接长度不小于2m。

8）当综合管廊的基坑采用放坡或土钉墙支护时，分层回填至边坡处，应将坡面挖成台阶形，台阶面内倾，台阶高宽比为1∶2，每级台阶宽度不小于1m。回填材料压实后，与基坑边坡紧贴。

9）土方回填应按设计要求预留沉降量，如设计无要求时，可根据工程性质、回填高度、填料种类、压实系数和地基情况与建设单位、监理单位、设计单位共同商定后确定，一般情况下，砂土的预留沉降量可取1.5%，粉质黏土的预留沉降量可取3%~3.5%。

10）在地下水位较高的区域施工时，应设置盲沟疏干地下水；当坡面有渗水时，应排入盲沟，引出基坑外。

（6）分层压实

1）综合管廊两侧由于工作面狭长，可采用小型压路机进行碾压或采用蛙式和柴油打夯机夯实。回填土每层至少夯打三遍，打夯应一夯压半夯，夯夯相接，行行相连，纵横交叉。当管廊结构悬挑构件下，蛙式打夯机无法操作时，采用平板振动器振实，且狭小空隙宜采用砂土、天然砂砾石、级配碎石等做填料，人工夯实。对人工未能回填并碾压处，采用素混凝土做填料。

2）管廊顶板上部1000mm范围内，顶板两侧具备一定工作面以后，采用压路机碾压；管廊顶板上采用人工分层夯实，夯实工作同管廊两侧操作方法。大型碾压机不得直接在管廊顶板上部施工。

3）管廊顶板上部1000mm以上范围，除各种预留套管、预埋支管周围，突出管廊顶板的通风口、接出口、检查井等周围500mm范围内的回填土，采用小型机具或人工分层夯实外，其余部分全部采用大型压路机碾压。压实应遵循"先轻后重、先慢后快、先静后振、轮迹重叠"。并控制行驶速度，压路机最快行驶速度不宜超过4km/h，一般平碾和振动碾不宜超过2km/h。碾压应沿着管廊的长度方向行驶，碾压顺序从两侧边坡向管廊中央推进。碾压时，轮（夯）迹应相互搭接150mm以上，防止漏压或漏夯。分段回填的交界面，碾迹应重叠0.5~1.0m。

4）填筑厚度与压实遍数，应根据土质、压实系数及所用机具经试验后确定。如无试验依据，可参考下表1-2-11数据。

表 1-2-11 填土施工分层厚度及压实遍数

压实机具	分层厚度（mm）	每层压实遍数
平碾	250~300	6~8
振动压路机	250~350	3~4
柴油打夯机	200~250	3~4
人工打夯	小于200	3~4

5）回填预留套管或预埋支管的管沟时，为防止管道偏移或损坏管道，应用人工先在管道两侧填土夯实，并应由管道两侧同时进行，直至管顶0.5m以上时，在不损坏管道的情况下，方可采用蛙式打夯机夯实。其管沟的回填应符合《给水排水管道工程施工及验收规范》GB50268的有关规定。

6）施工中应随时检测土料的含水量，严格控制回填土料的含水量在控制范围内。碾压过程中出现翻浆和弹簧土等现象时，应翻开晾晒或挖除重新换填。压路机无法压实的回填边角采用人工打夯。

7）当管廊基坑支护体系采用内支撑时，土方回填应与管廊结构及基坑换撑施工工况保持一致。以回填土作为基坑换撑并设置传力带的，应根据基坑支护设计要求，分阶段进行土方回填，并保证传力带下回填密实。填方全部完成，用于支护体系的构件需要拆除的，应采取特殊处理措施保证土体缝隙密实。

8）高于基坑边坡（自然地坪）的管廊回填施工，应保证边缘部位的压实质量。填土后，如设计不要求边坡修整，宜将填方边缘宽填0.5m；如设计要求边坡修平拍实，宽填可为0.2m。

（7）采用中、粗砂、天然砂砾石、级配碎石等材料回填时，其质量应符合设计要求或有关当地标准的规定。

（8）修整找平：填方全部完成后，应进行表面拉线找平，凡超过设计高程的地方，及时依线铲平；凡低于设计高程的地方，应补土找平夯实。

（9）压实度检测

1）土方回填的施工质量检测应分层进行，应在每层压实度符合设计要求且验收合格后，方可铺填上层土。当设计无要求时，应符合表1-2-12的规定。

表 1-2-12 综合管廊回填土压实度及检测频率

	检查项目	压实度(%)	检查频率 范围	检查频率 组数	检查方法
1	绿化带下	≥90	管廊两侧回填土按50延米/层	1组（3点）	环刀法、灌砂法、灌水法
2	人行道、机动车道下	≥95	管廊顶板以上回填土按1000m²/层	1组（3点）	环刀法、灌砂法、灌水法

2）检测频率为管廊两侧回填土每层50延米取样1组，每组3点；管廊顶板以上回填土按每层1000m²取样1组，每组3点。具体见下表，必要时可根据需要增加检测点。

3）检查方法为采用环刀法检测压实度时，环刀中部处于压实层厚的1/2深度；采用灌砂法、灌水法检测压实度时，取土样的底面位置为每一压实层底部；用核子（密度）仪试验时，应根据其类型，按说明书要求办理。核子密度仪适用于施工质量的现场快速评定，不宜用作现场验收试验。

（10）施工注意事项

1）严格控制回填土的含水率，不符合要求的回填土严禁进行回填。

2）加强重点部位、施工难点的质量监控；严格按照每道工序的操作规程施工，重点检查虚铺厚度超厚、夯实遍数不够、漏夯、分段回填的搭接部位错误等现象。严禁用水浇使土下沉的"水夯法"。

3）每层压实完成，应检查回填表面是否平整、坚实，有无显著轮迹、翻浆、波浪、起皮等现象，边坡是否密实、稳定、平顺。

4）回填土每层都应测定夯实后的干土质量密度，符合设计要求后才能铺摊上层土。试验报告要注明土料种类、试验日期、试验结论及试验人员签字。未达到设计要求的部位，应重新处理，依据复验结果再进行验收。

（三）质量标准

1. 检验批的划分

基坑回填检验批可按照回填料、工艺、分层、分区段划分，由施工单位会同监理单位在施工前确定。

2. 主控项目

（1）回填土施工完成后，检查回填区高程，应符合设计要求，允许偏差应符合表1-2-13的规定。

表1-2-13 综合管廊基坑回填工程质量检验标准

项目	检查项目	允许偏差（mm）或允许值			检查频率		检查方法
		基槽	管沟	路基	范围（m）	点数	
主控项目	标高	—	—	−20+10	20	1	水准仪
	分层压实系数	设计要求			管廊两侧50延米/管廊顶板上部1000m²	1组（3点）	环刀法、灌砂法、灌水法
一般项目	回填土料	设计要求			全数检查		直观鉴别、现场量测或取样检测
	分层厚度及含水量	符合施工方案要求及最佳含水率偏差范围内			管廊两侧50延米/管廊顶板上部1000m²	1组（3点）	水准仪及抽样检查
	表面平整度	—	—	≤15	20	回填宽度（m） <9 : 1 9~15 : 2 >15 : 3	用3m直尺和塞尺连续量两尺，取较大值

注：当管廊基坑回填土填至路床顶标高时，需要做弯沉值检测，以便移交给道路施工专业单位。

检查数量：每 20 米抽查 1 点，每一检验批不少于 10 点。

检验方法：用水准仪测量。

（2）回填土必须分层夯实，夯实后取样测定土的干容重，与最大干密度的比值，确定压实系数。分层压实系数必须满足设计要求。

检查数量：管廊两侧回填土每压实层 50 延米抽检 1 组 3 点；管廊顶板以上回填土每 1000m²、每压实层抽查 1 组 3 点。

检验方法：环刀法、灌砂法或灌水法。

3. 一般项目

（1）填料应符合设计要求。

检查数量：全数检查。

检查方法：直观鉴别、现场量测或取样检测。

（2）分层厚度及含水量，是根据土质、密实度要求、压实机具性能，通过试验确定的。填料的含水率在控制偏差范围内，满足压实要求，分层厚度符合施工方案的要求。

检查数量：同分层压实系数检查频次。

检查方法：水准仪及抽样检查，检查土壤干密度试验报告。

（3）表面平整度允许偏差应符合表 1-2-11 的规定。

检查数量：根据管廊回填的宽度，沿管廊长度，每 20 米，检测 1~3 点。

检查方法：用 3m 直尺和塞尺连续量两尺，取较大值。

（四）成品保护

1. 施工时，对定位桩、中心线控制桩、标准水准点等，填运土方时不得碰撞，并应定期复测检查是否正确。

2. 夜间施工时，应合理安排施工顺序，要有足够的照明设施，防止铺填超厚，严禁自卸车直接倒土入槽，损坏结构，造成防水层及防水保护层的破坏。若基坑较深，可采用设置简易溜槽入坑。

3. 必须保证管廊结构混凝土及管廊顶板防水保护层达到一定强度，且不因土方的回填导致管廊结构和顶板防水保护层受损坏时，方可回填。

4. 管廊两侧、管廊顶板以上及投料口、通风口、检查井、接出口等周围各 500mm 以内范围，应采用人工摊铺，人工分层夯实，避免触碰防水保护层，破坏防水层。并设专人巡视检查，如有破坏，立即修补。

5. 回填和压实过程中，应采取措施保护地下管线、构筑物安全。其四周各 500mm 范围内禁止使用大型机械摊铺、碾压，可采用人工或小型机具配合进行，并设专人看护。

6. 管廊顶板以上回填土，应避免自卸车、压路机、推土机等大型机械直接在管廊顶板上停留或行走，应采取边卸料、边推平、边碾压的前进方式，即自卸车后退式卸料，推土机前进式推平，压路机紧随其后碾压。当管廊主体结构混凝土强度未达到设计要求时，应在管廊内增加支顶措施或延迟顶板支撑架拆除。

7.暂存土应避开各类地下管线等构筑物,且应避开建筑物、围墙、架空线等。严禁占压、损坏、掩埋各种检查井、消防栓等设施。

(五)安全环保措施

1. 安全措施

(1)进场工人应做好安全教育,施工前必须对工人进行安全技术交底、并签名,交底内容应齐全、完善、有针对性。

(2)施工人员必须戴好安全帽,不准穿拖鞋,高跟鞋和赤脚,禁止酒后作业。

(3)回填土前,基坑上下应先挖好阶梯或支撑靠梯,或开斜坡道,并采取防滑措施,禁止踩踏支撑上下,基坑四周和综合管廊顶板应设安全护栏。

(4)土方回填前,基坑顶部和综合管廊顶板均做好安全防护。防护栏杆在施工作业高差大于2米时(在回填土未完前),不得大面积拆除。若因回填土施工需要局部临时拆除防护栏时,应设立警示牌并尽量在当天完工前恢复。

(5)基坑边坡的临时堆土不应长时间存放,卸土后应立即入坑或存放综合管廊顶板上部,距离边缘2米以上,堆土高度不大于1.5米,且不易集中存放。

(6)管廊两侧回填土时,不得同时进行管廊顶板以上人员出入口、投料口等附属构筑物施工,严禁上下垂直交叉作业。上方卸土,下方严禁站人;卸土时必须派专人指挥。

(7)综合管廊两侧进行摊铺和压实作业时,严禁向坑内投掷任何物件,必须派专人旁站监督,必要时设置隔离带。

(8)所有机械车辆必须按规定行使路线行使,时速不得大于5公里/小时,非司机人员不得搭乘,司机必须持证上岗。运土车在现场倒土时,不得碰撞防护栏杆。

(9)人机配合土方作业,必须设专人指挥。机械作业时,配合作业人员严禁处在机械作业和行走范围内。配合人员在机械行走范围内作业时,机械必须停止作业。

(10)严禁挖掘机等机械在电力架空线路下作业。需在其一侧作业时,机械与架空线路的垂直及水平安全距离应符合有关规定要求。

(11)夯填回填土前,必须由专业电工先检查打夯机械的电源绝缘是否完好,接地线、开关是否符合要求。每台打夯机由两人协同操作,一人持打夯机,一人拉电缆线,电缆线不可张拉过紧,保证有3~4m的余量,递线人员应依照夯实路线随时调整。严禁电缆缠绕、扭结和被打夯机跨越,电源线长度不得超过30米。作业中需要移电缆线时,应停机进行。操作人员必须戴好绝缘手套,穿好绝缘鞋。两台以上蛙式打夯机在同一工作面作业时,左右间距不得小于5m,前后间距不得小于10m。

(12)施工过程中应做好基坑监测工作,并设专人巡视,发现险情及时通知回填土施工人员撤离。

2. 环保措施

（1）文明施工措施

1）遵守现场安全、保卫、消防、场容以及环保、环卫等各项规定，做到文明施工。

2）严格按照现场平面布置要求，分门别类堆放各种材料，机具设备停放整齐，对大型机械设备考虑其运输通道。

（2）扬尘污染控制措施

1）控制目标：土方作业目测扬尘高度小于1.5米。

2）施工现场主要道路采用钢板路面或预制道路面层硬化，局部C20混凝土硬化。施工现场采用密目网覆盖，保证施工现场黄土不露天。

3）大门出口设置洗轮机，对于驶出施工区的运输车辆，安排专人冲洗车轮和槽帮，以保证施工区外道路不受污染，施工行车线与社会道路交叉地段，要设置专人看守、清理，防止浮土和泥泞。

4）现场建立洒水清扫制度，对施工现场进行洒水降尘。在干燥天气、风速四级以上的天气条件下，对基坑、场内存土点、回填部位，应适当增加洒水次数，并开设降污雾炮和降尘喷雾系统，将雾炮、降尘喷雾系统与PM2.5实时监测仪联动，当监测仪监测的数据超过预警值时，电脑中心立即开启雾炮和喷雾系统，确保扬尘治理。

5）土方车辆装土不能高于车厢，货箱上必须用防水布遮盖密实，防止雨水冲刷、震动等因素污染道路。

6）对于暂停施工的裸露回填土面层长期存放（一天以上）的土堆应采用密目网进行覆盖。现场存土点取土完毕后要将覆盖的密目网恢复，减少尘土飞扬，每日完工以后，对现场进行清理。

7）遇有四级风以上天气不得进行土方回填、转运及其他可能产生扬尘污染的施工。

（3）噪声控制措施

1）施工现场设置高度不小于2.5米的连续围挡，以切断施工噪声的传播途径和隔绝声源。对于噪音较大的作业区，在现场搭设隔音墙，减少噪音对周围居民的影响。

2）控制作业时间，对施工中产生较大噪音的施工工序特别是夯实作业等尽可能安排在白天施工，较小噪音的施工工序尽可能安排在夜间施工。每天进行噪声监测，要求白天噪声小于70分贝，夜间噪声小于55分贝。每天晚22：00—次日凌晨6：00的严禁超分贝的工序施工。

3）土方夜间施工期间安排专人协调，现场禁止土方运输车鸣笛，均采用旗语指挥交通。行驶的机动车辆全部使用低音喇叭，取消防盗报警器。

4）使用运转正常、低噪音、低振动的新型机械设备，进场的机械设备如推土机、压路机、发电机和运输车辆等必须经过检修。各零件之间磨合、运转正常，消除杂音和金属咬合的刺耳怪叫声。

5）对参加施工人员加强教育，减少人为施工噪音出现，增强全体施工人员防噪声不扰民的自觉意识，禁止大声喧哗。

（4）水污染控制措施

1）运输车辆清洗处应当设置专门沉淀池，废水不得直接排入市政污水管网，可经二次沉淀后用于洒水降尘，建立污水循环系统。

2）机械维修，加强废油回收管理，做好渗漏液收集和处理，禁止直接排放。

3）现场主要道路和材料堆放场地统一规划排水沟，控制污水流向。

4）对暴雨径流、生活污水、工程污水等不同来源的工地污水，采取去除泥沙、去除油污、分解有机物、沉淀过滤等有针对性的处理方式，达标排放。

（5）光污染控制措施

统一施工现场照明灯具的规格，使用之前配备定向式可拆除灯罩，使夜间照明只照射施工区而不致影响周边居民及单位人员的休息。避免光污染。

（6）大气污染控制措施

1）施工车辆、机械设备的尾气排放应符合国家和地方规定的排放标准。

2）选择功率与负载相匹配的施工机械设备，避免大功率施工机械设备低负载长时间运行。

3）合理安排工序，提高各种机械的使用率和满载率，降低各种设备的单位耗能。

第三节　基坑支护与降排水

一、施工准备

（一）材料准备

施工所需的水泥、中砂、钢材及锚具等各类材料必须具有出厂检验合格证，并符合国家标准。提前作好材料复验工作，复试不合格产品不许使用。

（二）机具准备

各种机具根据施工进度和需要进场，进场大型机械需要备案的要资料齐全，机械进场及时调试，以免在施工过程中影响施工。

二、基坑支护方法

（一）土钉墙

1.土钉可分为成孔注浆型土钉与击入式钢管。

2. 土钉墙由土钉、喷射混凝土面层、被加固的原位土体及必要的防排水系统组成。

3. 土钉墙宜采用人工或机械成孔的钢筋土钉；对不易成孔的土层宜采用击入式钢管土钉。

4. 土钉墙应按分层开挖、分层施做土钉及混凝土面层的步序进行设计和施工。

5. 土钉的水平和竖向间距宜为1~2m；当基坑较深，土质的黏聚力不足的情况下，土钉间距应取较小值。

6. 土钉长度一般可取开挖深度的0.5~1.2倍，软土地区可取开挖深度的1.5~2.0m。

7. 土钉与水平面夹角宜为5度至20度，当利用重力向孔内注浆时，夹角不宜小于15度。

8. 土钉墙墙面坡率宜取1：0.3~1：0.7，不宜大于1：0.2。

9. 土钉应采用设置加强钢筋或承压板等构造措施与面层进行有效连接。

10. 注浆材料根据土钉类型采用强度等级不低于M10的水泥浆或水泥砂浆。

11. 成孔注浆型钢筋土钉构造：

1）土钉成孔直径去70~120mm。

2）土钉钢筋连接宜采用搭接焊、绑条焊，绑条宜取与土钉直径相同的钢筋，应采用双面焊。双面焊的搭接长度和绑条长度不小于5d；焊缝的厚度和宽度不应小于直径的0.3倍和0.7倍。

3）对中支架应沿土钉全长布置，土钉钢筋保护层厚度不宜小于20mm。

12. 击入式钢管土钉构造

1）钢管土钉宜采用热轧或热处理焊接钢管、无缝钢管。钢管端部制成封闭尖锥状，尖锥顶角取30~60度。

2）钢管土钉可采用螺纹接箍连接或采用绑条焊连接。采用绑条焊时，绑条不小于3根钢筋，钢筋直径不小于16mm，并均匀分布。双面焊时钢筋长度不应小于2倍钢管直径，钢管对接口也应用焊缝填满。

3）注浆孔应沿钢管周边对称布置，每个注浆截面的注浆孔宜取2个，注浆孔外应设置倒刺覆盖保护孔口。

4）倒刺可采用Q235的钢管或热轧等边角钢，与土钉钢管夹角20~30度。倒刺钢管直径宜取20mm，壁厚同钉体钢管，长度为30~40mm。角钢宽度为30~63mm，厚度为3~6mm，长度为50~60mm。

13. 喷射混凝土面层的设计强度不宜低于C20，面层厚度取80~200mm。当面层厚度大于120mm时，喷射混凝土强度应适当提高，或设置双层钢筋网。

14. 网片钢筋搭接长度应大于35d且大于300mm。同一排土钉钉头应通过加强钢筋焊接进行连接，加强钢筋不宜少于2根。

15. 土钉与面层可采用井字垫层、绑条、L筋连接、螺栓垫板连接、角钢连接等方式。

（二）灌注桩排桩

1. 灌注桩排桩有分离式、咬合式、单排式、双排式等布置形式。

2. 灌注桩直径不宜小于 500mm，混凝土设计强度不宜低于 C25。

3. 灌注桩排桩的嵌固应符合抗隆起、抗滑移、抗倾覆等要求。

4. 灌注桩排桩垂直度偏差不应大于 1/150。

5. 当采用分离式布置时，相邻桩间净距不宜小于 150mm。

6. 当采用双排桩布置形式时，双排桩排距宜取 2~4 倍桩径。

7. 对于采用分离式、双排式布置的灌注桩排桩需另设置截水帷幕，排桩与截水帷幕之间净距为 150~200mm。

8. 灌注桩受力钢筋沿截面均匀布置，单桩纵向受力钢筋不宜小于 8 根且纵向受力钢筋应有一半以上通长布置。钢筋直径不应小于 16mm，净距不宜小于 60mm。保护层厚度不小于 40mm。

9. 螺旋箍筋采用钢筋宜采用 HPB300，直径不小于 6mm，间距为 100~300mm。

10. 钢筋笼宜设置加强箍筋，直径不小于 12mm，间距不大于 2m。

11. 灌注桩排桩顶部应设置封闭的冠梁。冠梁的高度和宽度由计算确定，且宽度不小于灌注桩直径。排桩顶嵌入冠梁的深度不宜小于 50mm。

12. 灌注桩排桩桩顶泛浆高度不应小于 500mm，设计桩顶标高接近地面时桩顶混凝土泛浆应充分，凿去浮浆后桩顶混凝土强度应满足设计要求。

13. 截水帷幕根据土层特性选择双轴、三轴水泥土搅拌桩。在黏性土层中，当基坑开挖深度较浅，且截水要求不高时，在满足相邻桩的搭接尺寸及截水要求的条件下也可采用单轴水泥土搅拌桩。截水帷幕宜采用 P.O42.5 级硅酸盐水泥，抗渗性能应满足自防渗要求。

14. 截水帷幕相邻桩体之间的搭接长度不宜小于 200mm，厚度根据根据开挖深度、环境条件等综合确定。

15. 分离式灌注桩排桩的平面布置

1）相邻排桩的中心距不宜大于桩直径的 2.0 倍；相邻桩净距不宜小于 150mm，当相邻桩净距较大时，应对桩间土采取防护措施。

2）截水帷幕宜先于排桩施工，排桩与截水帷幕之间的净距为 150~200mm。

3）当采用单轴或双轴水泥土搅拌桩截水帷幕时，搭接长度应大于 200mm；当采用三轴水泥土搅拌桩截水帷幕时，应套接一孔。

16. 桩间土防护构造（桩间土防护层不穿过排桩）

1）钢筋网应采用挂网钢筋与桩体进行连接。挂网钢筋可采用预埋或植筋的方式设置。当桩距较大时，桩体之间钢筋网宜同时采取桩间土中打入直径不小 12mm 的钢筋钉进行固定，钢筋钉打入桩间土中的长度不小排桩净距的 1.5 倍且不小于 500mm。喷射混凝土面层厚度不宜小于 50mm，混凝土强度等级不宜低于 C20。

2）当桩间土防护面层穿过灌注桩排桩时，横向拉筋宜采用预埋或植筋的方式锚入桩体。

3）钢筋网与横向拉筋采用铁丝绑扎连接，横向拉筋与挂网钢筋采用单面焊接，焊接长度不小于 10d。

17. 桩间土防护构造（桩间土防护层穿过排桩）：横向拉筋既可以采用预埋的方式锚

入灌注桩排桩内，也可以采用后剥离灌注桩保护层，与灌注桩纵向钢筋进行焊接（单面焊，10d）。

18. 双排桩平面布置

1）前、后排桩应分别设置冠梁，前、后排桩冠梁之间通过连梁或连板连接。连梁可连续设置，也可间隔设置。截水帷幕即可设置在前后排桩之间部位，也可设置在后排桩外侧。

2）冠梁、连梁梁宽不应小于桩径D，梁高不宜小于0.8倍桩径且不小于400mm。混凝土强度不低于桩身混凝土等级。

3）前、后排桩桩顶冠梁之间采用混凝土板连接时，板厚不应小于200mm，且不应小于冠梁高度的1/3也不应小于前、后冠梁净距的1/30。

4）冠梁梁宽较灌注桩两边各大于50mm，连梁纵筋锚入两边支座内长度为1.5La。

5）连板纵筋锚入两边支座内长度为1.5La。

（三）地下连续墙

1. 地下连续墙施工流程：挖导沟、筑导墙→挖槽→吊放接头管→吊放钢筋笼→浇筑混凝土→拔出接头管成墙。

2. 地下连续墙导墙的形式与构造

1）导墙形式可分为倒L型导墙和C型导墙。导墙底部应布置于原状土层，埋置深度不应小于1.0m；导墙底标高宜低于地下连续墙设计顶标高不少于200mm。

2）导墙内侧面应该竖直，两侧导墙之间的净距应比地下连续墙的设计厚度增加40~60mm，导墙的混凝土强度不应低于C20。

3）导墙钢筋应锚入硬化地坪，并与硬化地坪整体现浇，增加导墙的稳定性。

4）导墙拆模后，应做好墙间支撑。

5）地下连续墙槽段可分为一字型槽段、L型槽段、T型槽段。一字型槽段长度不宜小于成槽设备的最小成槽长度且不宜大于6m；L型、T型等槽段各肢长度不宜小于成槽设备最小成槽长度，且各肢长度总和不宜大于6m。

6）地下连续墙钢筋笼由纵向钢筋、水平钢筋、封口钢筋和构造加强钢筋构成。同剪力墙墙身构造相同，水平钢筋应布置在纵向钢筋外侧。

7）纵向钢筋沿墙身均匀布置且纵向钢筋应有一半以上通长配置。纵向钢筋伸出墙顶长度应不小于受拉锚固长度要求且不小于700mm。

8）纵向钢筋墙底处断点距离墙底不大于500mm，且纵向钢筋下端处应内折1∶10。

9）水平钢筋和纵向钢筋宜采用电焊连接，地下连续墙宜根据吊装过程中钢筋笼的整体稳定性和变形要求配置架立桁架等构造加强钢筋。

10）地下连续墙纵向筋保护层厚度在迎坑面不宜小于50mm，迎土面不宜小于70mm。

11）L型槽段水平钢筋锚入对边墙体内应满足受拉锚固长度要求，且与对边水平筋做焊接。L型和T型宜设置斜向加强钢筋。封口钢筋与水平筋宜采用单面焊，焊缝长度不小于10d。加强钢筋与水平筋也应采用单面焊,焊缝长度不小于10d。焊缝高度均应大于8mm。

12)T型槽段外伸腹板宜设置在迎土面一侧。T型槽段纵向钢筋加密区应为墙厚的2~3倍。

13)地下连续墙施工接头构造可分为圆形接头管、工字型钢接头和波形接头管(柔性接头)。钢筋笼两侧端部与接头管或相邻混凝土接头面之间应留有150mm的间隙。工字钢截面应满足钢筋笼尺寸要求,工字型钢接头封口钢筋角度a应通过放样确定。

14)地下连续墙施工接头构造也可以采用十字钢板施工接头构造(刚性接头)。十字钢板宜采用Q235B或Q345B钢材。当开洞数量足够时,开洞宜设置在基坑开挖面以下。十字钢板应沿槽段深度通长设置,且应嵌入槽底沉渣内一定深度。十字钢板应采用角钢分别与止浆铁皮和纵向钢筋进行焊接。止浆铁皮长度不宜小于900mm,止浆铁皮厚度为0.5mm。

三、降排水

(一)地下水控制

1. 地下水控制包括基坑开挖影响深度内的上层滞水,潜水与承压水的控制,采用的方法包括截水、集水明排、降水及地下水回灌等。

表1-3-1 常用的降排水方法和适用条件

降水方法	适用范围 降水深度(m)	渗透系数(cm/s)	适用地层
集水明排	<5	$1×10^{-7}~1×10^{-4}$	粉砂、砂质粉土、黏质粉土、含薄层粉砂的粉质黏土和淤泥粉质黏土
轻型井点	≤6		
多级轻型井点	6~10		
喷射井点	8~20	$1×10^{-7}~1×10^{-4}$	粉砂、砂质粉土、黏质粉土、粉质黏土、含薄层粉砂夹层的黏土和淤泥粉质黏土
管井	>6	$>1×10^{-5}$	卵石、砾砂、各类砂土、砂质粉土、含薄层粉砂的粉质黏土
真空管井	>6	$>1×10^{-6}$	粉砂、砂质粉土、黏质粉土、含薄层的粉砂的粉质黏土、富含薄层粉砂的黏土和淤泥质黏土

(二)集水明排技术要求

1. 基坑采用多级放坡时,应在放坡平台上设置排水沟和集水井。

2. 土方开挖至坑底后,宜在坑内设置排水沟和集水井;排水沟和集水井距离坑边距离不宜小于1.0m。

3. 基坑外的排水系统应能满足雨水、地下水的排放要求;基坑内的排水系统应满足基坑明排水的排放要求;抽水设备应能满足排水流量的要求。

（三）轻型井点降水系统的技术要求

1. 轻型井点主要由井点管、集水总管、抽水泵、真空泵组成。

2. 井点管安装完成后，在地下面上铺设集水总管与井点管进行连接，在总管的适当位置安装抽水设备。

3. 轻型井点井点管直径宜为38~55mm，井点管水平间距宜为0.8~1.6m，井点管排距不宜大于20m。

4. 井点管下端接滤管，滤管直径同井点管直径，滤管孔壁设孔眼。孔眼直径为5~10mm，间距为30~40mm；滤管外缠丝后，外缠一层滤网。

5. 井点管成孔孔径不小于300mm，成孔深度大于滤管底端埋深0.5m。

（四）喷射井点降水系统的技术要求

1. 喷射井点系统由高压水泵、供水总管、井点管、排水总管和循环水箱组成。

2. 井点管排距不宜大于40m，井点深度比开挖深度深3~5m。

3. 喷射井点的井点管直径为75~100mm，井点管水平间距一般为2.0~3.0m，成孔直径不应小于400mm，成孔深度大于滤管埋深1.0m。

（五）降水管井技术要求

1. 降水管井系统一般由管井、抽水泵、泵管、排水总管、排水设施等组成。

2. 管井由井孔、井管、滤管、沉淀管、填砾层、止水封闭层组成。

3. 井管内径不应小于200mm，且应大于抽水泵体最大外径50mm以上，成孔孔径应大于井管外径300mm以上。

（六）地下水回灌的技术要求

1. 回灌措施包括回灌井、回灌砂井和回灌砂沟。回灌井用于埋深较大的潜水和承压水回灌。

2. 对于坑内减压降水，坑外回灌井的深度不宜超过承压含水层中基坑截水帷幕的深度。对于坑外减压降水，回灌井与减压井的间距不宜小于6m。

3. 回灌井可分为自然回灌井和加压回灌井。加压回灌井的回灌压力宜为0.2~0.5MPa。

第四节　冬期施工和雨期施工措施

一、土方冬期施工

在冬季进行施工的过程称为冬期施工。冬季气温下降，不少地区温度在0℃之下（即负温），土壤、混凝土、砂浆等所含的水分冻结，建筑材料容易脆裂，给建筑施工带来许多困难。

当室外日平均气温连续5d稳定低于5℃即进入冬期施工，冬季气温下降，不少地区温度在0℃之下（即负温），土壤、混凝土、砂浆等所含的水分冻结，建筑材料容易脆裂，给建筑施工带来许多困难。连续5日平均气温低于5℃或日最低气温低于-3℃时，就要采取冬期施工措施，以保证工程质量。由于冬季施工需保温覆盖和消耗较多热能，增加工程造价，因此如场地平整、地基处理、室外装饰、屋面防水及高空灌筑混凝土等工程项目要尽量避免在冬季施工。对于不得不在冬季施工的项目，则须因时因地制宜，制定冬期施工措施，并及时掌握气温变化。

（一）冻土的特性

土壤在温度等于或小于0℃，含有固态冰，当温度条件改变时，其物理力学性质随之改变，并可产生冻胀、融陷、热融滑塌等现象的土称为冻土。冻土内有未冻结水存在，使土壤改变了固有的物理—力学性能，如强度、形变性、导电性、导热性等均发生了变化。

（二）冬期土方工程的基本要求

土方工程应尽量安排在入冬之前施工较为合理。对冬期开挖的工程，要随挖、随砌、随回填，严防地基受冻。对跨年度工程及冻前不能交付正常使用的工程，应对地基采取相应的过冬保温措施。

土方冬季施工条件：在反复冻融地区，昼夜平均温度在-3℃以下，连续10天以上时，进行施工称为冬季施工。当昼夜平均温度虽然上升到-3℃以上，但冻土未完全融化时，亦应按冬季施工办理。

（三）土体防冻技术

土体防冻技术的选择取决于土方工程施工的进度期限和当地气候条件。土的防冻应尽量利用自然条件，以就地取材为原则。土体防冻应在初寒来临前实施，但要在秋季多雨期结束之后进行。

1. 地面耕松耙平防冻法。在指定施工的部位，进入寒冻之前将表层土翻松耙平，其宽度宜为开挖时冻结深度的两倍加基槽（坑）底宽之和。

2.覆雪防冻法。在积雪量大的地方,可以利用自然条件,覆雪防冻,效果很好。覆雪防冻的方法,通常有三种类型:

第一种类型是利用灌木和小树林等植物挡风起涡旋存雪,这些植物应等到挖土开始之前再铲除。第二种类型是在面积宽阔而又没有植物的地面上,可设篱笆或造雪堤以为积雪之用、第三种类型是在面积较小的地面,特别是拟挖掘的地沟面,若在土冻结之前,初次降雪后,即在地沟的位置上挖沟。

3.保温材料防冻法

对于中负温地区小面积保温可用此法。可以用干树叶、泥炭、木屑、稻草、刨花、芦苇、炉渣等当地现有的保温材料进行土壤防冻。也可以用合成材料,如聚酰胺薄膜、泡沫塑料、浮渣等保温材料进行土壤防冻。

(四)土壤解冻技术

冻土的融解是依靠外加的热能来完成的,所以费用较高,只有在面积不大的工程上采用。

土壤的解冻技术很多,有热融法、明火融化法、辐射融化法、电热融化法、化学解冻法、蒸汽融化法、固体燃料燃烧法、液体燃料燃烧法、气体燃烧法、高频电融化法、低频电融化法、辐射法、高压电融化法、低压电融化法、表面法、加热效应法、导电效应法、电保温室法气循环针法、辐射线法、深部加热法等。通常有循环针法、电热法和烘烤法三种。

1.循环针法:循环针法适用于热源充足,工程量较小的土方工程。循环针分蒸汽循环针与热水循环针两种。先在冻土中按预定的位置钻孔,然后把循环针插到孔中,热量通过土传导,使冻土逐渐融解。通蒸汽循环的叫作蒸汽循环针,通热水循环的叫作热水循环针。

2.电热法:电热法适用于电源充足,工程量不大的土方工程。电热法有水平电极法、垂直电极法、电针法和深电极法等。使用电热法时,应该结合当地条件,在小量工程、急需工程,或者用此法比别的方法更为合理的时候,才可以使用电热法。

3.烘烤法:工程量小的工程可采用烘烤法。烘烤所用燃料最常用的是锯末、刨花、劈柴、植物杆、树枝、稻壳、板皮等,也有工业废料可作燃料的,如铝镁石粉、废机油、油渣等。

4.冻土电化学加热法:冻土解冻速度取决于融化区的电阻。用电解质溶液可减小电阻,电解质溶液通过电流时时放出大量的热。

5.冻土化学解冻法:氯化钠溶液在土内融化冰晶,用这种方法解冻的土具有不冻土的强度,可以用普通挖土机械开挖。

(五)防止土体冻胀措施

在低温时间较长、土粒较细、补给水较充裕地区,其土壤在冻结期间,由于土粒周围薄膜水和毛细水的作用,土中水分不断地向冻结线积聚,形成冰层,体积增大,以致土粒间的空隙无法容纳而向上隆起,造成冻胀,其胀力可大至 $0.5\sim1.0$ MPa。如不做妥善处理,基础会被抬起,使建筑物开裂、倾斜、抬高乃至倒坍。所以在冻胀土上建造建筑物时,要考虑基础形式,尽量减少底面及侧面面积,合理确定其埋置深度,加强土壤保温,做好地表排水。此外,铺设砂垫层可以切断土壤的毛细水作用,回填多孔材料也可防止冻胀影响。

1. 防止地基土冻结和提高冻胀内基础稳定性的措施

(1) 尽可能地干燥施工场地,并排出进入坑槽内的水。建筑场地应尽量选择地势高、地下水位低、地表排水良好的地段。为避免施工和使用期间的雨水、地表水、生产废水和生活污水等浸入地基,应做好排水设施。

(2) 缩小坑槽尺寸。

(3) 加快从槽底解冻到基础施工并进行回填土的整个施工进度。对跨年度工程及冻前不能交付正常使用的工程,应对地基采取相应的过冬保温措施。

2. 防止冻胀土的措施

(1) 土壤排水,排表面水和冰层水;电化学法加固土壤。

(2) 构筑防胀地基。合理确定基础的埋置深度,采用独立基础、桩基或砂垫层等措施,使基础埋设在冻结线以下。

(3) 采用施工结构措施,绝热堆积物、排水建筑物、集水管、钻孔等。对建在标准冻深大于2m及标准冻深大于1.5m,基底以上为冻胀土和强冻胀土上的非采暖建筑物,为防止冻切力对基础侧面的作用,可在基础侧面回填粗砂、中砂、炉渣等非冻胀性材料或其他保温材料。当基础梁下有冻胀性土时,应在梁下填以炉渣等松散材料。

3. 减少土壤工业化侵蚀的措施

保护基础附近的季节性可冻土免遭过分湿润,在的季节性可冻土冻结土层范围内的基础表面上涂润滑油、聚合膜等,把基础锚固在季节性冻融层以下的土中。

(六)冬期土方工程施工方法

1. 土方开挖

冬期土方工程施工方法的主要工作程序如下。在冬期到来前要采取措施防止土体冻结,在土方工程前要热融冻土。进行土方工程时,首先用爆破、冲击、切割、振动、掘凿等方法再开挖冻土前将其疏松,最后进行机械开挖。若早知道冬期开挖地点,事先应采取措施防止土体冻结。

开挖冻土通常采用机械和爆破两种方法。

当冻土层厚度为0.25m以内时,可用中等动力的普通挖土机挖掘。当冻土层厚度不超过0.4m时,可用大马力的掘土机开掘土体。用拖拉机牵引的专用松土机,能够松碎不超过0.3m的冻土层。厚度在0.6~1m的冻土,通常是用吊锤打桩机或用楔形锤打桩机进行机械松碎。厚度在1~1.5m的冻土,可以用重锤冲击破碎冻土。

当冻土深度超过0.7m时,机械挖土已不经济,可用爆破。爆破冻土宜用硝铵炸药,以雷管引爆。其炮眼位置、孔径、孔深及炸药用量经计算确定,操作时要注意人身安全。这个方法是以炸药放入直立爆破孔或水平爆破孔中进行爆破,冻土破碎后用挖土机挖出,或借爆破的力量向四外崩出，形成需要的沟槽。爆破孔可用电钻、风钻或人工打钎成型。炸药可使用黑色炸药、硝铵炸药或TNT炸药。冬期严禁使用甘油类炸药。雷管可使用电雷管或火雷管。炸药用量由计算确定或不超过孔深的2/3，外面装以砂土。冻土深度在2m以内时可以采用直立爆破孔。冻土深度在2m以上时可以采用水平爆破孔。

此外，为了减轻挖掘困难，可用蒸汽循环针或电气加热融化冻土的方法。但耗用热能甚巨，只在电力热源充沛、经济合理等条件下采用。

2. 土方回填

冻土块坚硬不易压实，解冻融化后易导致塌陷，故回填尽量采用不冻土，如用冻土应限制其粒径与掺用量。

3. 堤防工程冬季负气温土方填筑施工方法

一种堤防工程冬季负气温土方填筑施工方法。即在冬季负气温条件下，地表冻结变硬，承载力提高，各种大、中型施工机械设备可以顺利进场，解决了非冬季陷车、不能施工的问题。

堤防工程冬季负气温土方填筑施工包括以下主要步骤：①将料场、堤基和老堤堤坡、堤炕以及堤基范围内坑、槽、沟表面的不合格土、杂草、冰雪、植物根系清除干净，堤基范围内的坑、槽、沟进行回填处理；②用履带推土机平行堤轴线错轨碾压三遍，使堤基土密实；③在堤基土上部分段作业进行分层填筑料；④将填筑后的土表面的坑、洼整平，然后进行碾压；⑤每层铺土碾压后进行干密度和含水率的检测；⑥冻土融化后进行土堤整形。

（七）冬期回填土

冬期回填土方时，每层铺土厚度应比常温施工时减少20%~5%。预留沉陷量应比常温施工时增加。对于大面积回填土和有路面的路基及其人行道范围内的平整场地填方，可采用含有冻土块的土回填。

填方边坡的表层100cm以内，不得采用含有冻土块的土填筑；整个填方上层部位应采用未冻的或透水性好的土回填。

室外的基槽（坑）或管沟可采用含有冻土块的土回填，管沟底以上50cm范围内不得用含有冻土块的土回填。室内的基槽（坑）或管沟不得采用含有冻土块的土回填。

（八）建筑土方工程冬季施工质量事故原因及防治

1. 挖方的事故原因及防治

（1）基础下残留冻土层过厚使地基融沉现象：在初春气温上升，解冻后较长一段时间内，建筑墙体出现裂缝，由裂缝的走向来看，属于基础沉降而引起。房屋两端裂缝呈正八字或倒八字形；房屋中央部位的裂缝呈上宽下窄或上窄下宽。

原因分析：春融期间挖土方到达基础底面标高时，下面仍存在较厚的冻土层，施工人员因缺乏冻土特性的知识，而把基础放在过厚的冻土层上。解冻之后几个月时间内，由于基础下冻土层融化地基产生压缩变形，加之地基土质不均匀，融化后压缩变形也不相同，以及由于阳面和阴面冻土融化速度不同等原因，使基础发生了不均匀沉降而导致墙体裂缝。

防治方法：在季节性冻土地区，基础下留有一定厚度的残留冻土层是允许的。但是应当注意的是要根据地基土的融沉性来确定容许残留的冻土厚度。如果超过允许范畴，冻土层过厚，就容易产生沉降导致裂缝。

事故处理：由于残留冻土层过厚而产生不均匀沉降是一次性的，当墙体裂缝趋于稳定后，不会再扩展。因此，可根据墙体裂缝情况采取措施，一次处理完毕。

（2）冬期挖槽后基础施工不及时，基底受冻现象：与上面的现象相似。

原因分析：地基开挖后由于某种原因没有及时进行基础施工，使基槽受冻。由于土的含水率不同、室外温度不同，基槽冻深也不同。基础施工时在冻土层上，当此冻土层厚度过大，气温上升、地基土解冻后，地基产生不均匀压缩变形，基础不均匀沉降，导致墙体开裂。

防治方法：冬期地槽开挖后不能及时施工时，应按土方工程的有关规定，对开挖地槽进行人工维护，采取有效保温措施，防止地槽受冻。保温应因地而异，就地取材。其厚度要通过热工计算来确定。

事故处理：裂缝出现后，经过一个夏季已基本稳定，要在临冬之前将墙体处理完毕，如正在施工过程中出现的裂缝，应在没施工的楼层采取增强房屋整体刚性的措施，以承担由于基础沉降不均匀而产生的内力。

（3）靠近原有房屋挖槽后，没做保温而停工越冬，使原有房屋受冻胀现象：在基槽挖完后的第一个冬季，原有房屋的墙体产生裂缝，靠近挖槽处裂缝较严重，裂缝一般情况下为上大下小。来年解冻后裂缝逐渐缩小。

原因分析：基槽挖完后，由于停建、缓建等原因，工程必须越冬暂停。停工时对基槽和原有的基础没有采取有效保温覆盖措施，在负温条件下地基直接受冻，将房屋基础拱起，墙体上移。原有房屋远离基槽的其他基础，没有受冻胀影响，墙体则保持不动。由此使墙体产生裂缝。由于冻胀力是向上拱的，所以墙体裂缝呈上小下大。解冻后冻胀的地基土又被压缩，拱起房屋又下沉，因而裂缝也随之减小。

防治方法：基槽挖完后，原有的房屋的基础已暴露在外面。在越冬之前必须将已暴露的基础和地基作妥善保温覆盖处理。常用的方法是把袋装珍珠岩沿原有基础通常堆成2m宽、1m高一道保温墙，待明年复工时珍珠岩没有耗损还可以利用。

事故处理：由于上述原因而产生的裂缝不要急于处理，必须待基槽和原有基础的保温覆盖完成之后，在冻土完全融化后，裂缝基本恢复时才能对墙体裂缝和其他破坏处进行维修、加固。

对此类裂缝处理一般方法是：小缝采取堵缝、大缝剔砖重砌、裂缝严重的拆除等，其原则是保证墙体的整体性和保温性能。

（4）越冬工程先施工设备地沟，使地基冻胀现象：越冬工程的第一个冬季，靠地沟的墙和基础就产生裂缝，不仅此墙产生裂缝，此前与其他墙连接处也产生裂缝。

原因分析：在跨年施工中，先施工地沟，造成地沟处基础埋深不足，在地沟底处地基受冻胀将基础拱起，使墙体产生裂缝。

防治方法：有两种情况，一是挖完地沟后才决定该工程需越冬时，应在临冬前对地沟采取保温措施，避免基底土受冻；二是事先已决定该工程需越冬，在安排施工时不能先施工地沟。

事故处理：待来年解冻，地基土融化后，才能对裂缝进行处理，这时地基融沉已经稳定，裂缝基本恢复，处理后不会再发生新的裂缝。

对水平裂缝的处理一般采取堵缝及压力灌浆方法。对竖直缝和其他缝的处理应根据裂缝情况而定，采取堵缝，剔砖新砌、拆除重砌等措施。

（5）冻胀土地区地梁下没留空隙，造成冻害现象：每年冬季地梁被冻胀土拱起，使外墙产生裂缝；外墙与内墙连接处也产生斜裂缝。夏季裂缝又有所恢复。

原因分析：由于地梁底直接贴冻胀土，冬季地梁下的土发生冻胀后，把地梁抬起来，使上部墙体产生裂缝。梁底面直接贴土，是由于施工地梁时将土当底模所致。

防治方法：施工地梁时可以把土作梁底模使用，但地梁到达预定的强度后，应将梁底下面的土挖空。

事故处理：处理是将地梁底的土挖空 5~15cm，而后两侧用立砖挡住，在梁下形成空气隔层，然后在两侧再回填。

2. 填方的事故原因及防治

（1）用冻结法施工砂垫层和砂石垫层，造成融沉事故现象：当人工地基采用砂垫层时，在解冻后出现基础不均匀下沉、墙体开裂等。

原因分析：冬期施工砂垫层时，对砂石没有加热，也没有掺加防冻溶液，而采用冷作施工，分层夯实。实质上冻结的砂石在表面有一层冰膜，即使夯实，也是在冻结条件下进行的。待解冻之后冰膜融化，砂石垫层产生融沉，使墙体开裂。因为砂石要保证不冻胀，其含水量有一定要求。砂石属于粗颗粒土，在冻结期间如果水能自由排出，则不具有冻胀性；若水分不能自由排出，含水量大于起始冻胀含水量时，仍能产生冻胀融沉。当砂石垫层周围土透水性不好时，冬季用冷做法施工也会出现事故。

防治方法：如必须在冬期施工砂垫层或砂石垫层时，应采取将砂石加热，控制含水率不大于初始冻胀含水率，并按当时温度掺入适量的防冻外加剂，然后分层夯实，施工完毕后及时做好保温处理，以砂石冻结。在一般情况下，冬期不宜施工砂垫层和砂石垫层。不能认为砂石在任何情况下都是非冻胀材料。

事故处理：因砂垫层和砂石垫层冻胀后融沉而产生墙体裂缝是一次性的，不必急于处理，待夏季彻底融化后变形停止时再作处理。

（2）越冬工程基础被冻胀拱起现象：完全按设计施工图施工的工程，因当年不能交付使用而越冬，而没有基础被冻起，墙体产生裂缝。在寒冷地区多发生在内墙基础被拱起，夏季又恢复。

原因分析：虽然基础埋深完全符合设计要求，但设计只考虑当年交付使用，而没有考虑越冬。若地基属于冻胀性土，在冬季寒冷季节内墙基础埋深不足，地基产生冻胀使墙体产生裂缝。裂缝随着气温的降低而逐渐发展。

防治方法：越冬时，应在结冻之前与设计部门共同商定越冬措施。

事故处理：由于没有采取越冬措施而使地基冻胀也属于一次性的，应在来年解冻后对墙体裂缝进行处理。应注意的是：由于某种原因而在第二个冬季之前仍不能交付使用时，除对裂缝进行处理外，还必须采取可靠的越冬保温措施。

（3）用冻土块作回填，使地面下沉现象：解冻后发现回填冻土的地面下沉，形成陷坑，影响正常使用。在工业建筑中，由于地面下沉，使其上部设备也随之下沉。

原因分析：由于用超过规定粒径的冻土块和超过最大冻土含量的土进行填方，即使夯实，也达不到致密的效果，冻土在冬季很硬，填方空隙较大，待冻土解冻之后，发生融沉，出现陷坑。一般呈现出较大沉陷量。

防治方法：不应采用冻土进行填方，冬期施工填方之前应准备好暖土，或冻土加温融化后才可利用。冬期施工中填方工程应遵守有关规定。

事故处理：由于采用冻土填方造成融沉，使地面塌陷的事故是一次性的，待融沉完毕后可进行继续填平的处理。如果管沟发生坍陷，应先检查管道有无损坏，而后再填平。

土方工程尽量安排在入冬之前施工较为合理，但有时由于工期要求，为了保证建筑施工常年进行，不受气候影响，进行冬期进行施工又在所难免。在进行冬期土方工程时有三个基本目标：一是要保证工程质量；二是要降低工程成本；三是要保证施工安全。为此要根据当地的气候条件和具体的施工情况选择适当的施工方法。一般而言，在确定进行冬期土方工程后要对土体开始进行保温，施工前要进行解冻，土方开挖要根据具体施工情况确定是采用人工开挖或机械开挖或爆破方法，土方回填要保证回填土的质量。

二、土方雨期施工

（一）雨季施工准备

1. 技术准备

（1）在大雨过后，要检查边坡的稳定性。

（2）施工员根据本工程特点及雨季施工方案做好对施工人员进行针对性的安全和技术交底，内容要包括防洪、防雷、防电、防坍塌等内容。

（3）雨施期间项目部要加强与气象台联系，将旬报、日报信息做好、做细，根据气象情况及时调整施工计划，做好施工安排，减少暴雨、雷击等恶性天气对施工的影响。

2. 现场准备

（1）现场排水。

基坑做好四周挡水堰和坑底排水的准备工作，确保雨后地面雨水不流入基坑，雨后基坑内积水短时间内迅速排出，基坑长设三台水泵另两台备用，以确保基坑的排水需要。

（2）使用蛙式打夯机时，打夯人员必须遵守打夯机的操作规程，操作时要防止发生触电事故，必须两个人协同作业，并穿戴好绝缘用品，漏电保护装置应灵敏有效，绝缘良好。

（3）防汛、抗汛材料：

材料名称	单位	数量	备注
雨衣雨裤	套	50	雨天使用
雨鞋	双	100	雨天使用
塑料布	m²	1500	覆盖灰土和素土
污水泵	台	3+2 常设 3 台	两台备用，雨天增设
铁锹	把	50	雨天使用

（二）雨季施工技术措施

1. 灰土、素土回填。回填灰土和素土时，采取防雨和排水措施，取土、运土、铺填、夯实等各道工序应连续进行，如遭遇降雨，应立即停止施工并用塑料布将白灰和素土覆盖，尤其是对于搅拌好的灰土，在降雨前一定使用塑料布遮盖，在刚打完毕尚未夯实的灰土，如遭遇雨淋浸泡应将积水及软弱灰土除去，并补填夯实、受浸泡的灰土必须全部挖除，不再使用，待挖除的部位晾干后再夯打密实。

2. 雨前应及时夯完已填土层或将表面压光，并做成一定坡势，以利于雨水流入积水坑，有排水沟排出基坑。

（三）雨季施工安全保证措施

1. 打夯机操作人员必须持证上岗。

2. 在雨天作业要采取防滑、防雨与防触电的具体措施。

3. 雷雨天、不要接触用电线路的绝缘外皮及用电设备的外壳，严禁头顶金属板防雨，不可搬运金属材料行走。

4. 作业前，对使用的施工机械全面检查，每次大风雨后要进行复查，发现问题及时处理，斜道应有防滑措施。

（四）施工方案

1. 地表积水外排

因此期间正值大雨季节，为保证地表土尽量少的受雨水浸泡、渗透，应根据场区土的地势情况，在场区内设置临时集水井，集水井井壁采用钢筋笼制作，直径 500mm，井深 700mm，钢筋笼主筋为 Φ16@150，箍筋为 Φ8@200，外包两层密目网，井底填 200 厚卵石。

集水井间距为 @20000，具体位置见附图。大雨来临前，应设置专门人员将水泵安装好，降雨时，应随时将地表水及场内积水排出。

2. 场区内临时道路修建

若工程将要开挖的场区土均为杂填土及粉质黏土，雨水浸泡后无承载力，则必须在场区内修建临时道路。首先用反铲挖掘机将表皮的 500~600mm 厚的淤泥挖出，然后填山皮土，山皮土厚度不得小于 500mm。路宽 5m，必须保证修建的临时道路高于原有地面，以保证其有效利用。具体的道路布置图见附图。

3. 挖土

当以上准备工作完毕后，开始挖土。挖土采用反铲挖掘机，自卸汽车运土，因指定的卸土场道路自卸汽车无法通行，故必须配合铲运机及推土机，将卸完的土料运至指定地点。

挖土应在桩基础施工完毕 15d 后进行，采用大开挖方法，综合考虑挖填平衡，本工程一次挖至 −1.60m，余下部分土方采用人工挖土。

挖土顺序：挖土应从场地东侧开始，由北向南依次循环进行。挖土前，应由放线员用白灰准确放出挖土边线，本次挖土不考虑放坡，基础梁及承台两侧留 400mm 工作面，挖土时，测量人员应跟踪检查，随时测量标高，严禁超挖。−1.60m 以上所有挖出的土方全部采用自卸汽车运至指定卸土场，运距 1000m，当挖至 −1.60m 后，放线员应再次在 −1.60m 平面上准确放出承台及基础梁的人工挖土线。−1.60m 以下至设计标高采用人工挖土，人工挖出的土应均匀散布在基础梁间的空地上，并及时采用人工回填夯实，以保证整个场区的平整及地基土的扰动，以利上部支模。

人工挖土完毕，应进行基础桩头的凿除，凿桩头采用空气压缩机并配合风镐，在距设计标高 100mm 时，采用人工辅以铁钳子凿桩头直至设计标高。

4. 承台内小集水井

因本工程占地面积较大，且挖土时不利因素较多，在挖土过程中及基础梁的钢筋模板施工过程中，不可避免会出现降雨过程，届时泥沙将全部侵入至基础梁及承台内，为保证施工质量及进度，在挖完土后垫层施工前，应立即在每个承台基础垫层外修建临时集水井，集水井井壁仍采用钢筋笼制作，直径 400mm，井深 700mm。主筋仍为 Φ16@150，箍筋为 Φ8@200，外包两层密目网，井底填 200 厚卵石。以便随时将基础梁及承台内的积水抽出。

5. 基础桩保护

因挖土时基础桩混凝土尚未达到设计强度，故挖土时挖掘机严禁碰撞基础桩，特别是挖至设计标高时，尤其要严格控制。为保护基础桩，在挖土前，应在桩四周钉保护木桩，并涂红油警示。并派专人看护，及时提醒司机。

（五）安全措施

1. 挖土前，应向司机详细讲解施工场内的情况，特别对场区内的临时配电线路要保护好。

2.所有挖掘机及汽车经过的道路，如有电缆通过，应架空或埋地处理。架空高度不得低于5m，架空用电杆应采用Φ100松木杆，并固定牢固。埋地时，埋深不得小于600mm，并应穿钢管保护。

3.所有水泵用电线路末端必须安装漏电保护器，电线必须采用三芯电缆，不许采用护套线。

4.挖掘机回转半径内严禁站人及施工。

5.当挖掘机挖土辅以人工清土时，应有专人看护，及时协调指挥。

6.夜间施工应配备足够的照明。

7.大雨天应停止施工。

8.已挖完的地槽及地坑应设置安全护栏，夜间应红灯示警。

第二章　地基与基础工程施工

基础质量对建筑物的质量和安全起决定作用，而地基基础的设计直接影响其质量问题。只有合理的设计以及合理的施工方法，才能确保建筑工程的质量。在地基基础设计中包括了对地基的设计和对地基的处理，二者是密不可分的。地基处理的好坏将直接关系到基础的选型和造价。

第一节　地基处理

一、地基处理简介

地基处理（ground treatment）：是为了提高地基承载力，改善其变形性质或渗透性质而采取的人工地基处理方法。

具体来说，主要从以下五个方面改善原状软弱地基的性质。

1. 改善剪切特性

由于土体的强度主要是指其抗剪强度，土体的破坏是受剪破坏，而不是受压破坏，所以改善剪切特性实际上是提高土体强度（两个重要指标就是 C，Φ 值）。

2. 改善压缩特性

主要是提高地基土的压缩模量，借以减少地基土的沉降。简而言之，就是提高地基抗变形特性。

3. 改善透水特性

主要是解决由于地下水的运动而出现的问题。如流沙，管涌等。

4. 改善地基的动力特性

地震时饱和松散粉细沙（包括部分轻亚黏土）将会发生液化。主要解决地基的振动特性，提高抗震性能。

5. 改善特殊土的不良特性

主要是消除或减少黄土的湿陷性和膨胀土的涨缩性。

二、强夯法和强夯置换法

（一）强夯法的起源

强夯法起源于法国，1969 年首先用于法国某海边 20 来栋八层居住建筑的地基加固工程。现场的地质条件为：表层 4~8 米为采石场废石弃土填海造地，以下 15~20 米为夹有高压缩性淤泥的沙质粉土，再下为泥灰岩。原拟采用桩基础，不仅桩长要达到 30~35 米，而且负摩擦力所产生的荷载将占整个桩基础承载力的 60%~70%，很不经济。后改用堆土（高 5m，100kPa）预压加固，历时三个月，沉降仅 20cm，最后采用强力夯实，只一遍（锤重 80kN，落距 10m）就沉降了 50cm。随即引起了人们的注意。我国从 1978 年在塘沽新港首次使用以后，发展很快。

（二）强夯法施工简介及适用条件

强夯和强夯置换法是用起重设备将很重的夯锤（一般 10~40t）起吊到一定高度（一般 10~40m），然后使其自由下落，利用其产生的较大的冲击能对土进行强力夯实，以提高其强度、降低其压缩性的一种地基加固处理方法。强夯法使用的设备简单，施工速度快，加固效果好，节约三材，经济效益显著。

工程实践证明，经强夯处理后的地基，其承载力可提高 2~5 倍，地基压缩性可减小 2~10 倍，有效加固深度可达 5~15m，可消除饱和砂土地基的液化。强夯法多年来广泛应用在建筑、水利、交通、港口和石化等多种工程的地基加固上。

强夯法是一项动力固结技术，能否迅速的使水从土体内排走，是决定强夯效果好坏的关键。强夯法主要适用于处理碎石土、砂土、低饱和度的粉土与黏性土、湿陷性黄土、素填土和杂填土等地基，对于高饱和度的粉土与黏性土应谨慎采用。如单纯用强夯法处理高饱和度的粉土与黏性土，可在场地内布置一定数量的碎石桩、砂桩或塑料排水板，形成排水通道，也能起到一定的加固处理效果。

强夯置换法是采用在夯坑内回填块石、碎石等粗颗粒材料，用夯锤夯击形成连续的强夯置换墩。强夯置换法一般适用于高饱和度的粉土与软塑~流塑的黏性土等地基上对变形控制要求不严的工程。

强夯工程采用的夯击能一般为 1000~8000kN·m，也有少量地基采用更高的夯击能，所处理的场地大多数为劈山填海及山地沟谷回填的地基，如回填土主要为碎石素填土，则非常适合强夯处理。

（三）强夯法加固地基的原理

强夯法以很大的冲击能量作用在地基上，在土中产生冲击波，以克服土颗粒间的各种阻力，使地基密实。因此，冲击波在土中的传播过程是这种地基处理方法的基础。

由冲击引起的震动，在土中是以振动波的形式向地下传播的。这种振动波可分为体波和面波。体波包括压缩波和剪切波,可在土体内部传播;而面波如瑞利波,只能在地表土层中传播。

如果降地基视为半弹性空间体,则重锤自由落下过程,就是势能转化为动能的过程。在落到地面以前的瞬间,势能的大部分转换成动能。重锤夯击地面时,这部分动能除一部分以声波形式向四周传播,一部分由于摩擦产生热能外,大部分冲击动能则使土体产生自由振动。并以压缩波(亦称纵波,波)、剪切波、和瑞利波的波体系联合在地基内传播,在地基中产生一个波场。

表 2-1-1

波的类型	占总能量的百分比(%)	波的性质	波的传播特点
压缩波	7	系由震源向外传播的纵向波,质点振动方向和前进方向一致	震动周期短,振幅小,能在固体与液体中传播,速度快
剪切波	26	系由震源向外传播的横向波,质点运动方向和波的前进方向垂直,作横向位移	波动周期较长,振幅大,只能在固体中传播,波速仅为压缩波的 1/2~1/3
瑞利波	67	系限于在半空间边界附近一个区域内运动的波。它向外传播时,质点在波的前进方向和地表面法向组成的平面内作椭圆运动	周期长,振幅大,波速与剪切波相近。只能在固体中传播,不能在液体中传播

三、振冲法

(一)振冲法起源

振冲法最早是用来振密松砂地基的,由德国 S.Steuerman 在 1936 年提出。在英国称之为"vibroflotation",中国称它为"振动水冲法",简称"振冲法"。

最初为了捣实大坝混凝土,发明了振捣器。后来在振捣器的基础上,Steuerman 构思了利用振动和压力水冲切原理的振冲器。1937 年,Steuerman 供职的一家名叫 Johann Keller 的德国施工公司首先制成了一台具有现在振冲器形式的雏形式振冲器,用于处理柏林一幢建筑物的 7.5m 深的松砂地基,结果将砂基的承载力提高了一倍,相对密度由原来的 45% 提高到 80%,取得了显著的加固效果(Greenwood,1976)。而后,Keller 公司大力推广这一方法,在国内外进行了一大批砂基挤密工程,取得了丰硕的实践经验。

1957 年,振冲法被引入英国。英国的工程师把电动振冲器改为用水力驱动,并用它加固垃圾、碎砖瓦和粉煤灰。日本在 20 世纪 50 年代引进振冲法后用它加固油罐的松砂地基,目的在提高砂基的抗液化能力。日本十腾冲地区于 1968 年发生 7.8 级强烈地震,这次震害调查表明,经用振冲法处理的砂基液化现象大为减弱,建筑物基本保持完好;而未处理的砂基上的建筑物则受到严重破坏(渡边隆,1965;土质工学会震害调查委员会,1968)。

我国于1977年开始采用振冲法。最早由南京水科院引入，在河北怀来县官厅水库坝基松砂加密工程中获得成功。随后，在水利，交通，石化，工民建等行业获得广泛应用。

目前，在振冲器的研制方面，主要有江阴振冲器厂，北京振冲公司，以及西安振冲器厂。

（二）振冲法施工简介及适用条件

利用振动和水冲加固土体的方法叫振冲法。振冲法根据是否添加回填料分为振冲密实法和振冲桩法。

振冲密实法适用于处理黏粒含量不大于10%的砂土地基，可提高砂土地基的承载力，消除砂土地基的液化。振冲密实法加固砂土地基，主要是依靠振冲器的强力振动使饱和砂层发生液化，砂颗粒重新排列，孔隙减少，从而起到加固砂土地基的作用，表现为振冲过程中的地面下陷。当采用振冲密实法处理的砂土地基中黏粒含量超过30%，则处理效果明显降低，这时可考虑采用振冲桩法。

振冲桩法适用于处理砂土、粉土、黏性土、素填土和杂填土等地基。振冲桩法的填料一般为碎石，因此，一般也称为振冲碎石桩法。振冲碎石桩在土体中形成了竖向的桩体，在饱和黏性土地基中，是非常好的排水通道，会吸引周围地基土中的水向砂石桩方向流动，加快了地基的固结沉降速率，使土体强度得到较快的提高；另外，振冲碎石桩桩体本身强度很高，与周围土体共同工作，形成复合地基，使整个复合地基的承载力、压缩模量等指标满足使用要求。

振冲法在工业与民用建筑、水利、公路、大面积的堆场、边坡工程等地基处理中均有大量的应用。在沿海地区的软土地基中，很多采用振冲法处理；在民用建筑中，振冲法已经用于20层以上的高层建筑的地基处理工程中。

（三）振冲法加固原理

振冲密实法加固砂性地基的原理，简单说来是一方面依靠振冲器的强力振冲器的强力振动使饱和砂层发生液化，砂颗粒重新排列，空隙减少，另一方面依靠振冲器的水平振动力，在加固填料情况下还通过填料使砂层挤压加密。在振冲器的重复水平振动和侧向挤压力的作用下，孔隙水压力迅速增大，有效应力降低，砂土结构便会产生屈服破坏。孔压消散后，由于结构破坏，土粒有可能向低势能位置转移，这样土体由松变密。振冲施工过程中会造成地基的剧烈振动，从而会对液化砂土产生预振作用，提高砂基抗液化能力。

对于黏性土地基，振冲法的挤密和振密作用不明显。采用振冲法加固黏性土地基的施工方法主要采用加填料的振冲碎石桩法，依靠振冲形成的碎石桩的排水作用、置换作用、垫层作用和加筋作用来对软弱黏性土地基进行加固，这一点与一般的沉管碎石桩的加固机理基本相同。

四、水泥粉煤灰碎石桩法

（一）起源

水泥粉煤灰碎石桩是建设部中国建筑科学研究院在"八五"期间重点攻关项目，在1992年成功开发了相关的成套设备，在北京望京小区100多栋高层建筑中得到了应用。

（二）施工简介及适用条件

水泥粉煤灰碎石桩（CFG桩）是将碎石、粉煤灰和少量水泥，加水拌和，用振动沉管打桩机或长螺旋钻管内泵压成桩机具制成的一种具有一定黏结强度的桩，桩和桩间土通过褥垫层形成复合地基。现在，很多工程用水泥代替粉煤灰，这就形成了素混凝土桩，素混凝土的强度等级不宜过高，一般在C10~C20为宜。

水泥粉煤灰碎石桩（CFG桩）法适用于处理黏性土、粉土、砂土和已自重固结的素填土等地基。

水泥粉煤灰碎石桩（CFG桩）复合地基既适用于条形基础、独立基础，也适用于筏基、箱形基础。可加固从多层建筑到30层以下的高层建筑，从民用建筑到工业厂房均可使用。

CFG桩常用的施工方法有振动沉管成桩、螺旋钻孔成桩、泥浆护壁钻孔成桩以及长螺旋钻孔管内泵压混合料成桩等，各种施工方法各有其自身的优点和适用性，需根据实际的地质条件采取适当的成桩方法。

大量的工程实践证明，在选取合适的施工工艺，保证CFG桩的成桩质量的前提下，采用CFG桩复合地基，可以得到较高的承载力，满足实际工程的需要。

（三）加固机理

水泥粉煤灰碎石桩具有一定强度，它较周围原状土体强度高，与周围土体组成复合地基，按一定的应力比共同分担上部荷载。

五、高压喷射注浆法

（一）高压喷射注浆法起源

在科学技术发展推动下，现代工业提供了大功率高压泵、钻机的硬质合金喷嘴等先进装备。水力采煤工作中高压水射流技术的发展应用，为高压喷射注浆法提供了理论基础。

20世纪七十年代，高压喷射注浆法创始于日本，是在化学注浆法的基础上，采用高压水射流切割技术而发展起来的。它彻底改变了化学注浆法的浆液配方和工艺措施的传统做法，以水泥为主要原料，加固土体的质量高、可靠性好，具有增加地基强度、提高地基承载力，止水防渗，减少支挡建筑物土压力，防止砂土液化和降低土的含水量等多种功能。自1972年以来，我国近几百项目工程实践，均取得了良好的社会效益和经济效益，高压旋喷地基已列入我国现行的"建筑地基处理技术规范"（GBJ202—2002）。

（二）施工简介及适用条件

高压喷射注浆法是利用钻机把带有喷嘴的注浆管钻进至土层的预定位置后，以20MPa左右的高压水流从喷嘴中喷射出来，冲击破坏土体，再用泥浆泵注入压力为2~5MPa的水泥浆与土体混合，浆液凝固后，在土中形成较大的增强固结体。固结体形状和喷射移动方向有关，一般分为旋喷、定喷、摆喷三种注浆形式。

高压喷射注浆法的基本种类有：单管法、二重管法、三重管法和多重管法等四种方法，目前国内以二重管法和三重管法应用较多。

高压喷射注浆法适用于处理淤泥、淤泥质土、流塑、软塑或可塑黏性土、粉土、砂土、黄土、素填土和碎石土等地基。

高压喷射注浆法具有增强地基强度、提高地基承载力、止水防渗、减少支挡建筑物土压力、防止砂土液化和降低土的含水量等多种功能，可用于既有建筑物和新建建筑地基加固，深基坑、地铁等工程的土层加固或防水；在深基坑防渗帷幕、水库坝基防渗、多层及高层建筑的地基处理、挡土墙加固等工程中应用广泛。

（三）加固机理

主要是利用高压喷射流对土体的破坏作用，冲击切割破坏土体，并使浆液与土体拌和，形成较高强度的混合体。

六、水泥土搅拌法

（一）起源

水泥浆搅拌法最早在美国研制成功，称为Mixed-in-Place Pile（简称MIP法）；日本称此为Cement Deep Mixing Method（CDM工法）并在1973—1974年投入实际使用。

1977年，由冶金部建筑研究总院和交通部水运规划设计院进行了室内实验和机械研制工作，与1978年底制造出国内第一台SJB-1型双搅拌轴中心管输浆的搅拌机械，并由江阴市江阴振冲器厂成批生产（目前SJB-2型加固深度可达18m）。

（二）施工简介及适用条件

水泥土搅拌法是利用水泥作为固化剂，通过特制的深层搅拌机械，边钻进边往软土中喷射浆液或雾状粉体，在地基深处就地将软土固化成为具有足够的强度、变形模量和稳定的水泥土，从而达到地基加固的目的。

固化剂采用的有水泥浆液和水泥干粉，因此，水泥土搅拌法分为湿法和干法。在国内，搅拌的最大深度达30m，搅拌加固的柱体直径为500~850mm。

水泥土搅拌法适用于处理正常固结的淤泥与淤泥质土、粉土、饱和黄土、素填土、黏性土以及无流动地下水的饱和松散砂土等地基。

水泥土搅拌法最适用于加固各种成因的饱和软黏土，如沿海一带的海滨平原、河口三角洲、湖盆地沉积的河海相软土等，还常用于深基坑支护中的防水帷幕。

水泥土搅拌法具有施工工期短、效率高的特点；在施工过程中，无振动、无噪声、无地面隆起、不排污、不挤土、不污染环境以及施工机具简单、加固费用低廉等特点。

（三）加固机理

水泥土搅拌法主要是利用水泥与土体强制拌和，发生一系列的物理化学作用，形成具有一定强度的混合体。该混合体较周围原状土体强度高，与周围土体组成复合地基，按一定的应力比共同分担上部荷载。

第二节　钢筋混凝土基础施工

混凝土基础的主要形式有条形基础、独立基础、筏形基础和箱形基础等。混凝土基础工程中，分项工程主要有钢筋、模板、混凝土、后浇带混凝土及混凝土结构缝处理等。高层建筑筏形基础和箱形基础长度超过40m时，宜设置贯通的后浇施工缝（后浇带），后浇带宽不宜小于80cm，在后浇施工缝处，钢筋必须贯通。

一、钢筋工程

（一）施工工艺

1. 工艺流程

钢筋放样→钢筋制作→钢筋半成品运输→基础垫层→弹钢筋定位线→钢筋绑扎→钢筋验收、隐蔽。

2. 完成基础垫层施工后，将基础垫层清扫干净，用石笔和墨斗弹放钢筋位置线。

3. 按钢筋位置线布放基础钢筋。

4. 绑扎钢筋。

5. 由监理工程师（建设单位项目负责人）组织施工单位项目专业质量（技术）负责人进行验收。

（二）施工要求

1. 钢筋网的绑扎。四周两行钢筋交叉点应每点扎牢，中间部分交叉点可相隔交错扎牢，必须保证受力钢筋不位移。双向主筋的钢筋网，则须将全部钢筋相交点扎牢。绑扎时应注意相邻绑扎点的钢丝扣要成八字形，以免网片歪斜变形。

2. 基础底板采用双层钢筋网时，在上层钢筋网下面应设置钢筋撑脚，以保证钢筋位置正确。

3. 钢筋的弯钩应朝上，不要倒向一边；但双层钢筋网的上层钢筋弯钩应朝下。

4. 独立柱基础为双向钢筋时，其底面短边的钢筋应放在长边钢筋的上面。

5. 现浇柱与基础连接用的插筋，一定要固定牢靠，位置准确，以免造成柱轴线偏移。

6. 基础中纵向受力钢筋的混凝土保护层厚度应按设计要求，且不应小于40mm；当无垫层时，不应小于70mm。

7. 钢筋的连接

（1）受力钢筋的接头宜设置在受力较小处。在同一根纵向受力钢筋上不宜设置两个或两个以上接头。接头末端至钢筋弯起点的距离不应小于钢筋直径的10倍。

（2）若采用绑扎搭接接头，则接头相邻纵向受力钢筋的绑扎接头宜相互错开。钢筋绑扎接头连接区段的长度为1.3倍搭接长度。凡搭接接头中点位于该区段的搭接接头均属于同一连接区段。位于同一区段内的受拉钢筋搭接接头面积百分率为25%。

（3）当受拉钢筋的直径d＞28mm及受压钢筋的直径d＞32mm时，不宜采用绑扎接头，宜采用焊接或机械连接接头。

二、模板工程

混凝土基础模板通常采用组合式钢模板、钢框木（竹）胶合板模板、胶合板模板等，在箱形基础施工中有时采用工具式大模板。

（一）施工工艺

模板制作→定位放线→模板安装、加固→模板验收→模板拆除→模板的清理、保养。

（二）施工要求

1. 模板安装位置、尺寸，必须满足图纸要求，且应拼缝严密、表面平整并刷隔离剂。

2. 模板及其支撑应具有足够的承载能力、刚度和稳定性，能可靠地承受浇筑混凝土的重量、侧压力以及施工荷载。

3. 在浇筑混凝土之前，应对模板工程进行验收。模板安装和浇筑混凝土时，应对模板及其支撑进行观察和维护。

4. 模板及其支撑拆除的顺序原则为：后支先拆、先支后拆，具体应按施工技术方案执行。

三、混凝土工程

（一）工艺流程

混凝土搅拌→混凝土运输、泵送与布料→混凝土浇筑、振捣和表面抹压→混凝土养护。

（二）混凝土搅拌

搅拌混凝土前，宜将搅拌筒充分润滑；严格计量、控制水灰比和坍落度；冬期拌制混凝土应优先采用加热水的方法。

混凝土搅拌装料顺序：石子→水泥→沙子→水。

（三）混凝土运输、泵送和布料

混凝土水平运输设备主要有手推车、机动翻斗车、混凝土搅拌输送车等，垂直运输设备主要有井架、混凝土提升机、施工电梯等，泵送设备主要有汽车泵（移动泵）、固定泵，为了提高生产效率，混凝土输送泵管道终端通常同混凝土布料机（布料杆）连接，共同完成混凝土浇筑时的布料工作。

（四）混凝土浇筑

浇筑混凝土前，对地基应事先按设计标高和轴线进行校正，并应清除淤泥和杂物；同时，注意基坑降排水，以防冲刷新浇筑的混凝土。

1. 单独基础浇筑

（1）台阶式基础施工，可按台阶分层一次浇筑完毕（预制柱的高杯口基础的高台部分应另行分层），不允许留设施工缝。每层混凝土要一次浇筑，顺序是先边角后中间，务使砂浆充满模板。

（2）浇筑台阶式柱基时，为防止垂直交角处可能出现吊脚（上层台阶与下口混凝土脱空）现象，可采取如下措施：

在第一级混凝土捣固下沉2~3cm后暂不填平，继续浇筑第二级。先用铁锹沿第二级模板底圈做成内外坡，然后再分层浇筑，外圈边坡的混凝土于第二级振捣过程中自动摊平，待第二级混凝土浇筑后，再将第一级混凝土齐模板顶边拍实抹平。

捣完第一级后拍平表面，在第二级模板外先压以200mm×100mm的压角混凝土并加以捣实后，再继续浇筑第二级。

如条件许可，宜采用柱基流水作业方式，即顺序先浇一排杯基第一级混凝土，再回转依次浇第二级。这样对已浇好的第一级将有一个下沉的时间，但必须保证每个柱基混凝土在初凝之前连续施工。

（3）为保证杯形基础杯口底标高的正确性，宜先将杯口底混凝土振实并稍停片刻，再浇筑振捣杯口模四周的混凝土，振动时间尽可能缩短；同时，还应特别注意杯口模板的位置，应在两侧对称浇筑，以免杯口模挤向一侧或由于混凝土泛起而使芯模上升。

（4）高杯口基础，由于这一级台阶较高且配置钢筋较多，可采用后安装杯口模的方法，即当混凝土浇捣到接近杯口底时，再安杯口模板后继续浇捣。

（5）锥式基础，应注意斜坡部位混凝土的捣固质量，在振捣器振捣完毕后，用人工将斜坡表面拍平，使其符合设计要求。

（6）为提高杯口芯模周转利用率，可在混凝土初凝后终凝前将芯模拔出，并将杯壁划毛。

（7）现浇柱下基础时，要特别注意连接钢筋的位置，防止移位和倾斜，发生偏差时及时纠正。

2. 条形基础浇筑

（1）浇筑前，应根据混凝土基础顶面的标高在两侧木模上弹出标高线；如采用原槽土模时，应在基槽两侧的土壁上交错打入长100mm左右的标杆，并露出20~30mm，标杆面与基础顶面标高平，标杆之间的距离约3m。

（2）根据基础深度宜分段分层连续浇筑混凝土，一般不留施工缝。各段层间应相互衔接，每段间浇筑长度控制在2~3m距离，做到逐段逐层呈阶梯形向前推进。

3. 设备基础浇筑

（1）一般应分层浇筑，并保证上下层之间不留施工缝，每层混凝土的厚度为200~300mm。每层浇筑顺序应从低处开始，沿长边方向自一端向另一端浇筑，也可采取中间向两端或两端向中间浇筑的顺序。

（2）对特殊部位，如地脚螺栓、预留螺栓孔、预埋管等，浇筑混凝土时要控制好混凝土上升速度，使其均匀上升；同时，防止碰撞，以免发生位移或歪斜。对于大直径地脚螺栓，在混凝土浇筑过程中，应用经纬仪随时观测，发现偏差及时纠正。

第三节　桩基础施工

桩基础是一种古老的基础类型。桩技术已经经历了数千年的发展。桩材料和桩型，或桩施工机械和施工方法都有了巨大的发展，已经形成了现代化的基础设施工程系统。在某些情况下，使用桩基可以大大减少施工现场的工作量和材料消耗。在20世纪70年代，中国发生了几次大地震。例如，唐山地震就是之一，在那里使用桩基建筑一般只遭受轻微损伤。这说明桩基在地震力作用下变形小，稳定性好，是解决地震基础较弱，地震液化地震地震问题的有效措施。目前，有多种桩基础施工技术和新型施工技术。本书主要介绍了桩基础的新建施工技术，探讨了桩基础未来发展方向。

一、静力压桩

（一）静力压桩的含义和适用范围

用静力压桩机或锚杆将预制钢筋混凝土桩分节压入地基土中的一种沉桩施工工艺。静力压桩包括锚杆静压桩及其他各种非冲击力沉桩。适用范围静力压桩适用于软土、填土及一般黏性土层中应用，特别适合于居民稠密及危房附近环境要求严格的地区沉桩，但不宜用于地下有较多孤石、障碍物或有厚度大于 2m 的中密以上砂夹层的情况，以及单桩承载力超过 1600kN 的情况。静力压桩的主要优点是不污染环境、对桩身无冲击力以及能在沉桩时显示压桩力等，因此，静力压桩使桩基础在受力特征上明朗化，从根本上保证施工质量和建筑物的安全。随着大吨位静力压桩机的出现，静力压桩已适用于几乎所有的需要采用桩基础的地基，包括含有硬夹层的地基。静力压桩施工面临的主要问题是：施工前根据设备情况判断静压桩的沉桩可能性；施工中解决压不下的问题；最终压桩力的确定及提高桩基承载力的措施；节约材料和方便施工的方法。沉桩可能性预测静压桩的沉桩可能性预测，实际上就是预估（最大的）沉桩阻力，或称为压桩力。实践证明，双桥静力触探资料能用于确定桩的承载力。因为静力触探与静力压桩贯入过程的相似性，用静力触探来模拟桩的压入，求得压桩力，似乎比求承载力更为直接。但如果不作分析地直接用静力触探资料计算沉桩阻力，结果并不能令人满意。

（二）主要机具

1. 全液压静力压桩机。
2. 其他机具：吊车、经纬仪、水准仪、钢卷尺、电焊机。

（三）工艺流程

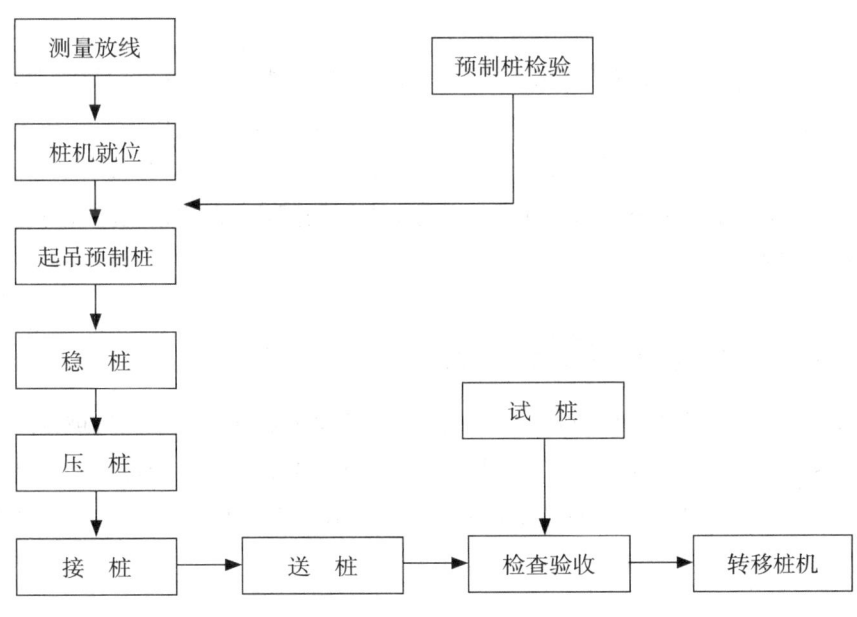

图 2-3-1 静力压桩工艺流程

（四）质量控制点

1. 混凝土预制桩的混凝土强度达到强度设计值的 70% 方可起吊，达到强度设计值的 100% 才能运输和压桩施工。

2. 桩机就位时，应对准桩位，将静压桩机调至水平、稳定，确保在施工中不发生倾斜和移动。

3. 施工中应密切关注压桩的压力变化，压桩时压力不得超过桩身强度。

4. 桩顶标高允许偏差为 +50mm。

5. 对于引孔沉桩，引孔孔径约比桩径小 50~100mm，且应随钻随压桩。

（五）静压桩的复压

静压桩的复压是指在沉桩达到预定的压桩力后松开夹持，然后重新加力再压的操作。可以复压一次或若干次，并可在预定的压桩力作用下稳压一段时间。复压是静压桩特有的技术，也是静压桩的优势之一。静压桩施工时，一般都是用最终压桩力连续复压，经过复压的桩在静载试验时沉降显著减小、承载力增大。为充分挖掘静压桩的承载潜力，使设计施工更经济合理，可采取如下措施：在软硬互层的地基上，要同时考虑桩的穿透能力（沉桩能力）和桩端软弱下卧层之上的硬土持力层厚度，一般较难确定桩端持力层，这时候可以取足够长的桩试压，记录各深度的压桩力，根据试压结果确定经济桩长，指导设计施工。在坚硬桩端持力层上的桩，因桩身混凝土强度高，对承载力起控制作用的是土的支承力，故在桩身不被破坏的前提下，应竭尽压桩机设备的能力压桩，以期获得较大的承载力。这样做，桩长增加并不多，而承载力提高却很多，经济性较佳。根据静压桩施工时显示出来的压桩力确定桩的承载力是工程界最为关心的问题。解决这一问题的关键是研究静压桩承载力的时效性。这个时效性和土质类型有关，与施工结束时的压桩力相比，软土地基上桩的承载力提高幅度较大，其他地基上较小。但无论在何种地基上，经过复压的桩的极限承载力都不会低于施工时的最终压桩力，由此可以估算桩的承载力下限值。预留锚固筋的长度及按标高控制沉桩一般的钢筋混凝土预制桩，在沉桩结束后，需要再破桩头，凿去混凝土，留出桩伸入承台的锚固筋长度。由于桩头通常有钢筋网片（为防止沉桩时的桩头破坏），使得破桩头的工作非常费力。

二、泥浆护壁钻孔灌注桩

随着我国高层和超高层建筑的发展，长大直径的泥浆护壁钻孔灌注桩被普遍采用，但是如何更大限度地节约桩基成本、缩短施工工期、有效地增强质量稳定性和提高单桩承载力是建筑业探索的新问题。后压浆技术是一种提高钻孔桩单桩承载力、降低建筑物沉降量、节约工程成本的先进施工技术。

（一）泥浆护壁钻孔灌注桩的含义

1. 灌注桩：先用机械或人工成孔，然后再下钢筋笼、灌注混凝土的基桩。

2. 泥浆护壁：用机械进行灌注桩成孔时，为防止塌孔，在孔内用相对密度大于 1 的泥浆进行护壁的一种成孔施工工艺。

（二）适用范围

泥浆护壁钻孔灌注桩按成孔工艺和成孔机械的不同，可分为如下几种，其适用范围如下：

1. 冲击成孔灌注桩：适用于黄土、黏性土或粉质黏土和人工杂填土层中应用，特别适合于有孤石的砂砾石层、漂石层、坚硬土层、岩层中使用，对流砂层亦可克服，但对淤泥及淤泥质土，则应慎重使用。

2. 冲抓成孔灌注桩：适用于一般较松软黏土、粉质黏土、砂土、砂砾层以及软质岩层应用，孔深在20m内。

3. 回转钻成孔灌注桩：适用于地下水位较高的软、硬土层，如淤泥、黏性土、砂土、软质岩层。

4. 旋挖钻成孔灌注桩：适用于一般黏性土、砂土、砂砾层以及中等密实度的卵石地层应用，孔深在80m内。

5. 潜水钻成孔灌注桩：适用于地下水位较高的软、硬土层，如淤泥、淤泥质土、黏土、粉质黏土、砂土、砂夹卵石及风化页岩层中使用，不得用于漂石。

（三）主要机具

成孔机械根据土质情况进行选用，常用的成孔钻机有冲击钻机、冲抓钻机、回转钻机、旋挖钻机、潜水钻机等。

（四）工艺流程

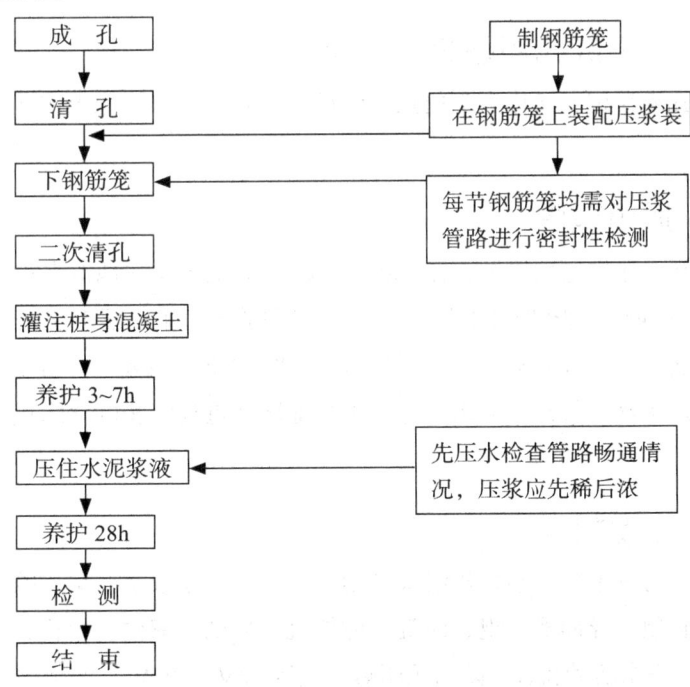

图2-3-2 泥浆护壁钻孔灌注桩工艺流程

（五）质量控制点

1. 控制桩位偏差和垂直度。
2. 杜绝采取加深钻孔深度的方法代替清孔。
3. 钢筋笼要对中。
4. 首浇砼量的问题。首浇砼埋管深度不得小于 1.0~1.2m。
5. 埋管深度不管灌注如何顺利，最好不超过 6m，最多放宽至 8m。
6. 砼灌注标高控制到设计标高 0.5m 以上。

（六）影响钻孔桩单桩承载力的主要因素

1. 孔壁完整性差。
2. 孔壁泥皮阻碍桩身混凝土与桩周土体的黏结，起到润滑作用，降低了桩侧摩阻力。
3. 施工中无论怎样二次清孔，孔底残渣仍是不可避免的。孔底残渣是影响单桩承载力和建筑物沉降的最重要的因素之一。
4. 混凝土初灌时，由于导管细而长、落差大，混凝土出现离析现象在桩底部形成"干碴石""虚尖"，影响桩底混凝土强度。
5. 由于桩身混凝土的固结发生体积收缩，使桩身混凝土与孔壁间发生间隙，减少了桩侧摩阻力。

三、人工成孔灌注桩

（一）人工成孔灌注桩的含义

人工成孔灌注桩，又称人工挖孔灌注桩，即是采用人工挖土成孔、灌注混凝土成桩的一种基桩。

（二）适用范围

人工成孔灌注桩适用于桩直径 800mm 以上，无地下水或地下水较少的黏土、粉质黏土，含少量的砂、砂卵石、姜结石的黏土层采用，特别适于黄土地层中使用，深度一般 20m 左右。可用于高层建筑、公用建筑、水工结构（如泵站、桥墩作支承、抗滑、挡土、锚拉桩之用。）对有流沙、地下水位较高、涌水量大的冲积地层及近代沉积的含水量高的淤泥、淤泥质土层不宜使用。

（三）主要机具

一般需备有三木搭、卷扬机组或电动葫芦、手推车或翻斗车、镐、锹、手铲、钢钎、线坠、定滑轮组、导向滑轮组、混凝土搅拌机、吊桶、溜槽、导管、振捣棒、插钎、粗麻绳、钢丝绳、安全活动盖板、防水照明灯（低压 36V、100W）、电焊机、通风及供氧设备、扬程水泵、木辘轳、活动爬梯、安全帽、安全带等。

（四）工艺流程

人工成孔灌注桩一般按以下工艺流程进行。

放线定桩位及高程→开挖第一节桩孔土方→支护壁模板放附加钢筋→浇筑第一节护壁混凝土→检查桩位（中心）轴线→加设垂直运输架→安装电动葫芦（卷扬机或木辘轳）→安装吊桶、照明、活动盖板、水泵、通风机等→开挖吊运第二节桩孔土方（修边）→先拆第一节、支第二节护壁模板（放附加钢筋）→浇筑第二节护壁混凝土→检查桩（中心）轴线→逐层往下循环作业→开挖扩底部分→检查验收→吊放钢筋笼→放混凝土串筒（导管）→浇筑桩身混凝土（随浇随振）→插桩顶钢筋。

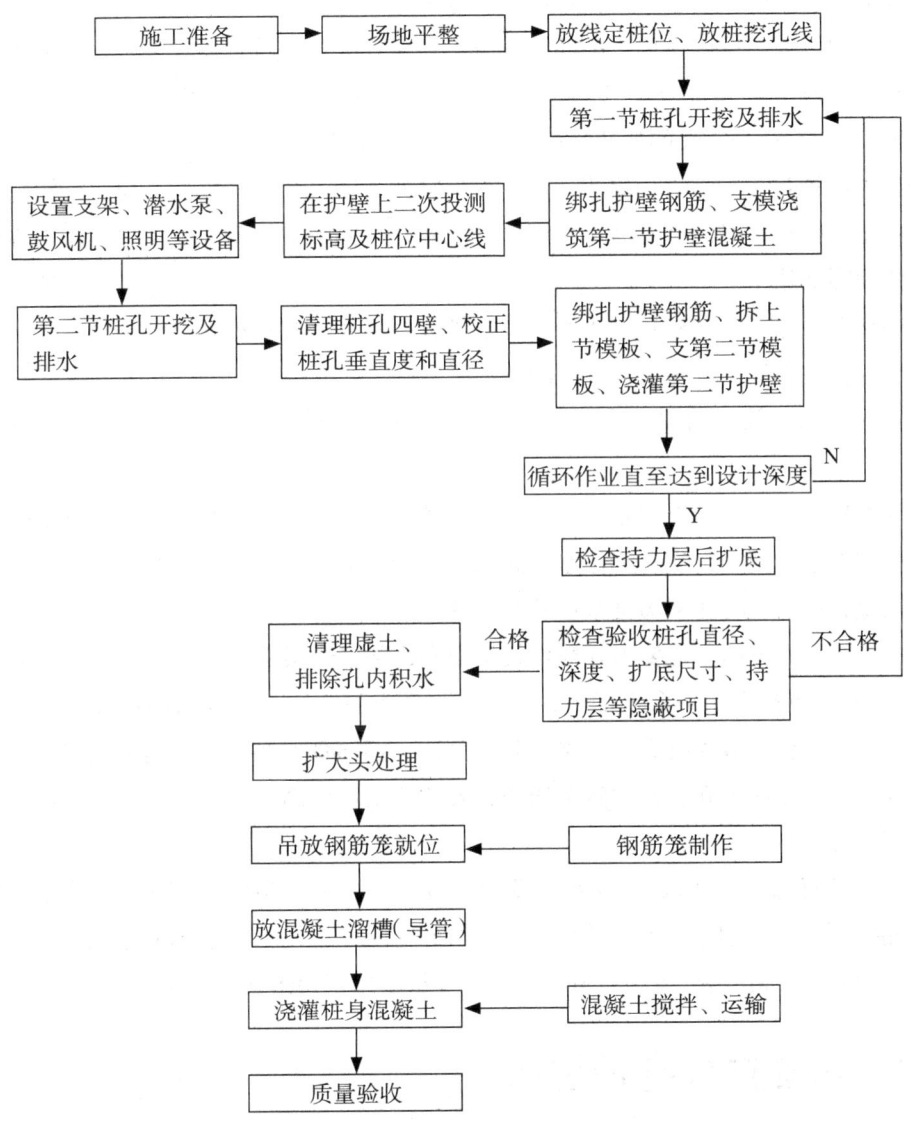

图 2-3-3 人工成孔灌注桩工艺流程

（五）质量控制点

1. 人工挖孔桩的孔径（不含护壁）不得小于 0.8m，且不宜大于 2.5m；孔深不宜大于 30m。当桩净距小于 2.5m 时，应采用间隔开挖。相邻排桩跳挖的最小施工净距不得小于 4.5m。

2. 开孔前，桩位应准确定位放样，在桩位外设置定位基准桩，安装护壁模板必须用桩中心点校正模板位置，并应由专人负责。

3. 严格控制桩孔垂直度、中心位置，每节桩孔护壁做好后，必须将桩位轴线和标高测设在护壁上口然后用十字线对中，吊线锤向孔底投设，以半径尺杆检查孔壁垂直平整度，孔深以基准点为依据逐根引测，使孔壁圆弧保持上下顺直。

4. 护壁的厚度、拉接钢筋、配筋、混凝土强度等级均应符合设计要求；一般护壁的厚度不应小于 100mm，混凝土强度等级不应低于桩身混凝土强度等级，并应振捣密实；护壁应配置直径不小于 8mm 的构造钢筋，竖向筋应上下搭接或拉接。

5. 当土质较差时，为防止塌孔，开挖前应掌握现场土质错开桩位开挖，缩短每节高度，随时观察土体松动情况，必要时可在坍孔处用砌砖、钢板桩、木板桩封堵；操作进程要紧凑，不留间隔空隙。

6. 桩终孔要保证设计桩长、入岩深度及扩大头尺寸，桩孔挖至设计深度后，必须检查土质情况，桩底必须支承在设计规定的持力层上。

7. 在放钢筋笼前后均应认真检查孔底，清除虚土杂物，必要时用水泥砂浆或混凝土封底。

8. 开挖过程中孔底要挖集水坑，及时下泵抽水。如有少量积水，浇筑混凝土时可对桩端及时采用低水混凝土封底；当渗水量过大时，应采取场地截水、降水或水下灌注混凝土等有效措施，严禁在桩孔中边抽水边开挖边灌注。

9. 在浇筑混凝土前一定要做好操作技术交底，坚持分层浇筑、分层振捣、连续作业。

10. 钢筋笼应在专用平台上加工，主筋与箍筋点焊牢固，支撑加固措施要可靠，吊运要竖直，使其平稳地放入桩孔中，保持骨架完好。钢筋骨架在存放、起吊过程中应采取措施防止变形；在安放入孔时，位置要居中；安放至设计标高后，应采取措施固定，确保混凝土浇灌过程中不移动。

11. 人工挖孔桩桩顶标高至少要比设计标高高出 0.5m。直径大于 1m 或单桩混凝土量超过 25m³ 的桩，每根桩桩身混凝土应留有 1 组试件；直径不大于 1m 的桩或单桩混凝土量不超过 25m³ 的桩，每个灌注台班不得少于 1 组试件；每组试件应留 3 件。

四、螺旋钻成孔灌注桩

（一）螺旋钻成孔灌注桩的含义

1. 干作业成孔灌注桩：是指不用泥浆或套管护壁的情况下用人工或钻机成孔，下钢筋笼、浇灌混凝土的基桩。

2. 螺旋钻成孔灌注桩：是干作业成孔灌注桩的一种，是利用电动机带动带有螺旋叶片的钻杆转动，使钻头螺旋叶片旋转削土，土块随螺旋叶片上升排出孔口，至设计深度后，进行孔底清理，然后下钢筋笼、浇灌混凝土成桩。

（二）适用范围

螺旋钻成孔灌注桩适用于地下水位以上的一般黏性土、粉土、黄土，以及密实的黏性土、砂土层中使用。

（三）主要机具

1. 螺旋钻孔机。
2. 装卸、运土或运送混凝土的机动小翻斗车或手推车。
3. 长、短棒式振捣器。部分加长软轴、混凝土搅拌机、平尖头铁锹、胶皮管等。串筒（或导管）、盖板、测绳、手把灯、低压变压器及线坠等。

（四）工艺流程

螺旋钻成孔灌注桩工艺流程如下。

钻孔机就位→钻孔→检查质量→孔底清理→孔口盖板→移钻孔机→移盖板、测孔深和垂直度→放钢筋笼→放混凝土串筒→浇筑混凝土（随浇随振）→插桩顶钢筋。

1. 钻孔机就位

钻孔机就位时，必须保持平稳，不发生倾斜、位移，为准确控制钻孔深度，要在机架上或机管上作出控制的标尺，以便在施工中进行观测、记录。

2. 钻孔

调直机架挺杆，对好桩位（用对位圈），开动机器钻进、出土，达到控制深度后停钻、提钻。

3. 检查成孔质量

（1）钻深测定：用测深绳（锤）或手提灯测量孔深及虚土厚度。虚土厚度等于钻孔深的差值，虚土厚度不超过 10cm。

（2）孔径控制：钻进遇有含石块较多的土层，或含水量较大的软塑黏土层时，必须防止钻杆晃动引起孔径扩大，致使孔壁附着扰动土和孔底增加回落土。

4. 孔底土清理

钻到预定的深度后，必须在孔底处进行空转清土，然后停止转动；提钻杆，不得曲转钻杆。孔底的虚土厚度超过质量标准时，要分析原因，采取措施进行处理。进钻过程中散落在地面上的土，必须随时清除运走。

5. 移动钻机到下一桩位

经过成孔检查后，要填好桩孔施工记录。然后盖好孔口盖板，并要防止在盖板上行车或走人。最后再移走钻机到下一桩位。

6. 浇筑混凝土

（1）移走钻孔盖板，再次复查孔、孔径、孔壁、垂直度及孔底虚土厚度。有不符合质量标准要求时，要处理合格后，再进行下道工序。

（2）吊放钢筋笼：钢筋笼放入前要先绑好砂浆垫块（或塑料卡）；吊放钢筋笼时，要对准孔位，吊直扶稳，缓慢下沉，避免碰撞孔壁。钢筋笼放到设计位置时，要立即固定。遇有两段钢筋笼连接时，要采取焊接，以确保钢筋的位置正确，保护层厚度符合要求。

（3）放溜筒浇筑混凝土：在放溜筒前要再次检查和测量钻孔内虚土厚度。浇筑混凝土时要连续进行，分层振捣密实，分层高度以捣固的工具而定。一般不大于1.5m。

（4）混凝土浇筑到桩顶时，要适当超过桩顶设计标高，以保证在凿除浮浆后，桩顶标高符合设计要求。

（5）撤溜筒和桩顶插钢筋：混凝土浇到距桩顶1.5m时，可拔出溜筒，直接浇灌混凝土。桩顶上的钢筋插铁一定要保持垂直插入有足够的保护层和锚固长度，防止插偏和插斜。

（6）混凝土的坍落度一般为8~10cm；为保证其和易性及坍落度，要注意调整砂率和掺入减水剂、粉煤灰等。

（7）同一配合比的试块，每班不得少于一组。

（四）质量控制点

1. 钻孔完毕应及时盖好孔口，防止落入杂物，以避免人为增加孔底虚渣土。
2. 防止塌孔、缩孔。
3. 严格按操作工艺边浇筑混凝土边振捣的规定执行。
4. 防止钢筋笼变形。
5. 砼灌注标高控制到设计标高0.5m以上。

五、预应力管桩

（一）预应力管桩的含义

预应力混凝土管桩是采用离心脱水密实成型工艺原理，先张法施加预应力，达到规定的强度后放张预应力筋，再进行压蒸养护（或浸水养护）成型的一种预制混凝土桩。

（二）适用范围

预应力管桩适用于一般黏性土及填土、淤泥和淤泥质土、粉土、非自重湿陷性黄土等土层中使用。

（三）主要机具

1. 打桩机
（1）一般为三点支撑式履带打桩机或步履式打桩机。
（2）打桩机的桩架必须具有足够的承载力、刚度和稳定性。

2. 桩锤
（1）桩锤分为落锤、气动锤、柴油锤、液压锤等类型。
（2）目前我国各地施打预应力管桩以筒式柴油锤为主。

3. 桩帽
（1）桩帽宜做成圆筒型，套桩头用的筒体深度宜为35~40cm。
（2）内径应比管桩外径大2~3cm，并设有导向脚与桩架导轨相连，保证与柴油锤的中心线重合。
（3）桩帽应设有桩垫层和锤垫层两部分，桩帽应有足够的强度、刚度和耐打性。

4. 送桩器
（1）送桩器宜做成圆筒形，并有足够的强度、刚则度和耐打性。
（2）送桩器长度宜做成送桩深度的1.5倍。
（3）送桩器应与管桩匹配，一般采用套筒式送桩器，内径应比管桩外径大20~30mm。

5. 履带式或轮胎式起重机，起重吨位为15t。

6. 电焊机，管桩切割器、经纬仪、水准仪等施工机具和仪器。

（四）工艺流程

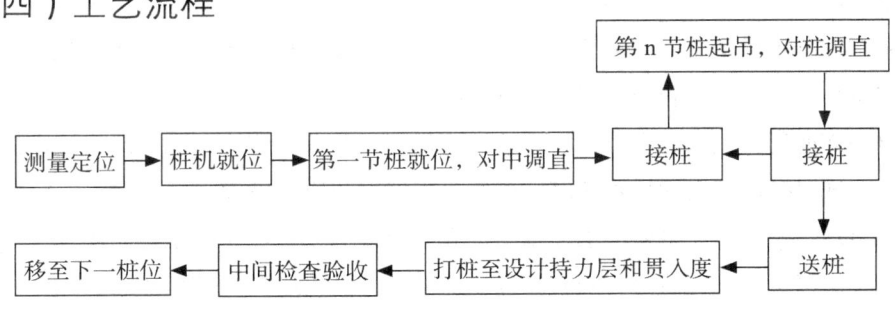

图 2-3-4　预应力管桩施工工艺流程

（五）质量控制点

要求符合《建筑地基基础工程施工质量验收规范》GB50202—2002 的规定

1. 根据实际工程的需要选择管桩类型，保证预应力管桩强度达到设计强度的100%后才开始打桩。

2. 对照地质资料及按设计、规范要求合理选用施工机具，采用"重锤低击"的原则选用桩锤并控制打桩总锤击数,避免桩身混凝土产生疲劳破坏,桩身断裂。

3. 根据施工的管桩尺寸按要求制作桩帽及送桩器。

4. 管桩在运输、吊桩及堆放过程中应正确叠放,轻起轻吊,避免使用前桩身就已经断裂,桩顶破碎。

5. 施工管桩时要保证桩体的垂直度,避免桩身倾斜。

(六)成品保护

1. 钢筋笼在制作、运输和安装过程中,要采取措施防止变形。吊入钻孔时,要有保护垫块,或垫管和垫板。

2. 钢筋笼在吊放入孔时,不得碰撞孔壁。灌注混凝土时,要采取措施固定其位置。

3. 灌注桩施工完毕进行基础开挖时,要制定合理的施工顺序和技术措施,防止桩的位移和倾斜。并检查每根桩的纵横水平偏差。

4. 成孔内放入钢筋笼后,要在 4h 内浇筑混凝土。在浇筑过程中,要有不使钢筋笼上浮和防止泥浆污染的措施。

5. 安装钻孔机、运输钢筋笼以及浇筑混凝土时,均要注意保护好现场的轴线桩、高程桩。

6. 桩头外留的主筋插铁要妥善保护,不得任意弯折或压断。

7. 桩头混凝土强度,在没有达到 5MPa 时,不得碾压,以防桩头损坏。

(七)应注意的质量问题

1. 孔底虚土过多:钻孔完毕,要及时盖好孔盖板,并防止在盖板上过车和行走。操作过程中要及时清理虚土,必要时可二次投钻清土。

2. 塌孔缩孔:注意土质变化,遇有砂卵石或流塑淤泥、上层滞水层渗漏等情况,要会同有关单位研究处理。

3. 桩身混凝土质量差:有缩颈、空洞、夹土等,要严格按操作工艺边浇筑混凝土边振捣的规定执行。严禁把土和杂物混入混凝土中一起浇筑。

4. 钢筋笼变形:钢筋笼在堆放、运输、起吊、入孔等过程中,没有严格按操作规定执行。必须加强对操作工人的技术交底,严格执行加固的质量措施。

5. 当出现钻杆跳动、机架晃摇、钻不进入等异常现象,要立即停车检查。

6. 混凝土浇至接近桩顶时,随时测量顶部标高,以免过多截桩和补桩。

7. 钻孔进入砂层遇到地下水时,钻孔深度不超过初见水位,以防塌孔。

第三章 砌筑工程施工

墙体砌筑施工不仅是建筑项目的重要组成部分,而且其质量也会影响整个建筑工程质量。所以提高建筑工程中的墙体砌筑施工技术有着至关重要的作用。因此施工单位在施工过程中应该注意施工单位关于墙体砌筑施工技术方面的改进和提高,增强整个建筑工程质量的安全性。

第一节 砌体材料

一、烧结多孔砖

(一)主要优点

1. 由于经过 1200℃ 高温焙烧,在建筑工程使用中不受热胀冷缩变化的影响。
2. 有较好的隔音、保温效果。
3. 自身强度高,抗压强度平均值高达 15.8,与 M7.5 号水泥砂浆相匹配,吸水率低,抗风化性能好。

(二)主要缺点

1. 砌体中不够整块多孔砖的部位,存在用砖刀任意砍砖及用碎砖任意填塞的现象,既浪费材料,又影响砌筑质量。

砌体中得固定构件预埋件,一部分构件仍然采用钢钉或膨胀螺栓直接固定,由于多孔砖存在孔洞且孔壁较薄,致使固定构件的握固力不够,会造成构件的松动甚至脱落。

由于电气埋管需要开槽,影响砌体的抗压强度,受损坏的局部砌体也等不到很好的修复。

2. 由于多孔砖砌体内部孔洞不完全密实,出现渗水情况时对渗水源头准确的位置的把控困难。

由于有孔洞,砌筑砂浆的饱满度一般,较易渗水。

二、混凝土加气块

（一）主要优点

1. 质轻：孔隙达 70%~85%，体积密度一般为 500~900kg/m³，为普通混凝土的 1/5，黏土砖的 1/4，空心砖的 1/3，与木质差不多，能浮于水。可减轻建筑物自重，大幅度降低建筑物的综合造价。

防火（具有一定的耐高温性）：主要原材料大多为无机材料，因而具有良好的耐火性能，并且遇火不散发有害气体。耐火 650 度，为一级耐火材料，90mm 厚墙体耐火性能达 245 分钟，300mm 厚墙体耐火性能达 520 分钟。

耐久：材料强度稳定，在对试件大气暴露一年后测试，强度提高了 25%，十年后仍保持稳定。

经济：综合造价比采用实心黏土砖降低 5% 以上，并可以增大使用面积，大大提高建筑面积利用率。

2. 保温：由于材料内部具有大量的气孔和微孔，因而有良好的保温隔热性能。导热系数为 0.11~0.16W/MK，是黏土砖的 1/4~1/5。通常 20cm 厚的加气混凝土墙的保温隔热效果，相当于 49cm 厚的普通实心黏土砖墙。

隔音：因具有特有的多孔结构，因而具有一定的吸声能力。10mm 厚墙体可达到 41 分贝。

3. 抗渗：因材料由许多独立的小气孔组成，吸水导湿缓慢，同体积吸水至饱和所需时间是黏土砖的 5 倍。用于卫生间时，墙面进行界面处理后即可直接粘贴瓷砖。

防水：由于是实心砌体，砂浆的饱满度能够得到保证，能有效地控制外墙渗水。

4. 施工快捷：具有良好的可加工性，可锯、刨、钻、钉，并可用适当的黏结材料黏结，为建筑施工创造了有利的条件。

（二）主要缺点

1. 由于孔隙很大，使其有效的承载面积减少，因此强度一般都比较低。

由于加气混凝土中没有粗骨粉，水化产物的结晶程度较高，塑性变形小，因此受力破坏前没有明显的裂纹，一旦出现裂纹，就会立即崩裂破坏，这与普通混凝土的性质不同，因此加气混凝土的弹性模量小于普通混凝土。

2. 加气混凝土墙体虽然吸水率高，但吸水速度慢，易引起表面粉刷层空鼓、开裂。

混凝土加气块易脆，致使固定构件的握固力不够，会造成构件的松动甚至脱落。不能采用钢钉或膨胀螺栓直接固定，需要预制混凝土实心构件作为预埋点。

三、混凝土空心砌块

（一）主要优点

1. 具有强度高、自重轻、耐久性好、外形尺寸规整。
2. 在建筑施工方法上与黏土砖相近似，产品质量容易控制。
3. 砌块建筑具有安全、美观、耐久、使用面积大、施工速度较快、建筑造价与维护费用较低等综合特点。

（二）主要缺点

1. 砌块有块体较重、易产生收缩变形、保温性能较差、易破碎、不便砍削等弱点。

砌块产品在生产、建筑设计和施工应用技术及质量管理等方面均有特殊要求，如果处理不当有可能出现裂、漏、热等建筑质量问题。

2. 由于为空心材质，砌筑砂浆的饱满度较难控制，易造成外墙的渗水。

四、小结

混凝土加气块的性能特点相比其他两种砌体材料，有较明显的优势，具备良好的可加工能力和隔热和保温能力，而且可塑性非常的强，可饱可锯，有非常好的加工特性。同时，相关缺点也容易在施工过程中控制，是一种理想的砌体材料。建议在中海国际社区一期墙体采用混凝土加气块。

第二节 脚手架

一、脚手架概述

脚手架指施工现场为工人操作并解决垂直和水平运输而搭设的各种支架。建筑界的通用术语，指建筑工地上用在外墙、内部装修或层高较高无法直接施工的地方。主要为了施工人员上下干活或外围安全网围护及高空安装构件等，说白了就是搭架子，脚手架制作材料通常有：竹、木、钢管或合成材料等。有些工程也用脚手架当模板使用，此外在广告业、市政、交通路桥、矿山等部门也广泛被使用。

（一）分类

中国现在使用的用钢管材料制作的脚手架有扣件式钢管脚手架、碗扣式钢管脚手架、承插式钢管脚手架、门式脚手架,还有各式各样的里脚手架、挂挑脚手架以及其他钢管材料脚手架。从其材料和构造情况来着手,并可将其大致划分如下:

1. 按杆件的材料划分

(1)单一规格钢管的脚手架。它只使用一种规格的钢管,如扣件式钢管脚手架,只使用 $\Phi 48.3\times 3.6$ 的电焊钢管。

(2)多种规格钢管组合的脚手架。它由两种以上的不同规格的钢管构成,如门式脚手架。

(3)以钢管为主的脚手架。即以钢管为主,并辅以其他型钢杆件所构成的脚手架,如设有槽钢顶托或底座的里脚手架,有连接钢板的挑脚手架等。碗扣式钢管脚手架当采用钢管横杆时,为"单一钢管的脚手架";当采用型钢搭边横杆时,为"以钢管为主的脚手架"。

2. 按横杆与立杆之间的传递垂直力的方式划分

(1)靠接触面摩擦作用传力。即靠节点处的接触面压紧后的摩擦反力来支承横杆荷载并将其传给立杆,如扣件的作用,通过上紧螺栓的正压力产生摩擦力;

(2)靠焊缝传力。大多数横杆与立杆的承插联结就是采用这种方式,门架也属于这种方式;

(3)直接承压传力。这种方式多见于横杆搁置在立杆顶端的里脚手架;

(4)靠销杆抗剪传力。即用销杆穿过横杆的立式联结板和立杆的孔洞实现联结、销杆双面受剪力作用。这种方法在横杆和立杆的联结中已不多见。

此外,在立杆与立杆的联结中,也有3种传力方式:

1)承插对接的支承传力。即上下立杆对接,采用连接棒或承插管来确保对接的良好状态;

2)销杆连接的销杆抗剪传力;

3)螺扣连接的啮合传力。即内管的外螺纹与外(套)管的内螺纹啮合传力。其中后两种传力方式多用于调节高度要求的立杆连接中。

3. 按联结部件的固着方式和装设位置划分

(1)定距连接:即联结焊件在杆件上的定距设置,杆件长度定型,联结点间距定型;

(2)不定距联结:即联结件为单设件,通过上紧螺栓可夹持在杆件的任何部位上。

4. 按工人固定结点的作业方式划分

(1)插入打紧;

(2)拧紧螺栓。

(二)主要特点

不同类型的工程施工选用不同用途的脚手架和模板支架。目前,桥梁支撑架使用碗扣脚手架的居多,也有使用门式脚手架的。主体结构施工落地脚手架使用扣件脚手架的居多,脚手架立杆的纵距一般为 1.2~1.8m;横距一般为 0.9~1.5m。

1. 扣件式钢管脚手架

（1）优点

1）承载力较大。当脚手架的几何尺寸及构造符合规范的有关要求时，一般情况下，脚手架的单管立柱的承载力可达 15kN~35kN（1.5tf~3.5tf，设计值）。

2）装拆方便，搭设灵活。由于钢管长度易于调整，扣件连接简便，因而可适应各种平面、立面的建筑物与构筑物用脚手架。

3）比较经济。加工简单，一次投资费用较低；如果精心设计脚手架几何尺寸，注意提高钢管周转使用率，则材料用量也可取得较好的经济效果。扣件钢管架折合每平方米建筑用钢量约 15 公斤。

（2）缺点

1）扣件（特别是它的螺杆）容易丢失；

2）节点处的杆件为偏心连接，靠抗滑力传递荷载和内力，因而降低了其承载能力；

3）扣件节点的连接质量受扣件本身质量和工人操作的影响显著。

（3）适应性

1）构筑各种形式的脚手架、模板和其他支撑架；

2）组装井字架；

3）搭设坡道、工棚、看台及其他临时构筑物；

4）作其他种脚手架的辅助，加强杆件。

（4）搭设要求

钢管扣件脚手架搭设中应注意地基平整坚实，设置底座和垫板，并有可靠的排水措施，防止积水浸泡地基。

根据连墙杆设置情况及荷载大小，常用敞开式双排脚手架立杆横距一般为 1.05~1.55m，砌筑脚手架步距一般为 1.20~1.35m，装饰或砌筑、装饰两用的脚手架一般为 1.80m，立杆纵距 1.2~2.0m。其允许搭设高度为 34~50m。当为单排设置时，立杆横距 1.2~1.4m，立杆纵距 1.5~2.0m。允许搭设高度为 24m。

纵向水平杆宜设置在立杆的内侧，其长度不宜小于 3 跨，纵向水平杆可采用对接扣件，也可采用搭接。如采用对接扣件方法，则对接扣件应交错布置；如采用搭接连接，搭接长度不应小于 1m，并应等间距设置 3 个旋转扣件固定。

脚手架主节点（即立杆、纵向水平杆、横向水平杆三杆紧靠的扣接点）处必须设置一根横向水平杆用直角扣件扣接且严禁拆除。主节点处两个直角扣件的中心距不应大于 150mm。在双排脚手架中，横向水平杆靠墙一端的外伸长度不应大于立杆横距的 0.4 倍，且不应大于 500mm；作业层上非主节点处的横向水平杆，宜根据支承脚手板的需要等间距设置，最大间距不应大于纵距的 1/2。

作业层脚手板应铺满、铺稳，离开墙面 120~150mm；狭长形脚手板，如冲压钢脚手板、木脚手板、竹串片脚手板等，应设置在三根横向水平杆上。当脚手板长度小于 2m 时，可采用两根横向水平杆支承，但应将脚手板两端与其可靠固定，严防倾翻。宽型的竹笆脚手板应按其土竹筋垂直于纵向水平杆方向铺设，且采用对接平铺，四个角应用镀锌钢丝固定在纵向水平杆上。

每根立杆底部应设置底座或垫板。脚手架必须设置纵、横向扫地杆。纵向扫地杆应采用直角扣件固定在距底座上皮不大于200mm处的立杆上。横向扫地杆亦应采用直角扣件固定在紧靠纵向扫地杆下方的立杆上。当立杆基础不在同一高度上时，必须将高处的纵向扫地杆向低处延长两跨与立杆固定，高低差不应大于1m。靠边坡上方的立杆轴线到边坡的距离不应小于500mm。

2. 门式钢管脚手架

（1）优点

1）门式钢管脚手架几何尺寸标准化。

2）结构合理，受力性能好，充分利用利用钢材强度，承载能力高。

3）施工中装拆容易、架设效率高，省工省时、安全可靠、经济适用。

（2）缺点

1）构架尺寸无任何灵活性，构架尺寸的任何改变都要换用另一种型号的门架及其配件。

2）交叉支撑易在中铰点处折断；

3）定型脚手板较重。

4）价格较贵。

（3）适应性

1）构造定型脚手架；

2）作梁、板构架的支撑架（承受竖向荷载）；

3）构造活动工作台。

（4）门式脚手架搭设

1）门式脚手架基础必须夯实，且应做好排水坡，以防积水。

2）门式脚手架搭设顺序为：基础准备→安放垫板→安放底座→竖两榀单片门架→安装交叉杆→安装脚手板→以此为基础重复安装门架、交叉杆、脚手板工序。

3）门式钢管脚手架应从一端开始向另一端搭设，上步脚手架应在下步脚手架搭设完毕后进行。搭设方向与下步相反。

4）下步脚手架的搭设，应先在端点底座上插入两榀门架，并随即装上交叉杆固定，锁好锁片，然后搭设以后的门架，每搭一榀，随即装上交叉杆和锁片。

5）脚手架必须设置与建筑物可靠的联结。

6）式钢管脚手架的外侧应设置剪刀撑，竖向和纵向均应连续设置。

3. 碗扣式钢管脚手架

（1）优点

1）多功能：能根据具体施工要求，组成不同组架尺寸、形状和承载能力的单、双排脚手架，支撑架，支撑柱，物料提升架，爬升脚手架，悬挑架等多种功能的施工装备。也可用于搭设施工棚、料棚、灯塔等构筑物。特别适合于搭设曲面脚手架和重载支撑架。

2）高功效：常用杆件中最长为3130mm，重17.07kg。整架拼拆速度比常规快3~5倍，拼拆快速省力，工人用一把铁锤即可完成全部作业，避免了螺栓操作带来的诸多不便。

3）通用性强：主构件均采用普通的扣件式钢管脚手架之钢管，可用扣件同普通钢管连接，通用性强。

4）承载力大：立杆连接是同轴心承插，横杆同立杆靠碗扣接头连接，接头具有可靠的抗弯、抗剪、抗扭力学性能。而且各杆件轴心线交于一点，节点在框架平面内，因此，结构稳固可靠，承载力大。（整架承载力提高，约比同等情况的扣件式钢管脚手架提高15%以上）

5）安全可靠：接头设计时，考虑到上碗扣螺旋摩擦力和自重力作用，使接头具有可靠的自锁能力。作用于横杆上的荷载通过下碗扣传递给立杆，下碗扣具有很强的抗剪能力（最大为199kN）。上碗扣即使没被压紧，横杆接头也不致脱出而造成事故。同时配备有安全网支架，间横杆，脚手板，挡脚板，架梯。挑梁连墙撑等杆配件，使用安全可靠。

6）易于加工：主构件用Φ48×3.5.Q235B焊接钢管，制造工艺简单，成本适中，可直接对现有扣件式脚手架进行加工改造，不需要复杂的加工设备。

7）不易丢失：该脚手架无零散易丢失扣件，把构件丢失减少到最小程度。

8）维修少：该脚手架构件消除了螺栓连接构件经碰耐磕，一般锈蚀不影响拼拆作业，不需特殊养护、维修。

9）便于管理：构件系列标准化，构件外表涂以橘黄色。美观大方，构件堆放整齐，便于现场材料管理，满足文明施工要求。

10）易于运输：该脚手架最长构件3130mm，最重构件40.53kg，便于搬运和运输。

（2）缺点

1）横杆为几种尺寸的定型杆，立杆上碗扣节点按0.6m间距设置，使构架尺寸受到限制；

2）U形连接销易丢；

3）价格较贵。

（3）适应性

1）构筑各种形式的脚手架、模板和其他支撑架；

2）组装井字架；

3）搭设坡道、工棚、看台及其他临时构筑物；

4）构造强力组合支撑柱；

5）构筑承受横向力作用的支撑架。

4. 扣盘式脚手架

扣盘式脚手架具有以下几个特点：

1）轻松快捷：搭建轻松快速，并具有很强的机动性，可满足大范围的作业要求；

2）灵活、安全、可靠：可根据不同的实际需要，搭建多种规格、多排移动的脚手架，各种完善安全配件，在作业中提供牢固、安全的支持；

3）储运方便：拆卸储存占地小，并可推动方便转移，部件能通过各种窄小通道。

5. 铝合金快装脚手架

铝合金脚手架特点：

1）铝合金脚手架所有部件采用特制铝合金材质，比传统钢架轻75%；

2）部件连接强度高：采用内胀外压式新型冷作工艺，脚手架接头的破坏拉脱力达到4100~4400kg，远大于2100kg的许用拉脱力；

3）安装简便快捷；配有高强度脚轮，可移动；

4）整体结构采用"积木式"组合设计，不需任何安装工具。

铝合金快装脚手架解决企业高空作业难题，它可根据实际需要的高度搭接，有2.32M/1.856M/1.392M三种高度规格。有宽式和窄式两种宽度规格。窄式架可以在狭窄地面搭接，方便灵活。他可以满足墙边角，楼梯等狭窄空间处的高空作业要求是企业高空作业的好帮手。

二、脚手架的构造及搭设拆除

（一）脚手架的构造

脚手架主要由立杆，横向水平杆、纵向水平杆、扫地杆、剪刀撑、横向斜撑及脚手板等组成，各构件必须符合以下要求：

1. 立杆：立杆为双排设置。立杆的地基在墩台的基础以外部分，必须平整夯实，有排水设施，底部要设置可靠的底座或垫板。立杆的地基旁边不许随意开挖。立杆纵向间距（纵距）不大于1.8m，横向间距（横距）一般为1.0~1.5m，内排立杆距桥梁墩台身模板不小于20cm，以互不影响安装，使用为宜。相邻立杆接头应错开50cm，立杆接头必须采用对接扣件连接，立杆垂直偏差不得超过5cm。

2. 扫地杆：脚手架必须设置纵，横向扫地杆。纵向扫地杆要采用直角扣件固定在距底座上皮不大于20cm处的立杆上。横向扫地杆应采用直角扣件固定在紧靠纵向扫地杆下方的立杆上。

3. 纵向水平杆：纵向水平杆设置在立杆内侧，其长度不小于3跨。相邻水平杆竖向间距（步距）不大于1.8m。接长采用对接或搭接。对接连接时，对接扣件要相互交错布置，两根相邻的纵向水平杆的接头不应设置在同步或同跨内，不同步或不同跨两个相邻接头在水平方向错开的距离不小于50cm，各接头中心至最近主接点的距离不大于跨距的1/3。搭接连接时，搭接长度不应小于1.0m，应等间距设置3个旋转扣件固定，端部扣件边缘至搭接水平杆端部距离不小于10cm。

4. 横向水平杆：主节点出必须设置一根横向水平杆，甩直角扣件扣接且严禁拆除。作业层上非主节点处的横向水平杆，根据支承脚手板的需要等间距设置，最大间距不大于纵距的 1/2。

5. 剪刀撑：高度在 24m 以下的单、双排脚手架，均必须在外侧立面的两端各设置一道剪刀撑，并由底至顶连续设置。中间各道剪刀撑之间的净距不应大于 15m。高度在 24m 以上的双排脚手架应在外侧立面整个长度和高度范围连续设置剪刀撑。剪刀撑斜杆应用旋转扣件固定在与之相交的横向水平杆的伸出端或立杆上，旋转扣件中心线至主节点的距离不宜大于 15cm。每道剪刀撑宽度不应小于 4 跨，跨越立杆的根数为 5~7 根，斜杆与地面的倾角为 60°~45°。剪刀撑随脚手架同步搭设和拆除。

6. 横向斜撑：双排脚手架应设置横向斜撑。高度在 24m 以上的封闭型脚手架，除拐角应设置横向斜撑外，中间应每隔 6 跨设置一道。高度在 24m 以下的封闭型双排脚手架可不设横向斜撑。

7. 脚手板：作业层脚手板应铺满，铺稳，离开墩台身模板 20cm。当使用木脚手板，竹串片脚手板时，纵向水平杆应作为横向水平杆的支座，用直角扣件固定在立杆上。当使用竹笆脚手板时，应按其主竹筋垂直于纵向水平杆方向铺设，纵向水平杆应采用直角扣件固定在横向水平杆上，并应等间距设置，间距不大于 40cm；竹笆脚手板采用对接平铺，四个角应用直径 1.2mm 的镀锌钢丝固定在纵向水平杆上。脚手板对接平铺时，接头处必须设两根横向水平杆，脚手板端部外伸长度不大于 15cm。脚手板搭接铺设时，接头必须支在横向水平杆上，搭接长度应大于 20cm，其伸出横向水平杆的长度应大于 10cm。作业层端部脚手板探头长度不大于 15cm，其板长两端均要与支撑杆可靠地固定。

8. 斜道：人行并兼作材料运输的斜道，当高度不大于 6m 时，宜采用"一"字型斜道；当高度大于 6m 时，宜采用"之"字型斜道。运料斜道宽度不宜小于 1.5m，坡度宜采用 1:6；人行斜道宽度不宜小于 1m，坡度宜采用 1:3。拐弯处应设置平台，其宽度不应小于斜道宽度。斜道两侧及平台外围均应设置栏杆及挡脚板。栏杆高度应为 1.2m，挡脚板高度不小于 18cm。人行斜道和运料斜道的脚手板上每隔 25~30cm 设置一根防滑木条，木条厚度 2~3cm。

9. 安全网：作业层脚手架设置全封闭式密目网。立网应搭设在纵向水平杆的内侧。若作业层脚手板未能全封闭，则必须在脚手板底部设置一道平网，防止工具及杂物坠落。安全网必须采用合格产品。

10. 缆风绳：脚手架四角应设置缆风绳，其地锚应设置稳固坚实，以防止脚手架倾覆。缆风绳应选用直径 14mm 的钢丝绳，其与地面的夹角不小于 45°。

11. 脚手架扣件应与钢管管径相匹配。

12. 同一脚手架中，不同材质、规格的材料不得混用。

（二）脚手架的搭设

1. 脚手架搭设顺序为：地基处理→定位放线→摆放垫木→摆放扫地杆→树立杆并与扫地杆扣牢→上纵向水平杆并与各立杆扣牢→上横向水平杆并与各杆扣牢→加临时斜撑→上

二、三、四……步纵向水平杆→上二、三、四……步横向水平杆→接长立杆→加设剪刀撑→拉缆风绳→铺斜道→铺脚手板→挂安全网。

2.脚手架必须配合施工进度搭设,每搭设一步后,按质量要求进行校正,包括步距、跨距、横距及立杆的垂直度等。

3.搭设中扣件螺栓拧紧扭力矩为 40~65N·M,应采用扭力扳手抽样检查,不合格的必须重新拧紧。

4.脚手架在使用过程中的均布荷载不得超过 2.0kN/m²。

(三)脚手架的拆除

1.脚手架拆除前,消除脚手架上杂物及地面障碍物后,方可进行脚手架拆除工作。

2.拆除作业必须由上而下逐层进行,后搭先拆,先搭后拆,严禁上下同时作业。

3.拆除顺序依次为先拆栏杆,脚手板,剪刀撑,而后拆横向水平杆,纵向水平杆,最后拆立杆。拆除中英严格按照一步一清的原则一次进行。

4.纵向水平杆及剪刀撑先拆中间扣件,后拆两端扣件。

5.当脚手架拆至下部最后一根长立杆的高度(约6.5m)时,应先在适当位置搭设临时抛撑加固后再拆除其他杆件。

6.拆除脚手架时应统一指挥,上下呼应动作协调。拆除前应对电线,机具等采取隔离措施。拆下的材料应用滑轮,绳索等机具下运,禁止往下抛掷任何材料。拆除的各种材料应运送到指定的地方,分类存放,堆马整齐,集中回收。当天拆除的各种材料应当天清理干净。

7.拆除过程应连续进行,如确需中断,则应将拆除部分清理干净,并检查剩余部分是否稳定,确认安全后方可停歇。

8.在拆除过程中,不准许中途换人,防止盲目乱拆,心中无数。

第三节 砂浆的制备

一、砌筑砂浆

(一)砂浆的分类组成材料

建筑砂浆按用途不同,可分为砌筑砂浆、抹面砂浆。按所用胶结材不同,可分为水泥砂浆、石灰砂浆、水泥石灰混合砂浆等。

（二）建筑砂浆的组成材料

建筑砂浆的组成材料主要有：胶结材料、砂、掺加料、水和外加剂等。

（三）砂浆的技术性质

1. 砂浆的和易性：砂浆的和易性包括流动性和保水性。

砂浆的流动性也叫稠度，是指在自重或外力作用下流动的性能，用砂浆稠度测定仪测定，以沉入度（mm）表示。沉入度越大，流动性越好。砂浆的保水性是指新拌纱浆保持其内部水分不泌出流失的能力。

保水性不良的砂浆在存放、运输和施工过程中容易产生离析泌水现象。砂浆保水性用砂浆分层度测量仪来测量，以分层度（mm）表示，分层度大的砂浆保水性差，不利于施工。

2. 砂浆强度等级：是以边长为 7.07cm 的立方体试块，按标准条件 [在（20±3）℃温度和相对湿度为 60%~80% 的条件下或相对湿度为 90% 以上的条件下] 养护至 28d 的抗压强度值确定。

3. 黏结力：主要是指砂浆与基体的黏结强度的大小。砂浆的黏结力是影响砌体抗剪强度、耐久性和稳定性，乃至建筑物抗震能力和抗裂性的基本因素之一。通常，砂浆的抗压强度越高黏结力越大。

4. 收缩性能：指砂浆因物理化学作用而产生的体积缩小现象。其表现形式为由于水分散失和湿度下降而引起的干缩、由于内部热量的散失和温度下降而引起的冷缩、由于水泥水化而引起的减缩和由于砂颗粒沉降而引起的沉缩。

5. 耐久性。

（四）砌筑砂浆及配合比设计

砌筑砂浆是将砖、石、砌块等黏结成为砌体的砂浆。砌筑砂浆主要起黏结、传递应力的作用，是砌体的重要组成部分。砌体砂浆可根据工程类别及砌体部位的设计要求，确定砂浆的强度等级，然后选定其配合比。一般情况下可以查阅有关手册和资料来选择配合比，但如果工程量较大、砌体部位较为重要或掺入外加剂等非常规材料时，为保证质量和降低造价，应进行配合比设计。经过计算、试配、调整，从而确定施工用的配合比。

1. 砌筑砂浆的技术条件

将砖、石及砌块黏结成为砌体的砂浆称为砌筑砂浆。它起着黏结砖、石及砌块构成砌体，传递荷载，并使应力的分布较为均匀，协调变形的作用。按国家行业标准 JGJ98—2000《砌筑砂浆配合比设计规程》规定，砌筑砂浆需符合以下技术条件：

（1）砌筑砂浆的强度等级宜采用 M20，M15，M10，M7.5，M5，M2.5。

（2）水泥砂浆拌和物的密度不宜小于 1900kg/m³；水泥混合砂浆拌和物的密度不宜小于 1800kg/m³。

（3）砌筑砂浆稠度、分层度、试配抗压强度必须同时符合要求。砌筑砂浆的稠度应按规定选用。砌筑砂浆的分层度不得大于30mm。

（4）水泥砂浆中水泥用量不应小于200kg/m³；水泥混合砂浆中水泥和拌加料总量宜为300~350kg/m³。

（5）具有冻融循环次数要求的砌筑砂浆，经冻融试验后，质量损失率不得大于5%，抗压强度损失率不得大于25%。

2. 砌筑砂浆配合比设计步骤

（1）计算砂浆试配强度 $f_{m,0}$（MPa）；

$$f_{m,0} = f_2 + 0.645\sigma$$

式中：$f_{m,0}$——砂浆的试配强度，精确到0.1MPa；

f_2——砂浆抗压强度平均值，精确至0.1MPa；

σ——砂浆现场强度标准差，精确至0.01MPa

（2）计算出每立方米砂浆中的水泥用量 Q_c（kg）；

$$Q_c = 1000(f_{m,0} - \beta)/\alpha f_{ce}$$

（3）按水泥用量 Q_c 计算每立方米砂浆掺加料用量 Q_d（kg）；

$$Q_D = Q_A - Q_C$$

（4）确定每立方米砂浆砂用量 Q_S（kg）；

$$Q_S = \rho_0 \times V_S$$

（5）按砂浆稠度选用每立方米砂浆用水量 Q_W（kg）；

（6）进行砂浆试配；

（7）配合比确定。

二、抹面砂浆

（一）抹面砂浆的定义及其特点

抹面砂浆是指涂抹在基底材料的表面，兼有保护基层和增加美观作用的砂浆。与砌筑砂浆相比，抹面砂浆具有以下特点：

1. 抹面层不承受荷载；

2. 抹面层与基底层要有足够的黏结强度，使其在施工中或长期自重和环境作用下不脱落、不开裂；

3. 抹面层多为薄层，并分层涂抹，面层要求平整、光洁、细致、美观；

4. 多用于干燥环境，大面积暴露在空气中。

（二）抹面砂浆的分类、性能及应用

根据其功能不同，抹面砂浆一般可分为普通抹面砂浆和特殊用途砂浆（具有防水、耐酸、绝热、吸声及装饰等用途的砂浆）。

常用的普通抹面砂浆有水泥砂浆、石灰砂浆、水泥石灰混合砂浆、麻刀石灰砂浆（简称麻刀灰）、纸筋石灰砂浆（纸筋灰）等。

抹面砂浆应用与基面牢固地粘合，因此要求砂浆应有良好的和易性及较高的黏结力。抹面砂浆常分两层或三层进行施工。底层砂浆的作用是使砂浆与基层能牢固地黏结，应有良好的保水性。中层主要是为了找平，有时可省去不做。面层主要为了获得平整、光洁地表面效果。

各层抹会面的作用和要求不同，每层所选用的砂浆也不一样。同时，基底材料的特性和工程部位不同，对砂浆技术性能要求不同，这也是选择砂浆种类的主要依据。水泥砂浆宜用于潮湿或强度要求较高的部位；混合砂浆多用于室内底层或中层或面层抹灰；石灰砂浆、麻刀灰、纸筋灰多用于室内中层或面层抹灰。对混凝土基面多用水泥石灰混合砂浆。对于木板条基底及面层，多用纤维材料增加其抗拉强度，以防止开裂。

第四节　砌体施工

一、施工准备

（一）材料

1. 砖：防火隔墙和防火墙采用强度等级不低于 A5.0 蒸压加气混凝土砌块，砌筑砂浆采用强度等级不低于 Ma5.0；厕所、盥洗间、消防泵房、废水泵房、电缆引入室、电缆井道、污水泵房、强弱电房的墙体、墙壁挂重物的房间墙体及公共区的隔墙采用强度等级不低于 MU15 蒸压灰砂砖，墙体砌筑砂浆采用强度等级不低于 M10。

2. 混凝土：圈、过梁、构造柱、地梁采用 C25 商品混凝土。

3. 钢筋：圈、过梁、构造柱、拉结筋采用 HPB300 级、HRB400 级钢筋。

（二）作业条件：

1. 地梁浇筑和格构柱钢筋已经施工完毕；

2. 砌体砌筑前应调配砂浆，蒸压灰砂砖砌体砂浆的黏稠度 50~70mm，蒸压加气混凝土砌块砌体砂浆的黏稠度 60~80mm；

3. 蒸压灰砂砖在砌筑前 1~2 天应浇水湿润，湿润后蒸压灰砂砖含水率宜为 40%~50%。严禁采用干砖或处于吸水饱和状态的砖砌筑；

4. 蒸压加气混凝土砌块在砌筑当天对砌块砌筑面喷水湿润，蒸压加气混凝土砌块的相对含水率 40%~50%；

5. 砌体施工应弹好建筑物的主要轴线及砌体的砌筑控制边线，经技术部门进行技术复线，检查合格，方可施工；

6. 砌体施工：应设置皮数杆，并根据设计要求，砖块规格和灰缝厚度在皮数杆上标明皮数及竖向构造的变化部位；

7. 根据皮数杆最下面一层砖的标高，可用拉线或水准仪进行抄平检查，如砌筑第一皮砖的水平灰缝厚度超过 20mm 时，应先用细石混凝土找平，严禁在砌筑砂浆中掺填砖碎或用砂浆找平，更不允许采用两侧砌砖、中间填心找平的方法。

二、工艺流程

弹线→找平→立皮数杆→排砖→盘角→挂线→砌筑及放预埋件→勾缝。

三、操作工艺

（一）拌制砂浆

1. 根据图纸要求购买专用干粉砂浆，人工加水拌和。
2. 砂浆应随拌随用，水泥砂浆和水泥混合砂浆必须分别在拌成后 3h 和 4h 内使用完毕。

（二）组砌方法

1. 砖墙厚度在一砖或一砖以上，可采用一顺一丁、梅花丁或三顺一丁的砌法。砖墙厚度 3/4 砖时，采用两平一侧的砌法。砖墙厚度 1/2 砖或 1/4 砖时，采用全顺砌法。

2. 砖墙（砖砌体）砌筑应上下错缝，内外搭砌，灰缝平直，砂浆饱满，水平灰缝厚度和竖向灰缝宽度一般为 10mm，但不应小于 8mm，也不应大于 12mm。

3. 砖墙的转角处和交接处应同时砌筑，对不能同时砌筑而又必须留置的临时间断处应砌成斜槎，实心砖墙的斜槎长度不应小于高度的 2/3。如临时间断处留斜槎确有困难时，除转角处外，也可留直槎，但必须做成阳槎，并加设拉结筋，拉结筋的数量按每 12cm 墙厚放置一条直径 6mm 的钢筋，间距沿墙高不得超过 50cm，埋入长度为墙体通长，末端应有 90° 弯钩。

注：抗震设防地区建筑物的临时间断处不得留直槎。

4. 隔墙和填充墙的顶面与上部结构接触处宜用侧砖或立砖斜砌挤紧。

（三）基础地梁

基础墙砌筑前，基层表面应清扫干净，洒水湿润。立模板浇筑 C25 素砼，混凝土面要高出装修面 100mm。

（四）砖墙砌筑

1. 选砖：砌清水墙应选择棱角整齐、无弯曲裂纹、颜色均匀、规格基本一致的砖。对于那些焙烧过火变色，轻微变形及棱角碰损不大的砖，则应用于不影响外观的内墙或浑水墙上。

2. 盘角：砌墙前应先盘角，每次盘角砌筑的砖墙角度不要超过五皮，并应及时进行吊靠，如发现偏差及时修整。盘角时要仔细对照皮数杆的砖层和标高，控制好灰缝大小使水平灰缝均匀一致。每次盘角砌筑后应检查，平整和垂直完全符合要求后才可以挂线砌墙。

3. 挂线：砌筑一砖厚及以下者，采用单面挂线；砌筑一砖半厚及以上者，必须双面挂线。如果长墙几个人同时砌筑共用一条通线，中间应设几个支线点；小线要拉紧平直，每皮砖都要拉线看平，使水平缝均匀一致，平直通顺。

4. 砌砖：砌砖宜采用挤浆法，或者采用三一砌砖法。原形一砌砖法的操作要领是一铲灰、一块砖、一挤揉，并随手将挤出的砂浆刮去。操作时砖块要放平、跟线，经常进行自检，如发现有偏差，应随时纠正，严禁事后采用撞砖纠正。砌混水墙应随砌随将溢出砖墙面的灰迹块刮除。

5. 构造柱做法：凡设有钢筋混凝土构造柱的混合结构，在预放墙身轴线及边线时同时按设计图纸施放好柱的平面尺寸，到砌筑时把构造柱的竖钢筋处理顺直，砖墙与构造柱联结处砌成马牙槎；每一马槎沿高度方向的尺寸不宜超过300mm。砖墙与构造柱之间应沿墙高每500mm设置2Φ6水平拉接钢筋联结。

6. 过梁：钢筋砖过梁：砌筑时所配置的钢筋数量、直径应按设计图纸规定，每端伸入支座的长度不得少于240mm，端部并有90°弯钩埋入墙的竖缝内。

（五）砌块墙的砌筑

1. 砌筑：砌块墙体的砌筑，应从外墙的四角和内外墙的交接处砌起，然后通线全墙面铺开。砌筑时应采用满铺满座的砌法，满铺砂浆层每边宜缩进砖边10～15mm（避免砌块坐压砂浆流溢出墙面），用摩擦式夹具吊砌块依照立面排列图就位。待砌块就位平衡并松开夹具后好用垂球或托线板调整其垂直度，用拉线的方法检查其水平度。校正时可用人力轻微推动或用撬杠轻轻撬动砌块。重量在150kg以下的砌块可用木槌敲击偏高处，切锯砌块（采用专用工具）补缺工作与安装坐砌紧密配合进行。竖向灰缝可用上浆法或加浆法填塞饱满，随后即通线砌筑墙体的中间部分。

2. 砌块与实心墙柱相接：砌块与实心墙柱相接位置，应按设计图纸规定处理。如设计没规定时，可预留2Φ6钢筋作拉结筋，拉结筋沿墙高的间距为500mm，两端伸入墙（柱）内各不少于15d。铺浆时将钢筋理直铺平。

3. 砌块墙的加固措施：墙体的加固措施，应按设计图说明进行处理，若设计无明确规定时，当墙体高度大于4m时，宜在墙体半高处设置与柱连接且沿墙全长贯通的现浇钢筋混凝土水平系梁，梁截面高度不小于60mm。构造柱和圈梁应在砌墙后才进行浇注，以加强墙体的整体稳定性。

4. 门窗过梁的构造：填充墙门窗洞口（洞宽≥300mm时）顶部应设置钢筋混凝土过梁；洞宽<300mm时，在洞顶设3Φ8钢筋，钢筋长度为800mm。

当洞口上方有梁通过，且该梁底与门窗洞顶的距离过近、放不下过梁时，可直接在梁下挂板。

当过梁遇柱其搁置长度不满足要求时，柱应预留过梁钢筋。

5. 门窗构造要求：当设备洞口宽度大于0.5m时，洞边应设抱框；当门窗洞口宽度大于等于2.1m时，洞边应设构造柱。

外墙窗洞下部做法图纸未明确时，可设水平现浇带，截面尺寸为墙厚*60mm，纵筋2根2级12的螺纹钢，横向钢筋直径6的圆钢间距300mm，纵筋应锚入两侧构造柱或与抱框可靠拉结。

6. 砌块墙顶支承预制构件的处理：砌块墙顶需承托预制构件梁、檩条、楼板等时，其上砌筑的灰砂砖墙皮数高度除按设计规定外，顶上的一皮砖应用丁砖砌筑。

7. 当填充墙墙肢长度小于240mm无法砌筑时，可采用C20混凝土浇筑。

四、施工注意事项

1. 砌体施工质量控制按照《砌体结构工程施工质量验收规范》（GB50203—2011）等级要求为B级。

2. 设备管道安装完毕后按照《建筑防火封堵应用技术规程》CECS154：2003对防火墙上的孔洞空隙进行封堵。

3. 施工时如遇到需要增设非标准断面构造柱的特殊情况，请及时与设计院联系。

4. 大型设备运输通道内的墙体可先预留构造柱插筋，待设备就位后施工。构造柱遇设备孔洞时截断，孔洞上下的构造柱纵筋锚入抱框。

5. 小系统通风机房、厕所、消防泵房、污水泵房、废水泵房等有水房间，楼面做2mm厚单组份聚氨酯防水涂膜，室内洞口周围做C25混凝土防水挡台，高出建筑面层200mm；消防泵房应设排水沟，有水房间应从门口向地沟或地漏方向找不小于0.5%的坡，地面应比门口底20mm。

6. 厕所墙面做15mm厚聚合物水泥基复合防水涂料防水层。

7. 与变电所、配电室、通信和信号机房等重要设备用房紧邻的污水、废水泵房、消防泵房和卫生间等潮湿房间的内墙均两面分层抹10mm厚聚合物水泥砂浆，确保其防水性能后，再按装修施工下一道工序。

8. 建筑图纸及沟槽管洞表仅包含结构板及3m以下的隔墙孔洞。隔墙孔洞应按综合管线图、环控、给排水、动照等专业施工图预留孔洞尺寸进行施工。各专业施工图如与建筑图有出入，请及时提出协调。施工中各专业应密切配合，沟槽管洞做好预留不得后凿。3m以上的隔墙待管线敷设完毕后再砌筑并按要求封堵密实。凡涉及大型设备的开孔或安装处，施工单位应待设备厂家确定后，与实际设备尺寸核实后方可施工。

9. 所有涉及水沟穿墙处均预留直径150mm镀锌钢管，遇防火墙不能穿，采用反坡处理，注意排水沟挡水槛需与中板同期浇筑。排水沟如遇孔洞，需注意孔洞与排水沟之间做挡水槛进行隔绝。

五、质量标准

（一）主控项目

1. 蒸压灰砂砖和蒸压加气混凝土砌体的强度等级必须符合设计要求。
2. 施工中砌筑的砂浆必须采用 Ma5.0 和 M10。

（二）砖砌体工程一般项目

1. 砖砌体组砌方法应正确，内外搭砌，上、下错缝。清水墙、窗间墙无通缝；混水墙中不得有长度大于300mm的通缝，长度200mm~300mm的通缝每间不超过3处，且不得位于同一面墙体上。砖柱不得采用包心砌法。

2. 砖砌体的灰缝应横平竖直，厚薄均匀。水平灰缝厚度及竖向灰缝宽度宜为10mm，但不应小于8mm，也不应大于12mm。

3. 砖砌体尺寸、位置的允许偏差及检验应符合下表的规定。

表3-4-1 砖砌体尺寸、位置的允许偏差及检验

序号	项目			允许偏差(mm)	检验方法	抽检数量
1	轴线位移			10	用经纬仪和尺或用其他测量仪器检查	承重墙、柱全数检查
2	基础、墙、柱顶面标高			±15	用水准仪和尺检查	不应小于5处
3	墙面垂直度	每层		5	用2m托线板检查	不应小于5处
		全高	10m	10	用经纬仪、吊线和尺或其他测量仪器检查	外墙全部阳角
			10m	20		
4	表面平整度	清水墙、柱		5	用2m靠尺和楔形塞尺检查	不应小于5处
		混水墙、柱		8		
5	水平灰缝平直度	清水墙		7	拉5m线和尺检查	不应小于5处
		混水墙		10		
6	门窗洞口高、宽（后塞口）			±10	用尺检查	不应小于5处
7	外墙下下窗口偏移			20	以底层窗口为准，用经纬仪或吊线检查	不应小于5处
8	清水墙游丁走缝			20	以每层第一皮砖为准，用吊线和尺检查	不应小于5处

（三）混凝土砌体工程一般项目

1. 填充墙砌体尺寸、位置的允许偏差及检验方法应符合下表 3-4-2 的规定。

表 3-4-2 填充墙砌体尺寸、位置的允许偏差及检验方法

序号	项目		允许偏差（mm）	检验方法
1	轴线位移		10	用尺检查
2	垂直度（每层）	≤ 3m	5	用 2m 托线板或吊线、尺检查
		> 3m	10	
3	表面平整度		8	用 2m 靠尺和楔形尺检查
4	门窗洞口高、宽（后塞口）		±10	用尺检查
5	外墙上、下窗口偏移		20	用经纬仪或吊线检查

2. 填充墙砌体的砂浆饱满度及检验方法应符合下表 3-4-3 的规定。

表 3-4-3 填充墙砌体的砂浆饱满度及检验方法

砌体分类	灰缝	饱满度及要求	检验方法
空心砖砌体	水平	≥ 80%	采用百格网检查块体底面或侧面砂浆的黏结痕迹面积
	垂直	填满砂浆、不得有透明缝、瞎缝、假缝	
蒸压加气混凝土砌块、轻骨料混凝土小型空心砌块砌体	水平	≥ 80%	
	垂直	≥ 80%	

3. 填充墙留置的拉结钢筋或网片的位置应与块体皮数相符合。拉结钢筋或网片应置于灰缝中，埋置长度应符合设计要求，竖向位置偏差不应超过一皮高度。

4. 砌筑填充墙时应错缝搭砌，蒸压加气混凝土砌块搭砌长度不应小于砌块长度的 1/3；轻骨料混凝土小型空心砌块搭砌长度不应小于 90mm；竖向通缝不应大于 2 皮。

5. 填充墙的水平灰缝厚度和竖向灰缝宽度应正确。蒸压加气混凝土砌块砌体当采用水泥砂浆、水泥混合砂浆或蒸压加气混凝土砌块砌筑砂浆时，水平灰缝厚度及竖向灰缝宽度不应超过 15mm。

六、施工注意事项

避免工程质量通病。

1. 砖墙砌筑

（1）墙身轴线位移。造成原因：在砌筑操作过程中，没有检查校核砌体的轴线与边线的关系，以及挂准线过长而未能达到平直通光一致的要求。

（2）水平灰缝厚薄不均。造成原因：在立皮数杆（或框架柱上画水平线）标高不一致，砌砖盘角的时候每道灰缝控制不均匀，砌砖准线没拉紧。

（3）同一砖层的标高差一皮砖的厚度。造成原因：砌筑前由于基础顶面或楼板面标

高偏差过大而没有找平理顺，皮数杆不能与砖层吻合；在砌筑时，没有按皮数杆控制砖的层数。

（4）浑水墙面粗糙。造成原因：砌筑时半头砖集中使用造成通缝，一砖厚墙背面平直度偏差较大；溢出墙面的灰渍（舌头灰）未刮平顺。

（5）构造柱未按规范砌筑。造成原因：构造柱两侧砖墙没砌成马牙槎，没设置好拉结筋及从柱脚开始先退后进；当齿深120mm时上口一皮没按进60mm后再上一皮才进120mm；落入构造柱内的地灰、砖渣杂物没清理干净。

（6）墙体顶部与梁、板底连接处出现裂缝。造成原因：砌筑时墙体顶部与梁板底连接处没有用侧砖或立砖斜砌（60°）顶贴挤紧。

2. 砌块墙砌筑

（1）墙体强度降低出现裂纹。造成原因：砌筑时将已断裂或零星碎砌块夹杂混砌在墙中或镶砖组砌不合理。

（2）砂浆黏结不牢。造成原因：砌筑砂浆拌制不合理，或砌块过于干燥，砌筑前没有洒水湿润。

（3）灰缝厚度、宽度不均。造成原因：砌筑时没挂准线或挂线过长而没收紧，造成水平灰缝厚度不均。砌前没进行排砖试摆，或试摆后在砌筑过程没有经常检查上下皮砖层错缝一致，导致竖向灰缝宽度相差较大。

（4）门窗洞口构造不合理。造成原因：过梁两端压接部位没按规定砌放混凝土切割小块；门洞顶没加设钢筋混凝土过梁。

（5）砌体不稳定。造成原因：砌筑时排块及局部做法没按规定排列，构造不合理。拉结钢筋规格、长度没按设计规定位置埋设，墙顶与天花及梁、板底连接不好。

七、成品保护

（一）砖墙砌筑

1. 墙体的拉结钢筋、抗震构造柱钢筋（框架结构柱预留锚固筋）。大模板混凝土墙体与砌砖墙体交接处拉结钢筋及各种预埋件、各种预埋管线等，均应注意保护，严禁任意拆改或损坏。

2. 砂浆稠度应适宜，砌砖操作时应防止砂浆流淌弄脏墙面。

3. 在吊放操作平台脚手架或安装模板时，应防止碰撞已砌结完成后墙体。

4. 砖过梁底部的模板，应在灰缝砂浆强度达到设计规定50%以上时，方可拆除。

5. 砖筒拱在养护期内应防止冲击和振动；砖筒拱模板应在保证横向推力不产生有害影响的条件下，方可拆除。

6. 预留有脚手眼的墙面，应用与原墙相同规格和色泽的砖嵌砌严密，不留痕迹。

7. 在垂直运输上落井架进料口周围，应用塑料编织布或木板等遮盖，保持墙面洁净。

（二）砌块墙的砌筑

1. 砌块在装运过程中，应轻装轻放，计算好各房间及各层间数量按规格分别堆放整齐。

2. 搭拆脚手架时应防止碰坏已砌筑完成的墙体和门窗洞口棱角。

3. 墙体砌筑完成后，如需增加留孔洞或槽坑时，开凿后墙体有松动或砌块不完整时，必须立即进行处理补强。

4. 落地砂浆及碎块应及时清除，保持施工场地清净，以免影响下道工序施工。

5. 门框安装后应将门口框两侧从地（楼）面起300~600mm高度范围钉临时铁皮保护，防止推车子时撞损。

第五节　冬期施工和雨期施工措施

一、冬期施工措施

1. 砌体工程冬季施工除遵守《砌体工程施工质量验收规范》（GB30203—2002）中第10节内容外，尚应符合国家现行标准《建筑工程冬季施工规程》（JGJ104）的规定。

2. 砌筑用砖、砌块在砌筑前，应清除表面污物、冰雪等，不得使用水浸和受冻后的砖和砌块。

3. 砂浆宜优先采用普通硅酸盐水泥拌制。

4. 灰石膏宜保温防冻，当冻结时，应经融化后方可使用。

5. 拌制砂浆所用的砂，不得含有直径大于1cm的冻结块或水块。

6. 砌体用砖和其他材料不得遭水浸冻。

7. 拌和砂浆时，水的温度不得超过80℃，砂浆的温度不得超过40℃，砂浆稠度宜较常温适当增大。

8. 冬期施工中，应及时砌筑表面进行保护覆盖，砌筑表面不得留有砂浆；在继续砌筑前，应扫净砌筑表面。

9. 砌筑工程的冬期施工，应优先选用外加剂法，对绝缘、装饰等有特殊要求的工程，可采用其他方法。

10. 在气温低于0度条件下砌筑时，可不浇水，但必须增大砂浆稠度。

11. 砂浆试块的留置，除应按常温规定要求外，尚应增设不少于两组与砌体同条件养护的试块，分别用于检验与冬期强度和转入常温28d的砂浆强度。

二、雨期施工措施

1. 砖在雨期必须集中堆放，不宜浇水。砌墙时要求干湿砖块合理搭配。砖湿度较大时不可上墙，砌筑高度应≤ 1m。

2. 雨期遇大雨必须停工。砌砖收工时应在砖端顶盖一层干砖，避免大雨冲刷灰浆。

3. 稳定性较差的窗间墙、独立砖柱，应加设临时支撑或及时浇筑圈梁。

4. 砌体施工时，内外墙要尽量同时砌筑，并注意转角及丁字墙间的连接要同时跟上。遇台风时，应在与风向相反的方向加临时支撑，以保护墙体的稳定。

第四章　钢筋混凝土结构工程施工

钢筋混凝土工程在土木工程发展领域得到了更广泛的应用。普通钢筋混凝土、预应力钢筋混凝土、钢和混凝土的组合结构在应用进一步拓展了混凝土的使用范围。根据美国混凝土学会预言，混凝土的性能将获得显著提高，把混凝土的拉、压强度从原来的1/10提高1/2，并且具有早强、收缩性变小的特性；未来将会建造高度600米~900米的钢筋混凝土建筑，跨度达到500~600米的钢筋混凝土桥梁，以及钢筋混凝土海上浮动城市，海底城市、地下城市等。

第一节　模板施工

模板工序是使混凝土按设计形状成形的关键工序，拆模后混凝土构件必须达到表面平整、线角顺直、不漏浆、不跑模（爆模）、不烂根、梁类构件不下挠。一段标准工程施工工艺流程如下图：

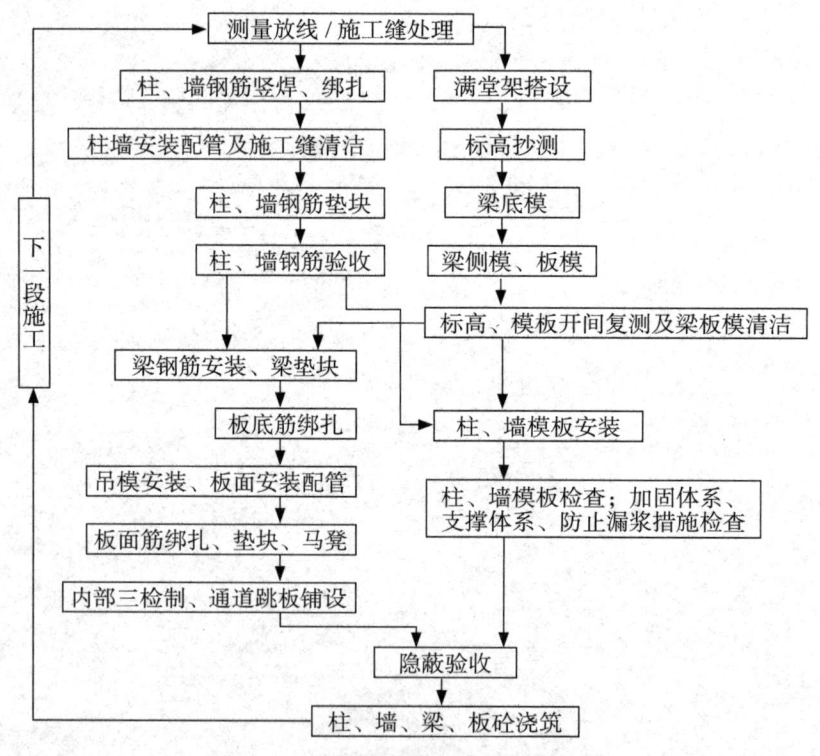

图 4-1-1　模板标准工程施工工艺流程

一、模板工程技术要求

模板材料选材要结实、坚固，能承受施工过程中产生的荷载，模板的设计要经过计算和验算，符合要求后方能使用于工程当中。

（一）模板安装施工技术要求

1. 为了保证结构尺寸、位置的正确性，支模前要放好模板线及检查线，梁、柱模板安装完后，要检查梁、柱位置、尺寸；模板支撑牢固、稳定、无松动、跑模、超标准的变形下沉等现象。对超重、大体积混凝土施工时模板支撑刚度进行施工计算。

2. 模板拼缝平整严密，并采取措施填缝，保证不漏浆，浇注砼前，用高压风管清理模板内木屑等杂物，要保证模板内干净。模板安装后及时报验及混凝土浇筑施工。

3. 模板安装前，经过正确放样，检查无误后立模安装。

4. 中、顶板，中、顶梁结构支立支架后铺设模板，并考虑预留沉降量。当跨度大于4m时，模板预留拱度，起拱高度为跨度的3‰以确保净空和限界要求。侧墙模板采用大模板，模板拼缝间贴密封胶条，防止漏浆。

5. 模板与混凝土的接触面应清理干净并涂刷界面剂，但不得采用影响结构性能或妨碍装饰工程施工的界面剂。

6. 结构变形缝处的端头安装填缝板，填缝板与中埋式止水带中心线和变形缝中心线重合并用固定牢固。

7. 固定在模板上的预埋件、预留孔和预留洞均不得遗漏，且应安装牢固，尺寸正确。详见"模板安装、预埋件、预留孔允许偏差表"。

表 4-1-1 模板安装、预埋件、预留孔允许偏差表

序号	项目		允许偏差（mm）	检验方法
1	轴线位置	柱、墙、梁	3	用尺量
2	相邻两板表面高低差		2	用尺量
3	截面模内尺寸	基础	±5	用尺量
		柱、墙、梁	±3	
4	层高垂直度	层高不大于5m	3	吊线、尺量
		大于5m	5	
5	表面平整度		2	靠尺
6	阴阳角	方正	2	方尺、塞尺
		顺直	2	线尺
7	预埋铁件中线位移		2	拉线、尺量
8	预留孔洞	中心线位移	2	拉线、尺量
		尺寸	+5,-0	

续表

序号	项目		允许偏差（mm）	检验方法
9	顶埋曹、螺栓	中心线位移	?	拉线、尺量
		螺栓外露长度	+5.-0	
10	洞口	中心线位移	3	拉线、尺量
		宽、高	±5	
		对角线	6	
11	底模上表面标高		±3	水准仪

（二）模板的配制

模板的配置应考虑和流水段的划分相结合起来，大模板工程施工的周期性很强，因此必须组织流水作业，实行有节奏的均衡施工，以便提高效率，加快进度。流水段的划分按以下原则考虑：

尽量使各流水段的工程量大致相等，模板的型号、数量基本一致，劳动力配备相对稳定，以利于组织均衡施工。

要使各流水段的吊装次数大致相等，以便充分发挥垂直起重设备的能力。

做到每天完成一个流水段的支、拆模工序，即一套模板每天都能重复使用，使大模板得到充分利用。

大模板时要经监理单位和建设单位共同验收合格后方可进场，进场必须安排好堆放场地，由于大模板体形大，比较重，故应堆放在塔式起重机工作半径范围之内，以便于拼装后直接吊运。在拟建工程的附近，留出一定面积的堆放区。

模板堆放场地要求坚实平整，不得积水。

非周转性模板在施工过程中堆放于使用部位附近。

堆放时采用两块模板板面相对方式，也可采取临时拉结措施，以防模板倾倒。进场组拼好的模板用垫木垫高，两块模板之间留出便于清理和进行隔离剂涂刷等作业的通道。

组拼好的模板面板需进行除锈处理，并做好记录。

经检查验收合格的模板，在醒目位置进行编号，编号应标出轴线位置和方位以及周转使用的部位，避免安装时混乱。

二、施工过程的控制与管理

要求施工单位填报专业的施工方案，经监理办审批后方可执行。

在施工过程中对与现场作业和验收严格按下述要求进行：

1. 要求剪力墙模板安装前先进行中心线和位置线的放线，模板放线时，根据施工图用墨线弹出模板的内边线和中心线，墙模板要弹出模板的边线和距边线300mm的外侧控制线，以便于模板的安装和校正，报监理检查与验收。

2. 做好标高量测工作，是否用水准仪把标高控制线引测至模板安装位置。模板承垫底部应预先找平，以保证模板位置正确，防止模板底部漏浆。找平时沿模板边线用1：3砂浆抹找平层。

3.模板的定位采用设置定位钢筋的施工方法，在筏板混凝土浇筑时墙体位置预留用于支模的短筋，支模前根据墙体尺寸在短筋上焊较墙厚小2mm的固定筋（外墙不得采用焊定位筋的施工方法，用止水对拉螺杆进行定位）。其上用对拉螺杆进行定位。其中外墙对拉螺栓要加焊止水片和限位片，限位片外穿直径为50mm的倒斜口塑料垫，该塑料垫在混凝土浇筑完后取出，用无齿锯割去露出墙外的对拉螺杆，用水泥砂浆补平。内墙对拉螺栓采用内径18mm的塑料套筒，套筒长度应较墙厚小2mm，便于模板加固，内墙螺栓可重复利用。

4.模板支设完成，采用调整斜杆支撑和对拉螺栓的方法进行模板校正，模板上口拉线检查，垂直度用吊垂线检查。

轴线位置偏差不大于5mm；

截面内部尺寸：最大偏差+4mm、-5mm；

层高垂直度小偏差不大于6mm；

相邻两板表面高低差不大于2mm；

表面平整度用2m靠尺检查偏差不大于5mm。

5.墙体模板的拆除应能保证混凝土表面及棱角不受损坏时方可拆除。拆模时混凝土强度需大于$1N/mm^2$，拆模顺序为先支后拆，自上向下进行，拆模时，操作人员应站在安全处，经免发生安全事故，待该段模板全部拆除后，方准将模板吊出至指定地点存放。

6.检查梁模板施工时，当梁跨度大于及等于4m时，是否按规范要求在跨中梁底处按要求起拱，起拱高度为梁跨度的千分之一，主次梁交接时，先主梁起拱，后次梁起拱。

7.梁模板支模应遵守边模包底模的原则，梁模与柱模连接处，下料尺寸略为缩短2~3mm。

8.梁板模板铺完、模板支设完毕后验收，检查模板加固是否牢靠，模板位置是否正确，模板标高用水准仪复核，模板平整度用2m靠尺检查是否符合要求，模板表面必须清扫干净，清扫工作可用空气压缩机将模板内杂物吹出，经检查验收合格后方可进行下道工序施工。

9.楼板模板及梁模板特别注意检查各支撑是否落于底板或楼板混凝土上，所有支撑立杆均应立于坚实面上，在混凝土面层上应加设垫木。防止因支撑未支于坚实面上，导致浇筑混凝土时楼板或梁下沉。

三、模板拆除的控制

1.拆模时间和混凝土要求达到的强度。模板的拆除时间，应根据结构类型、特点、气温变化等情况以及混凝土所达到的强度等级来确定。在工期要求较紧的情况下，应防止过早拆模所造成的结构裂缝、断裂或倒塌；因此，拆模必须达到砼所要求的规定强度。详见承重模板拆除所需砼的强度表。砼强度按同条件养护之拆模试块试压后确定。每一楼层梁板混凝土均应制作同条件养护试块两组。同条件养护试块一般取 7 天和 14 天的抗压强度。

表 4-1-2 承重模板拆除所需砼强度表

结构类别	结构跨度	砼拆模按设计强度的 % 计
板	L < 2m	50
板	2m ≤ L < 8m	75
板	L ≥ 8m	100
梁	L < 8m	75
梁	L ≥ 8m	100
悬臂结构	L ≥ 2m	100

2. 拆模程序一定是后支先拆，先拆除非承重部分模板，再拆除承重部分模板。

3. 拆模时不要用力过猛过急，拆下的木料、钢模及架管、扣件等要及时运走，清理干净。

4. 拆除梁下支撑时应先从跨中开始，分别拆向两端。

5. 易保护，特别是圆柱定型模板，应及时清理干净（特别注意企口部位的清理），涂刷脱模剂，按规格分类堆放整齐。

四、质量保证措施

1. 剪力墙混凝土浇筑高度超过楼板底口高度 30mm，安装楼板模板前弹出楼板底口线，用无齿锯切齐，将此高度的墙体顶部处软弱层混凝土剔除，施工缝交接处混凝土必须将浮浆清理干净，表面凿毛露出石子并用水冲洗干净。

2. 为了防止外墙浇混凝土时外模漏浆挂墙，在安装外墙大模板前，外墙大模板连接一根木栓压住橡胶板。

3. 为了防止柱脚、墙脚烂根，在浇筑混凝土前，模板下口的楼板距离墙体钢筋 300mm 范围用长刮尺刮平、铁抹子压光，沿模板边线贴 12mm 宽自粘海棉条。

4. 竹胶合板模板安装时相邻两块竹胶合板之间必须硬拼拼缝挤紧，为了防止两块模板拼缝不严，模板再次安装前必须进行修整，切去花边和起毛的边部。

5. 大模板与阳角模的连接必须将所有螺栓孔用螺栓连接好，阴角模与大模板的连接用拉钩拉牢，上、中、下三道拉钩必须全部设置，不得漏设。竹胶合板模板拼接时两块模板拼装在同一块木档上或增加木档。

6. 所有木枋全部要用压刨压平，使木枋平直，厚度一致，防止因木枋不直或厚薄不一造成模板不平。

7. 分区分段模板工程施工必须严格实行"三检制"，在班组自检的基础上由项目施工员组织班组长、班组兼职质检员及项目专职质检员进行检查验收，验收合格向业主及现场监理申报预检验收。

8. 施工缝处的清理作为一道预检工序，组织专项预检。

五、成品保护措施

1. 模板工程要与钢筋工程及专业预埋工程配合,专业预埋在剪力墙上的留洞必须在合模前完成;梁板上的留洞需在竹胶合板模板上开洞的必须在钢筋绑扎前完成并将竹屑清理干净,部分梁由于钢筋体量较大,需先支设梁底模板,在梁底模上绑扎钢筋,再安装梁侧模板,工种之间需密切配合。

2. 楼层混凝土浇筑时泵管的竖向部署按混凝土施工方案中布置。墙柱混凝土采用布料杆布料。布料杆支垫在混凝土楼板上时加设垫木,不得直接支于楼板上。

3. 混凝土浇筑完成后,对窗洞、门洞及墙洞等所墙体竖向阳角均用两块50mm宽竹胶合板保护,绑扎保护竹胶板时利穿墙螺栓孔铁20#铁丝绑紧;窗台部位阳角亦采用竹胶合板保护,楼梯步用与楼梯踏步宽度和高度相同的竹胶合板加木枋利用在穿螺栓孔内插入短钢筋头挤紧固定。

4. 大模板每一流水段使用完后均需将板面及背面混凝土残渣清理干净,保证模板整洁,吊至堆放场地的模板应按前述要求堆放整齐。

六、安全注意事项及措施

(一)大模板的存放

大模板的存放应符合下列要求:

1. 大模板现场存放区应在起重机的有效工作范围之内,存放场地必须坚实平整,有排水措施,不得存放在松土、冻土或凹凸不平的场地上;

2. 对暂不使用的大模板拆除支架维修后,板面应进行防锈处理,板面向下分类码放;

3. 对大模板的零、配件入库保存,应进行分类存放;

4. 大模板采用叠层平放,在模板的底部加垫木,垫木应上下对齐,垫点应保证模板不产生弯曲变形;叠放高度不宜超过2m。

(二)大模板的吊运、组装及拆除

施工作业人员进入现场必须佩戴安全帽,高空作业必须系安全带。

大模板起吊前,检查吊装用绳索、锁扣是否完好、卡具及每块模板上的吊环是否牢固可靠,然后将吊钩挂好,拆除一切临时支撑,稳起稳吊;禁止在不挂钩的情况下拆除大模板;严禁用人力搬动模板。吊运过程中,严防模板大幅度摆动或碰倒其他模板。

起重机司机及指挥信号工必须经过培训,持证上岗。施工中指挥人员与司机必须统一信号,禁止违章指挥和操作。

大模板安装放置时,下面不得压有电线和气焊管线。

大模板组装或拆除时,指挥拆除和挂钩人员必须站在安全可靠的地方方可操作,严禁任何人员随大模板起吊。安装外模板的操作人员必须系挂安全带。

安装时，里外角模和临时摘挂的面板与大模板必须连接牢固，防止脱开和断裂坠落。

拆模后起吊前，应复查穿墙螺栓及其他拉结是否拆净，在确认无遗漏且模板与墙体完全脱离后方可起吊。

吊运大模板必须使用卡环，使用卡环时应使销轴和环底受力。

吊运大模板时，如有防止脱钩装置，可吊运同一房间的两块但禁止隔着墙同时吊运一面一块。

五级以上大风应停止模板吊装作业。

七、模板支撑体系监理管理要点

（一）模板工程专项施工方案的编制和审查、审核程序

1. 模板工程施工单位必须编制专项施工方案，批准后方可实施。模板工程专项方案应由建筑施工企业观察技术（或项目部）人员结合工程实际情况编制，企业技术部门的专业技术人员（或项目经理）进行审核，企业技术负责人审批合格并签字盖章后报监理机构审查、审核。

2. 对水平混凝土构件模板支撑系统高度超过8m或跨度超过18m，施工总荷载大于10kN/m^2，或集中线荷载大于15kN/m的高大模板工程专项方案必须由施工企业组织不少于5名专家进行论证审查，并提出书面论证报告，施工企业应根据专家意见进行整理完善，施工企业技术负责人签字盖章批准。

3. 监理机构组织专业监理工程师进行审查，符合要求后由专业监理工程师和总监理工程。

（二）模板工程专项施工方案应符合以下要求

1. 应先设计出模板加工图和模板拼装图，楼梯与剪力墙和梁柱节点等处的模板应有节点大样图；

2. 优先采用定型钢质大模板或组装式模板，碗扣式和门式钢架支撑；尺寸变化小且能多次重复使用的节点模板，应采用工具式（如预留洞口的模板）模板；

3. 重要受力构件（悬挑构件、跨度大于5m的板及梁等）模板支撑体系应计算确定。

师签字盖章批准，交由施工单位进行施工，并要求施工单位的专职安全员进行监督执行。

（三）模板支撑系统应符合以下要求

模板支撑系统内容应包括模板及支撑系统的设计、搭设和拆除、混凝土的浇筑方法和过程观测及安全控制技术要求。重大模板支撑方案中应有应急救援措施等内容。

对于高大模板工程施工方案必须有如下内容：

1. 明确的可用于组织实施的模板支撑的平面布置图、立面布置图和剖面图。对于用扣件式（含碗扣架、门架及其他承插型塔架）钢管脚手架做模板支撑的图中应细化至不同梁、板下的支模区域的立杆间距、水平杆步距、剪刀撑布置、与周边已浇混凝土结构的拉接以及必要的加撑和卸载措施。

2. 明确的结合施工现场模板及支撑材料的大截面梁及厚板下的支模具体构造详图及局部节点大样图。对于扣件式钢管支模架，大截面梁下的木枋应垂直于梁轴线排放，木枋的长度应大于梁下钢管排架加密区的宽度。

3. 应有模板支撑系统的计算书。计算书包括施工荷载的计算，模板及支撑系统的承载力、刚度、稳定性、抗倾覆等方面的验算和支承层承载力的演算等。对于扣件式钢管脚手架，当利用顶层水平钢管将所浇筑的梁板混凝土荷载及施工荷载传递至立杆时，还应有扣件的抗滑移承载力验算。

4. 应有混凝土浇筑方案，规划泵送混凝土输送管的布置，混凝土浇筑顺序及方向，应注意混凝土浇筑时的施工荷载的对称和泵管抖动对模板支架稳定性的影响。

（四）模板工程的验收

1. 验收程序

施工单位班组自检→项目部检查验收→公司（分公司）检查验收→监理机构核查验收。

2. 检查验收的主要内容

（1）模板支撑系统检查验收的主要内容：立杆基础、立杆间距与垂直度、水平杆步距、剪刀撑、构造措施、扣件扭力矩等，并有书面记录，符合模板支撑系统验收标准后，在模板支撑检查验收单上签字确认。

（2）监理单位应检查模板的制作和试拼装，合格后方可进入现场安装。

（3）每批模板拆除后应全数清理、保养并整修，经监理验收符合要求后，方可使用。

（4）每批模板安装完毕后，监理应及时对模板的几何尺寸、轴线、标高、垂直度、平整度、接缝、清扫口进行验收。

经验收合格后方可进行下道工序。模板支撑系统经验收合格后，监理单位方可签发混凝土浇筑令。

（五）模板的拆除

1. 梁板底模应在强度达到规范要求（后浇带两侧的梁底模应在后浇带混凝土强度达到设计强度的 75%）后方可拆除。

2. 梁、柱、墙侧模板应混凝土浇筑后夏季不少于 12 小时、冬季不小于 48 小时后拆除。需提前拆除的模板应进行试拆模，在监理单位确认不影响混凝土外观质量的前提下，方可拆除。

第二节　钢筋施工

一、钢筋制作

本工艺标准适用钢筋加工厂（场）的钢筋制作。

（一）施工准备

1. 机械设备

钢筋冷拉机、调直机、切断机、弯曲成型机、弯箍机、点焊机、对焊机、电弧焊机及相应吊装设备。

2. 材料

各种规格、各种级别的钢筋，必须有出厂质量证明书（合格证）。进厂（场）后须经物理性能检定。对于进口钢材须增加化学检验，经检验合格后方能使用。

3. 作业条件

（1）各种设备在操作前检修完好，保证正常运转，并符合安全要求规定。

（2）钢筋抽料。钢筋抽料人员要熟识图纸、会审记录及现行施工规范，按图纸要求的钢筋规格、形状、尺寸、数量正确合理的填写钢筋抽料表，计算出钢筋的用量。

（二）操作工艺

钢筋表面要洁净，黏着的油污、泥土、浮锈使用前必须清理干净，可用冷拉工艺除锈，或用机械方法、手工除锈等。

1. 钢筋调直，可用机械或人工调直。经调直后的钢筋不得有局部弯曲、死弯、小波浪形，其表面伤痕不应使钢筋截面减少5%。采用冷拉方法调直的钢筋的冷拉率：Ⅰ级钢筋冷拉率不宜大于4%。Ⅱ、Ⅲ级钢筋冷拉率不宜大于1%。

预制构件的吊环不得冷拉，只能用Ⅰ级热轧钢筋制作。

对不准采用冷拉钢筋的结构，钢筋调直冷拉率不得大于1%。

钢筋切断应根据钢筋号、直径、长度和数量，长短搭配，先断长料后断短料，尽量减少和缩短钢筋短头，以节约钢材。

2. 钢筋弯钩或弯曲

（1）钢筋弯钩。形式有三种，分别为半圆弯钩、直弯钩及斜弯钩。

钢筋弯曲后，弯曲处内皮收缩、外皮延伸、轴线长度不变，弯曲处形成圆弧，弯起后尺寸大于下料尺寸。

钢筋弯心直径为2.5d，平直部分为3d。钢筋弯钩增加长度的理论计算值：对装半圆弯钩为6.25d，对直弯钩为3.5d，对斜弯钩为4.9d Ⅱ、Ⅲ级钢筋末端需作90°或135°弯折时，应按规范规定增大弯芯直径。由于弯芯直径理论计算与实际与一致。

（2）弯起钢筋。中间部位弯折处的弯曲直径D，不少于钢筋直径的5倍。

（3）箍筋。箍筋的末端应作弯钩，弯钩形式应符合设计要求。当设计无具体要求时，用Ⅰ级钢筋或冷拔低碳钢丝制作的箍筋，其弯钩的弯曲直径应大于受力钢筋直径，且不小于箍筋直径的2.5倍；弯钩平直部分的长度对一般结构不宜小于箍筋直径5倍，对有抗震要求的不应小于箍筋的10倍。箍筋调整值，即为弯钩增加长度和弯曲调整值两项之差或和，根据箍筋量外包尺寸或内皮尺寸而定。

（4）钢筋下料长度应根据构件尺寸、混凝土保护层厚度，钢筋弯曲调整值和弯钩增加长度等规定综合考虑。

A. 直钢筋下料长度 = 构件长度 - 保护层厚度 + 弯钩增加长度

B. 弯起钢筋下料长度 = 直段长度 + 斜弯长度 - 弯曲调整值 + 弯钩增加长度

C. 箍筋下料长度 = 箍筋内周长 + 箍筋高速值 + 弯钩增加长度

（5）钢筋焊接参照本节焊接工程内容有关规定。

（三）质量标准

（1）钢筋的品种和质量，焊条、焊剂的牌号、性能以及接头中使用的钢板和型钢均必须符合设计要求和有关标准的规定。

检查方法：检查出厂质量证明书和试验报告。

（2）冷拉、冷拔钢筋的机械性能必须符合设计要求和施工规模的规定。

检查方法：检查出厂质量证明书、试验报告的冷拉记录。

（3）钢筋的表面应保持清洁。带有颗粒状或片状老锈经除锈后仍有麻点的钢筋严禁按原规格使用。

检查方法：观察检查。

（4）钢筋的规格、形状、尺寸、数量、锚固长度、接头位置必须符合设计要求和施工规范规定。

检查方法：观察和尺量检查。

（5）钢筋对焊和焊接接头焊接制品的机械性能必须符合钢筋焊接及验收的专门规定。

检查方法：检查焊接试件试验报告。

（四）施工注意事项

1. 避免质量通病

（1）钢筋开料切断尺寸不准，根据结构钢筋的所在部位和钢筋切断后的误差情况，确定调整或返工。

（2）钢筋成型尺寸不准确，箍筋歪斜，外形误差超过质量标准允许值，对于Ⅰ级钢筋只能进行一次重新调直和弯曲，其他级别钢筋不宜重新调直和反复弯曲。

2. 主要安全技术措施

（1）机械必须设置防护装置，注意每台机械必须一机一闸并设漏电保护开关。

（2）工作场所保持道路畅通，危险部位必须设置明显标志。

（3）操作人员必须持证上岗。熟识机械性能和操作规程。

3. 产品保护

（1）各种类型钢筋半成品，应按规格、型号、品种堆放整齐，挂好标志牌，堆放场所应有遮盖，防止雨淋日晒。

（2）转运时钢筋半成品应小心装卸，不应随意抛掷，避免钢筋变形。

二、钢筋绑扎与安装

本工艺标准适用于现浇或预制混凝土结构工程钢筋骨架的绑扎与安装。

（一）施工准备

1. 材料

钢筋半成品的质量要符合设计图纸要求。钢筋绑扎用的铁丝，采用20~22号铁丝（镀锌铁丝）。

水泥砂浆垫块：要有一定足够强度。

2. 工具

常用的铅丝钩、小扳手、撬杠、绑扎架、折尺或卷尺、白粉笔、专用运输机具等。

3. 作业条件

（1）熟识图纸，核对半成品钢筋的级别、直径、尺寸和数量是否与料牌相符，如有错漏应纠正增补。

（2）准备好铁丝、水泥垫块以及常用绑扎工具和机具。

（3）钢筋定位：划出钢筋安装位置线，如钢筋品种较多时，应在已安装好的模板上标明各种型号构件的钢筋规格、形状和数量。

（4）绑扎形式复杂的结构部件时，应事先考虑支模和绑扎的先后次序，宜制定安装方案。

（5）绑扎部位的位置上所有杂物应在安装前清理好。

（二）操作工艺

1. 基础

（1）钢筋网（筛底）的绑扎，四周两行钢筋交叉点应每点扎牢，中间部分每隔一根相互成梅花式扎牢，双向主筋的钢筋，必须将全部钢筋相互交点扎牢，注意相邻绑扎点的铁线扣要成八字形绑扎（左右扣绑扎）。

（2）基础底板采用双层钢筋网时，在上层钢筋网下面设置钢筋撑脚（凳仔）或混凝土撑脚，以保证上、下层钢筋位置的正确和两层之间距离。

（3）有180°弯钩的钢筋弯钩应向上，不要倒向一边；但双层钢筋网的上层钢筋弯钩应朝向下。

（4）独立柱基础的钢筋网双向弯曲受力，如图纸没有规定绑扎方法时，其短向钢筋应放在长向钢筋的上边。

（5）现浇柱与基础连接的其箍筋应比柱的箍筋缩小一个柱筋的直径，以便连接。

2. 柱

（1）竖向钢筋的弯钩应朝向柱心，角部钢筋的弯钩平面与模板面夹角，对矩形柱应为45°角，截面小的柱，用插入振动器时，弯钩和模板所成的角度不应小于15°。

（2）箍筋的接头应交错排列垂直放置；箍筋转角与竖向钢筋交叉点均应扎牢（箍筋平直部分与竖向钢筋交叉点可每隔一根互成梅花式扎牢）。绑扎箍筋时，铁线扣要相互成八字形绑扎。

（3）下层柱的竖向钢筋露出楼面部分，宜用工具或柱箍将其收进一个柱筋直径，以利上层柱的钢筋搭接，当上下层柱截面有变化时，其下层柱钢筋的露出部分，必须在绑扎梁钢筋之前，先行收分准确。

3. 墙

（1）墙的钢筋网绑扎同基础。钢筋有180°弯钩时，弯钩应朝向混凝土内。

（2）采用双层钢筋网时，在两层钢筋之间，应设置撑铁（钩）以固定钢筋的间距。

4. 梁与板

（1）纵向受力钢筋出现双层或多层排列时，两排钢筋之间应垫以直径25mm的短钢筋，如纵向钢筋直径大于25mm时，短钢筋直径规格与纵向钢筋相同规格。

（2）箍筋的接头应交错设置，并与两根架立筋绑扎，悬臂飘梁则箍筋接头在下，其余做法与柱相同。

（3）板的钢筋网绑扎与基础相同，但应注意板上部的负钢筋（面加筋）要防止被踩下；特别是雨篷、挑檐、阳台等悬臂板，要严格控制负筋位置。

（4）板、次梁与主梁交叉处，板的钢筋在上，次梁的钢筋在中层，主梁的钢筋在下，当有圈梁或垫梁时，主梁钢筋在上。

（5）楼板钢筋的弯起点，如加工厂（场）在加工没有起弯时，设计图纸又无特殊注明的，可按以下规定弯起钢筋，板的边跨支座按跨度1/10L为弯起点。板的中跨及连续多跨可按支座中线1/6L为弯起点。（L-板的中-中跨度）。

（6）框架梁节点处钢筋穿插十分稠密时，应注意梁顶面主筋间的净间距要留有30mm，以利灌筑混凝土之需要。

（7）钢筋的绑扎接头应符合下列规定：

1）搭接长度的末端距钢筋弯折处，不得小于钢筋直径的10倍，接头不宜位于构件最大弯矩处；

2）受拉区域内，Ⅰ级钢筋绑扎接头的末端应做弯钩，Ⅱ、Ⅲ级钢筋可不做弯钩；

3）直径不大于12mm的受压Ⅰ级钢筋的末端以及轴心受压构件中任意直径的受力钢筋的末端，可不做弯钩，但搭接长度不应小于钢筋直径的35倍；

4）钢筋搭接处，应在中心和两端用铁丝扎牢；

5）受拉钢筋绑扎接头的搭接长度，应符合规定，受力钢筋绑扎接头的搭接长度，应取受拉钢筋绑扎接头搭接长度0.7倍；

6）受拉焊接骨架和焊接网绑扎接头的搭接长度应符合规定。

受力钢筋的混凝土保护层厚度，应符合设计要求。当设计无要求时，不应小于受力钢筋直径。

（三）质量标准

1. 保证项目

（1）钢筋的品种性能和质量必须符合设计要求和施工规范的规定。钢筋必须有出厂合格证明和试验报告。

（2）钢筋的规格、形状、尺寸、数量、间距、锚固长度、接头位置、保护层厚度必须符合设计要求和施工规范的规定。

2. 基本项目

（1）钢筋、骨架绑扎，缺扣、松扣不超过应绑扎数的10%，且不应集中。

（2）钢筋弯钩的朝向正确，绑扎接头符合施工规范的规定，搭接长度不小于规定值。

（四）施工注意事项

1. 避免工程质量通病

（1）钢筋骨架外形尺寸不准，绑扎时宜将多根钢筋端部对齐，防止绑扎时，某号钢筋偏离规定位置及骨架扭曲变形。

（2）保护层砂浆垫块厚度应准确，垫块间距应适宜，否则导致平板悬臂板面出现裂缝，梁底柱侧露筋。

（3）钢筋骨架吊将入模时，应力求平稳，钢筋骨架用"扁担"起吊，吊点应根据骨架外形预先确定，骨架各钢筋交点要绑扎牢固，必要时焊接牢固。

（4）钢筋骨架绑所完成后，会出现斜向一方，绑扎时铁线应绑成八字形。左右口绑扎发现箍筋遗漏、间距不对要及时调整好。

（5）柱子箍筋接头无错开放置，绑扎前要先检查；绑扎完成后再检查，若有错误应即纠正。

（6）浇筑混凝土时，受到侧压钢筋位置出现位移时，应及时调整。

（7）同截面钢筋接头数量超过规范规定：骨架未绑扎前要检查钢筋对焊接头数量，如超出规范要求，要作调整才可绑扎成型。

2．主要安全技术措施

（1）搬运钢筋时，要注意前后方向有无碰撞危险或被钩挂料物，特别是避免碰挂周围和上下方向的电线。人工抬运钢筋，上肩卸料要注意安全。

（2）起吊或安装钢筋时，应和附近高压线路或电源保持一定安全距离，在钢筋林立的场所，雷雨时不准操作和站人。

（3）在高空安装钢筋应选好位置站稳，系好安全带。

3．产品保护

（1）成型钢筋、钢筋网片应按指定地点堆放，用垫木垫放整齐，防止压弯变形。

（2）成型钢筋不准踩踏，特别注意负筋部位。

（3）运输过程注意轻装轻卸，不能随意抛掷。

（4）成型钢筋长期放置未使用，宜室内堆放垫好，防止锈蚀。

三、钢筋闪光对焊

本工艺标准适用于工业与民用建（构）筑物中的钢筋混凝土工程的Ⅰ、Ⅱ、Ⅲ、Ⅳ级钢筋纵向水平连接的闪光对焊。

（一）施工准备

1．机械设备

常用的对焊机有 UN1-25、UN1-75、UN1-100、UN1-150、UN17-150-1。

2．材料

各种规格钢筋级别必须有出厂合格证，进场后经物理性能检验，对于进口钢筋须增加化学性能检验，符合要求后方能使用。

3．作业条件

（1）设备在操作前检修完好，保证正常运转，并符合安全规定，操作人员必须要持证上岗。

（2）钢筋焊口要平口、清洁、无油污杂质等。对焊机容量、电压要符合要求。

（二）操作工艺

1．对焊工艺

根据钢筋品种、直径和所用焊机功率大小选用连续闪光焊、预热闪光焊、闪光—预热—闪光焊。对于可焊性差的钢筋，对焊后宜采用通电热处理措施，以改善接头塑性。

（1）连续闪光焊：工艺过程包括连续闪光和顶锻过程。施焊时，先闭合一次电路，使两钢筋端面轻微接触，此时端面的间隙中即喷射出火花般熔化的金属微粒一闪光，接着徐徐移动钢筋使两端面仍保持轻微接触。形成连续闪光。当闪光到预定的长度，使钢筋端头加热到将近熔点时，就以一定的压力迅速进行顶锻，再灭电顶锻到一定长度，焊接接头即告完成。

（2）预热闪光焊：工艺过程包括一次闪光、预热、二次闪光及顶段等过程。一次闪光是将钢筋端面闪平。

预法方法有连接闪光预热和电阻预热两种。

1）连续闪光预热是使两钢筋面交替地轻微接触和分开，发出断续闪光来实现预热。

2）电阻预热是在两钢筋端面一直紧密接触用脉交战电流或交替紧密接触与分开，产生电阻热（不闪光）来实现预热，此法所需功率较大。二次闪光与预锻过程同连续闪光焊。

（3）闪光—预热—闪光焊：是在预热闪光焊前加一次闪光过程。

工艺过程包括一次闪光、预热、二次闪光及顶锻等过程，施焊时首先连续闪光，使钢筋端部闪平，然后同预热闪光焊。焊接钢筋直径较粗时，宜用此法。

（4）焊后通电热处理：方法是焊毕松开夹具，放大钳口距，再夹紧钢筋；接头降温至暗黑后，即采取低频脉冲式通电加热；当加热至钢筋表面呈暗红色或橘红色时，通电结束；松开夹具，待钢筋冷后取下钢筋。

1）对焊参数，根据焊接电流和时间不同，分为强参数（即大电流和短时间）和弱参数（即电流较小和时间较长）两种。

2）采用强参数可减少接头过热并提高焊接效率，但易产生淬硬。

闪光对焊参数

为了获得良好的对焊接头，应合理选择对焊参数。

焊接参数包括：调伸长度、闪光留量、闪光速度、顶锻留量、顶锻速度、顶锻压力及变压级次。采用预热闪光焊时，还要有预热留量与预热频率等参数。

2. 对焊操作要求

（1）Ⅱ、Ⅲ级钢筋对焊

Ⅱ、Ⅲ级钢筋的可焊性较好，焊接参数的适应性较宽，只要保证焊缝质量，拉弯时断裂在热影响区就较小。因而，其操作关键是掌握合适的顶锻。

采用预热闪光焊时，其操作要点为：

一次闪光，闪平为准；预热充分，频率要高；

二次闪光，短、稳、强烈；顶锻过程，快速有力。

（2）Ⅳ级钢筋对焊

在Ⅳ级钢筋中，由于碳、锰、硅等含量高，焊接性能较差，焊后容易产生淬硬、脆裂、降低接头塑性性能。

关键在于掌握适当的温度，焊接参数应根据温度适当调整。

Ⅳ级钢筋采用预热闪光时温度应控制为：预热温度约为1450℃，顶锻前温度为

1350℃，焊后温度约 1050~1100℃，预热频率宜用中低 2~4 次/秒。

预热是控制温度的关键，故需要注意预热频率，接触轻重和接触长短之间的配合，二次闪光留量应增大。

顶锻应视温度高低操作适当，快且用力。其操作要点如下：

一次闪光，闪去压伤；预热适中，频率中低；

二次闪光，稳而灵活；顶锻过程，快而用力得当。

3. 对焊注意事项

（1）对焊前应清除钢筋端头约 150mm 范围的铁锈污泥等，防止夹具和钢筋间接触不良而引起"打火"。钢筋端头有弯曲应予调直及切除。

（2）当调换焊工或更换焊接钢筋的规格和品种时，应先制作对焊试件（不小于 2 个）进行冷弯试验，合格后，方能成批焊接。

（3）焊接参数应根据钢种特性、气温高低、电压、焊机性能等情况由操作焊工自行修正。

（4）焊接完成，应保持接头红色变为黑色才能松开夹具，平稳地取出钢筋，以免引起接头弯曲。当焊接后张预应力钢筋时，焊后趁热将焊缝毛刺打掉，利于钢筋穿入孔道。

（5）不同直径钢筋对焊，其两截面之比不宜大于 1.5 倍。

（6）焊接扬地应有防风防雨措施。

（三）质量标准

钢筋对焊完毕，应对全部接头进行外观检查，以及机械性能试验。

1. 保证项目

（1）对焊所用钢筋的材质性能和工艺方法必须符合质量检验评定标准规定。

（2）对焊钢筋应具有出厂合格证和试验报告。

（3）钢筋焊接时所选用对焊机性能要符合焊接工艺要求。

2. 基本项目

（1）钢筋对焊完毕，应对全部焊接进行外观检查，其要求是：

对焊接头，接头处弯折环大于 4°；

接头具有适当的镦粗和均匀的金属毛刺；

钢筋横向没有裂缝和烧伤；

接头轴线位移不大于 0.1d，且不大于 2mm。

（2）机械性能试验、检查方法

1）按同类型（钢种直径相同）分批，每 100 个为一批，每批取 6 个试件，3 个作抗拉试件、3 个作冷弯试验。

三个试件抗拉强度值不得低于该级别钢筋的抗拉强度。

冷弯试验（包括正弯和反弯试验）弯曲时接头位置应处于弯曲中心处，冷弯按规定角度进行，接头处或热影响区外侧横向裂缝宽度不应大于 0.15mm 才算合格。

2）使用同批材料焊接参数相同，在焊接质量稳定情况下，每批数量扩大至三倍。

（四）施工注意事项

1. 避免工程质量通病

对焊焊接时出现表面烧伤、接头轴线偏移和弯折、接头结合不良、接头氧化缺陷、接头过烧缺陷、热影响区淬火脆裂以及接头区域有裂纹等现象。

2. 主要安全技术措施

（1）对焊前应清理钢筋与电极表面污泥、铁锈。使电极接触良好，以免出现"打火"现象。

（2）对焊完毕不要过早松开夹具，连接头处高温时不要抛掷钢筋接头，不准往高温接头上浇水，较长钢筋对接应安置台架上。

（3）对焊机选择参数，包括功率和二次电压应与对焊钢筋时相匹配，电极冷却水的温度，不超过40°C，机身应接地良好。

（4）闪光火花飞溅的方向要有良好的防护安全设施。

3. 产品保护

（1）钢筋焊接半成品按规格型号分类堆放整齐，堆放场所应有遮盖，防止日晒雨淋。

（2）转运钢筋对焊半成品不能随意抛掷，以免钢筋变形。

四、钢筋电弧焊接

本工艺标准适用于工业与民用建（构）筑物的钢筋混凝土中的焊接Φ10~40和Ⅰ、Ⅱ、Ⅲ级钢筋。

电弧焊是利用弧焊机使焊条与焊件之间产生高温，熔化焊条与焊件的金属凝固后形成一条焊缝。

（一）施工准备

1. 机械设备

电弧焊的主要设备是弧焊机。弧焊机可分为交流和直流两类。交流弧焊机常用型号有：BX-120-1、BX-300-2、BX-500-2和BX-1000等。

直流弧焊机常用型号有：AX-165、AX-300-1、AX-320、AX-300、AX-500等。

2. 材料

钢筋：各种规格、级别的钢筋，必须有出厂合格证，进场后经物理性能检验，对于进口钢材须增加化学性能检验，经检验合格后，方能使用。

焊条：按钢结构工程有关规定执行，焊条应分类、分牌号放在通风良好、干燥的仓库保管好，重要工程焊条，要保持一定温度和湿度（一般温度10~15摄氏度，相对湿度小于5%

为宜），焊条焊接前一般在 20~25℃ 烘箱内烘干。

3. 作业条件

（1）焊工应经培训考核，持证上岗。

（2）弧焊机等机具设备完好，焊机要按规定正确接通电源，要求电源符合施焊要求。

（二）操作工艺

钢筋电弧焊分帮条焊、搭接焊、坡口焊和熔槽四种接头形式。

1. 帮条焊工艺

（1）当不能进行双面焊时，可采用单面焊接，但帮条长度要比双面焊加大一倍。

（2）帮条焊适用于Ⅰ、Ⅱ、Ⅲ级钢筋的接驳，帮条宜采用与主筋同级别、同直径的钢筋制作，其操作要点如下：

1）先将主筋和帮条间用四点定位焊固定，离端部约 20mm，主筋间隙留 2~5mm。

2）施焊应在帮条内侧开始打弧，收弧时弧坑应填满，并向帮条一侧拉出灭弧。

3）尽量施水平焊，需多层焊时，第一层焊的电流可以稍大，以增加熔化深度，焊完一层之后，应将焊渣清除干净。当需要立焊时，焊接电流应比平焊减少 10%~15%。

2. 搭接焊工艺

（1）当不能采用双面焊时，可采用单面焊接，此时搭接长度应比双面焊时加大一倍。

（2）搭接焊只适用于Ⅰ、Ⅱ、Ⅲ级钢筋的焊接，其制作要点除注意对钢筋搭接部位的预弯和安装，应确保两钢筋轴线相重合之外，其余则与帮条焊工艺基本相同。

（3）无论帮条接头或搭接接头，其焊缝厚度 h 应不小于 0.3 钢筋直径，焊缝宽度 b 小于 0.7 钢筋直径。

3. 钢筋坡口对接分坡口平焊和坡口立焊对接

（1）钢筋坡口平焊宜采用 V 型坡口，口角度为 55°~65°。

（2）坡口面加工要平顺，污物、氧化铁锈要清除干净，并利用垫板进行定位焊，垫板长度取为 40~60mm，宽度为钢筋直径加 10mm，坡口根部间隙平焊取 4~6mm，操作工艺应注意如下几点：

1）首先由坡口根据根部引弧，横向施焊数层，接着焊条作之字形运弧，将坡口逐层堆焊填满，焊接时适当控制速度以避免接头产生过热，亦可将几个接头轮流施焊。

2）每填满一层焊缝，都要把焊渣清除干净，再焊下一层，直至焊缝金属略高于钢筋直径 0.1d 为止，焊缝加强宽度比坡口边缘加宽 2~3mm 为宜。

（3）钢筋坡口立焊对焊

1）钢筋 V 型坡口立焊时，坡口角度约为 35°~55°，其中下筋为 0°~10°，上筋为 35°~45°。

2）立焊对接垫板的装配和定位焊与坡口平焊基本相同，但根部间隙取 3~5mm。

3）坡口立焊首先在下部钢筋端面上引弧，并在该端面上堆焊一层，使下部钢筋逐渐加热，然后用快速短小的横向焊缝把上下钢筋端面焊接起来，当焊缝超过钢筋直径的一半时，焊条摆宜采用立焊的运弧方式，一层一层地把坡口填满，其加强高和加强宽与坡口平焊相同。

4. 钢筋熔槽帮条焊

熔槽帮条焊适用于直径大于或等于25mm的钢筋现场安装焊接。操作时把两钢筋水平放置，将一角钢作垫模。

其工艺要点如下：

（1）垫模角钢的边长约40~60mm，长度为80mm~100mm。

（2）对接的两钢筋端面需用无齿锯切割平整，间隙取10~16mm范围，并在熔槽角钢峡两侧点焊定位。

（3）熔槽焊接电流宜稍大，以接缝根部引弧后连续施焊，形成熔池，使钢筋端部熔合良好。

（4）每焊完一支焊条后，应将焊渣清除干净，然后再焊，对焊缝加强高和加强宽的要求与坡口对接焊相同。

（5）钢筋与角钢垫模的贴合两侧应焊一至三道填角焊缝，长度与角钢同，使角钢起到帮条作用。

5. 预埋件接头

（1）预埋件T型接头电弧焊分贴角焊和穿孔塞焊两种。

（2）预埋件应采用Ⅰ、Ⅱ级钢筋焊接，锚固钢筋直径在18mm以下时，可选择贴角焊，其焊脚K Ⅰ级钢不小于0.5d，Ⅱ级钢不小于0.6d，锚固钢筋直径为18~22mm时，应选择穿孔塞焊，预埋件钢板&不小于0.6钢筋直径，并不小于6mm，施焊时电流不宜过大，操作要保持焊脚宽度与焊脚高度相一致，避免电弧咬伤钢筋。

6. 钢筋与钢板搭接焊

（2）Ⅰ级钢筋的搭接长度1不小于4d，Ⅱ级钢筋的搭接长度1不小于5d，焊缝宽度b不小于0.5d，焊缝厚度h不小于0.35d。

7. 钢筋电弧焊对焊条

焊接参数的选择，钢筋电弧焊工艺既可用交流焊机，亦可用直流焊机，交流焊机结构简单，成本低，保养维修方便，应用广泛，常用的有BX-300、BX-330、BX-500等规格。

（三）钢筋电弧焊质量标准

1. 保证项目

（1）焊接前必须首先核对钢筋的材质、规格及焊条类型符合钢筋工程的设计施工规范，有材质及产品合格证书和物理性能检验，对于进口钢材需增加化学性能检定，检验合格后方能使用。

（2）焊工必须持相应等级焊工证才允许上岗操作。

（3）在焊接前应预先用相同的材料、焊接条件及参数，制作二个抗拉试件，其试验结果大于该类别钢筋的抗拉强度时，才允许正式施焊，此时可不再从成品抽样取试件。

2. 基本项目

所有焊接接头必须进行外观检验，其要求是：焊缝表面平顺，没有较明显的咬边，凹陷、焊瘤、夹渣及气孔，严禁有裂纹出现。

（四）施工注意事项

1. 避免工程质量通病

（1）焊接过程中要及时清渣，焊缝表面光滑平整，加强焊缝平缓过渡，弧坑应填满。

（2）根据钢筋级别、直径、接头形式和焊接位置，选择适宜焊条直径和焊接电流，保证焊缝与钢筋熔合良好。

（3）帮条尺寸、坡口角度、钢筋端头间隙以及钢筋轴线等应符合有关规定，保证焊缝尺寸符合要求。

（4）焊接地线应与钢筋接触良好，防止因起弧而烧伤钢筋。

（5）钢筋电弧焊时不能忽视因焊接而引起的结构变形，应采取下列措施：a、对称施焊；b、分层轮流施焊；c、选择合理的焊接顺序。

2. 主要安全技术措施

（1）焊机必须接地良好，不准在露天雨水的环境下工作。

（2）焊接施工场所不能使用易燃材料搭设，现场高空作业必须带安全带，焊工操作要佩戴防护用品。

3. 产品保护

焊接半成品不能浇水冷却，待冷却后方能移动，并不能随意抛掷。

五、竖向钢筋电渣压力焊

电渣压力焊是利用电流通过渣池产生的电阻热将钢筋端部熔化，然后施加压力使钢筋焊合。

本工艺标准适用于工业与民用建（构）筑物的钢筋混凝土结构中的大直径竖向连续接头的焊接。

（一）施工准备

1. 材料

（1）钢筋：应有出厂合格证，试验报告性能指标应符合有关标准或规范的规定。钢筋的验收和加工，应按有关的规定进行。

（2）电渣压力焊焊接使用的钢筋端头应平直、干净，不得有马蹄形、压扁、凹凸不平、弯曲歪扭等严重变形。如有严重变形时应用手提切割机切割或用气焊切割、矫正、以保证钢筋端面垂直于轴线。钢筋端部200mm范围不应有锈蚀、油污、混凝土浆等污染，受污染的钢筋应清理干净后才能进行电渣压力焊焊接。处理钢筋时应在当天进行，防止处理后再生锈。

（3）电渣压力焊焊剂：须有出厂合格证，化学性能指标应符合有关规定。在使用前，须经恒湿250℃烘焙1~2小时，焊剂回收重复使用时，应除去熔渣和杂物并经干燥，一般采用431焊药。

2. 机具设备

（1）电渣焊机。

（2）焊接夹具：应具有一定刚度，使用灵巧，坚固耐用，上、下钳口同心。焊接电缆的断面面积应与焊接钢筋大小相适应。焊接电缆以及控制电缆的连接处必须保持良好接触。

（3）焊剂盒：应与所焊钢筋的直径大小相适应。

（4）石棉绳：用于填塞焊剂盒安装后的缝隙，防止焊剂盒焊剂泄漏。

（5）铁丝球：用于引燃电弧。用22号或20号镀锌铁丝绕成直径约为10mm的圆球，每焊一个接头用一颗。

（6）秒表：用于准确掌握焊接通电时间。

（7）切割机或圆片锯：用于切割钢筋。

3. 作业条件

（1）焊工应经过有关部门的培训、考核，持证上岗。焊工上岗时，应穿戴好焊工鞋、焊工手套等劳动防护用品。

（2）电渣压力焊的机具设备以及辅助设备等应齐全、完好。施焊前必须认真检查机具设备是否处于正常状态。焊机要按规定的方法正确接通电源，并检查其电压、电流是否符合施焊的要求。

（3）施焊前应搭好操作脚手架。

（4）钢筋端头已处理好，并清理干净，焊剂干燥。

（5）在焊接施工前，应根据焊接钢筋直径的大小，接电渣焊机说明书选定焊接电流、造渣工作电压、电渣工作电压、通电时间等工作参数。有条件的现场，在焊前，先做焊接试验，以确认工艺参数，制二个拉伸试件，试验合格后才可正式施焊。

（二）操作工艺

1. 电渣压力焊接工艺

电渣压力焊接工艺分为"造渣过程"和"电渣过程"，这两个过程是不间断的连续操作过程。

(1)"造渣过程"是接通电源后，上、下钢筋端面之间产生电弧，焊剂在电弧周围熔化，在电弧热能的作用下，焊剂熔化逐渐增多，形成一定深度渣池，在形成渣池的同时电弧的作用把钢筋端面逐渐烧平。

(2)"电渣过程"，把上钢筋端头浸入渣池中，利用电阻热能使钢筋端面溶化，在钢筋端面形成有利于焊接的形状和溶化层、待钢筋溶化量达到规定后，立即断电顶压，排出全部溶渣和溶化金属，完成焊接过程。

2. 电渣压力焊施焊接工艺程序

安装焊接钢筋→安放引弧铁丝球→缠绕石棉绳装上焊剂盒→装放焊剂→接通电源，"造渣"工作电压 40~50V，"电渣"工作电压 20~25V →造渣过程形成渣池→电渣过程钢筋端面溶化→切断电源顶压钢筋完成焊接→卸出焊剂拆卸焊盒→拆除夹具。

(1)焊接钢筋时，用焊接夹具分别钳固上下的待焊接的钢筋，上下钢筋安装时，中心线要一致。

(2)安放引弧铁丝球：抬起上钢筋，将预先准备好的铁丝球安放在上、下钢筋焊接端面的中间位置，放下上钢筋、轻压铁丝球，使之接触良好。

放下上钢筋时，要防止铁丝球被压扁变形。

(3)装上焊剂盒：先在安装焊剂盒底部的位置缠上石棉绳然后再装上焊剂盒，并往焊剂盒满装焊剂。

安装焊剂盒时，焊接口宜位于焊剂盒的中部，石棉绳缠绕应严密，防止焊剂泄漏。

(4)接通电源，引弧造渣：按下开关，接通电源，在接通电源的同时将上钢筋微微向上提，引燃电弧，同时进行"造渣延时读数"计算造渣通电时间。

"造渣过程"：工作电压控制在 40~50V 之间，造渣通电时间约占整个焊接过程所需通电时间的 3/4。

(5)"电渣过程"：随着造渣过程结束，即时转入"电渣过程"的同时进行"电渣延时读数"，计算电渣通电时间，并降低上钢筋，把上钢筋的端部插入渣池中，徐徐下送上钢筋，直至"电渣过程"结束。

"电渣过程"工作电压控制在 20~25V 之间，电渣通电时间约占整个焊接过程所需时间的 1/4。

(6)顶压钢筋，完成焊接："电渣过程"延时完成，电渣过程结束，即切断电源，同时迅速顶压钢筋，形成焊接接头。

(7)卸出焊剂，拆除焊剂盒、石棉绳及夹具。

卸出焊剂时，应将接料斗卡在剂盒下方，回收的焊剂应除去溶渣及杂物，受潮的焊剂应烘、焙干燥后，可重复使用。

(8)钢筋焊接完成后，应及时进行焊接接头外观检查，外观检查不合格的接头，应切除重焊。

(三)质量标准

1. 保证项目

(1)钢筋品种和质量、焊剂的牌号、性能均必须符合设计要求和有关标准的规定。

(2)钢筋焊接接头的机械性能必须符合《钢筋焊接及验收规范》(JGJ18-96)规定。

(3)在进行钢筋焊接接头的强度检验时,从每批成品中切取三个试件进行拉伸试验。在一般构筑物中,每300个同类型接头(同钢筋级别、同钢筋直径)作为一批。在现浇钢筋混凝土框架结构中,每一楼层以200个同类接头作为一批;不足200个时,仍作为一批。焊接头的拉伸试验结果,三个试件均不得低于该级别钢筋规定的抗拉强度值。若有一个试件的抗拉强度低于规定数值,应取双倍数量的试件进行复验;复验结果,若仍有一个试件的强度达不到上述要求,该批接头即为不合格品。

2. 基本项目

(1)用小锤、放大镜、钢板尺和焊缝量规检查,逐个检查焊接接头。

(2)接头焊包均匀,不得有裂纹,钢筋表面无明显烧伤等缺陷。

(3)对外观检查不合格的接头,应将其切除重焊。

3. 允许偏差

(1)接头处钢筋轴线的偏移不得超过0.1倍直径,同时不得大于2mm。

(2)接头处弯折不得大于4°。

(四)施工注意事项

1. 避免工程质量通病

(1)在整个焊接过程中,要准确掌握好焊接通电时间,密切监视造渣工作电压和电渣工作电压的变化、并根据焊接工作电压的变化情况提升或降低上钢筋,使焊接工作电压稳定在参数范围内。在顶压钢筋时,要保持压力数秒钟后方可松开操纵杆,以免接头偏斜或接合不良。在焊接过程中,应采取措施扶正钢筋上端,以防止上、下钢筋错位和夹具变形。钢筋焊接结束时,应立即并检查钢筋是否顺直。如不顺直,要立即趁钢筋还在热塑状态时将其扳直,然后稍延滞1~2分钟后卸下夹具。

(2)电渣压力焊焊接工艺适用于直径16~40mm的Ⅰ级、Ⅱ级钢筋的焊接,当采用其他品种、规格的钢筋进行焊接时,其焊接工艺的参数应经试验、鉴定后方可采用。

(3)焊剂要妥善存放,以免受潮变质。

(4)焊接工作电压和焊接时间是两个重要的参数,在施工时不得随意变更参数,否则会严重影响焊接质量。

(5)接头偏心和倾斜:主要原因是钢筋端部歪扭不直,在夹具中夹持不正或倾斜;焊后夹具过早放松,接头未冷却使上钢筋倾斜;夹具长期使用使用磨损,造成上下不同心。

(6)咬边:主要发生于上钢筋。主要原因是焊接时电流太大,钢筋熔化过快;上钢筋端头没有压入溶池中，或压入深度不够；停机太晚，通电时间过长。

（7）未熔合：主要原因是在焊接过程中上钢筋提升过大或下送速度过慢、钢筋端部熔化不良或形成断弧；焊接电流过小或通电时间不够，使钢筋端部未能得到适宜的熔化量；焊接过程中设备发生故障，上钢筋卡住，未能及时压下。

（8）焊包不匀：焊包有两种情况，一种是被挤出的熔化金属形成的焊包很不均匀，一边大一边小，小的一面其高不足 2mm；另一种是钢筋端面形成的焊缝厚薄不均。主要原因是钢筋端头倾斜过大而熔化量又不足，顶压时熔化金属在接头四周分布不匀或采用铁丝球引弧时，铁丝球安放不正，偏正一边。

（9）气孔：主要原因是焊剂受潮，焊接过程中产生大量气体渗入溶池，钢筋锈蚀严重或表面不清洁。

（10）钢筋表面烧伤：主要原因是钢筋端部锈蚀严重，焊前未除锈；夹具电极不干净；钢筋未夹紧，顶压时发生滑移。

（11）夹渣：主要原因是通电时间短，上钢筋在熔化过程中还未形成凸面即行顶压，熔渣无法排出；焊接电流过大或过小；焊剂熔化后形成的熔渣黏度大，不易流动；顶压力太小，上钢筋在深化过程气体渗入溶池，钢筋锈蚀严重表面不清洁。

（12）成型不良：主要原因是焊接电流大，通电时间短，上钢筋熔化较多，如顶压时用力过大，上钢筋端头压入熔池较多，挤出的熔化金属容易上翻；焊接过程中焊剂泄漏，深化铁水推动约束，随焊剂泄漏下流。

2. 主要安全技术措施

（1）电渣焊使用的焊机设备外壳应接零或接地，露天放置的焊机有防雨遮盖。
（2）焊接电缆必须有完整的绝缘，绝缘性能不良的电缆禁止使用。
（3）在潮湿的地方作业时，应用干燥的木板或橡胶片等绝缘物作垫板。
（4）焊工作业，应穿戴焊工专用手套、绝缘鞋、手套及绝缘鞋应保持干燥。
（5）在大、中雨天时严禁进行焊接施工。在细雨天时，焊接施工现场要有可靠的遮蔽防护措施，焊接设备要遮蔽好，电线要保证绝缘良好，焊药必须保持干燥。
（6）在高温天气施工前，焊接施工现场要做好防暑降温工作。
（7）用于电渣焊作业的工作台、脚手架，应牢固、可靠、安全、适用。

3. 成品保护

（1）不准过早拆卸卡具，防止接头弯曲变形。
（2）焊后不得砸钢筋接头，不准往刚焊完的接头浇水。
（3）焊接时应搭好架子，不准踩踏其他已绑好的钢筋。

六、钢筋气压焊接

钢筋气压焊是采用氧—乙炔火焰对两钢筋连接处加热，使之达到塑性状态后，施加适当轴向压力，从而形成牢固对焊接头的施工方法。

本工艺标准适用于现浇钢筋混凝土中直径为Φ20~40mm的Ⅰ、Ⅱ级和部分Ⅲ级钢筋任意方向和任意位置的闭合式气压焊施工。

(一)施工准备

1. 材料

(1)钢筋：用于气压焊的钢筋一般为Ⅰ级钢或Ⅱ级钢。所有钢筋须有出厂质量证明书，进场时须按规定抽样复试，其性能和质量应符合GB1499-91《钢筋混凝土用热轧带肋钢筋》和GB13013-91《钢筋混凝土用热轧光面钢筋》的规定。若采用Ⅲ级钢或其他品种钢筋及进口钢材，要经过钢材化学性能检验其可焊性合格后方可使用。

当需压接的两钢筋直径不同时，其两直径之差不得大于7mm。

(2)氧气：瓶装氧气(O_2)的质量应符合工业用气态氧一级的技术要求，纯度在99.5%以上。其质量应符合GB3863《工业用气态氧》中技术要求。

(3)乙炔气：所使用的乙炔(C_2H_2)宜为瓶装溶解乙炔，纯度要求大于98%。其质量应符合GB6819《溶解乙炔》中的规定。

2. 焊接设备

(1)供气装置：包括氧气瓶、溶解乙炔气瓶、干式回火防止减压器及胶管。

溶解乙炔气瓶的供气能力必须满足现场最大直径钢筋焊接时的供气量要求，可根据需要采用两瓶或多瓶并联使用。

(2)加热器(多嘴环管焊炬)：应具有火焰燃烧稳定、均匀、不易回火等性能，并应根据所焊钢筋的粗细、配备合理选用各种规格的加势圈。

(3)加压器(包括油缸、油泵及油管等)：其加压能力应达到现场最粗钢筋焊接时所需要的轴向压力。

(4)焊接夹具：应确保能夹紧钢筋，且当钢筋承受最大轴向压力时，钢筋与夹头之间不产生相对滑移。

(5)辅助设备：包括无齿锯(砂轮锯)角向磨光机等。

3. 作业条件

(1)钢筋气压焊接班组的负责人必须是气压焊工，加热作业必须由经培训合格的持证气压焊工进行。

钢筋气压焊工的操作技能现分为乙、丙、丁三级，其允许焊接的钢筋直径分别为：乙级Ⅰ——d≤40mm；丙级Ⅰ——d≤32mm；丁级Ⅰ——d≤25mm。

(2)正式施焊前，必须进行现场焊接工艺试验，所用钢筋从实际进场的各批钢筋中截取，试件经外观检查及拉伸、弯曲试验合格后，按确定的有关参数及工艺施焊。

(3)施焊现场风力超过3级(风速大于5.4m/s)时，必须采取有效挡风措施才能施焊。雨天不宜进行气压焊施工，必须施焊时，应采取有效遮蔽措施。

(二)操作工艺

1. 钢筋下料

宜用无齿锯,不宜使用切断机,以免钢筋端头弯折或呈马蹄形而影响焊接质量,下料时并应考虑钢筋焊接后的压缩量,每个接头的压缩量约为所焊钢筋直径的1~1.5倍。

钢筋焊接接头位置、同一截面内接头数量等尚应符合设计要求或混凝土结构工程施工与验收规范的要求。

2. 钢筋端头处理

施焊前应用角向磨光机对钢筋端部稍微倒角,并将钢筋端面打磨平整(钢筋端面与钢筋轴线要基本垂直),清除氧化膜,露出光泽。离端面两倍钢筋直径长度范围内钢筋表面上的铁锈、油污、泥浆等附着物应清刷干净。

3. 钢筋安装就位

将所需焊接的两根钢筋用焊接夹具分别夹紧并调整对正,两钢筋的轴线要在同一直线上。

钢筋夹紧对正后,须施加初始轴向压力顶紧,两钢筋间局部位置的缝隙不得大于3mm。

4. 焊炬火焰调校

在每个接头开始施焊时,应先将焊炬的火焰调校为碳化焰(即还原焰,$O_2/C_2H_2=0.85~0.95$),火焰的形状要充实。

5. 钢筋加热加压

(1)焊接的开始阶段,采用碳化焰,对准两根钢筋接缝处集中加热。此时须使内焰包围着钢筋缝隙,防防钢筋端面氧化。同时,须增大对钢筋的轴向压力至30~40MPa。

(2)当两根钢筋端面的缝隙完全闭合后,须将火焰调整为中性焰以加快加热速度。此时操作焊炬,使火焰在以压焊面为中心两侧各一倍钢筋直径范围内均匀往复加热。钢筋端面的合适加热温度为1150~1250℃左右。

在加热过程中,火焰因各种原因发生变化时,要注意及时调整,使之始终保持中性焰,同时如果在压接面缝隙完全密合之前发生焊炬回火中断现象,应停止施焊,拆除夹具,将两钢筋端面重新打磨、安装,然后再次点燃火焰进行焊接。如果焊炬回火中断发生在接缝完全密合之后,则可再次点燃火焰继续加热、加压完成焊接作业。

(3)当钢筋加热到所需的温度时,操作加压器使夹具对钢筋再次施加至30~40MPa的轴向压力,使钢筋接头墩粗区形成合适的形状,然后可停止加热。

(4)当钢筋接头处温度降低,即接头处红色大致消失后,可卸除压力,然后拆下夹具。

（三）质量标准

1. 保证项目

（1）气压焊所用钢筋的材质性能和工艺方法必须符合国标质量检验评定标准规定。

（2）气压焊所用钢筋应具有出厂合格证和材质试验报告。

（3）气压焊接时所选用焊接参数，要符合焊接工艺要求。

2. 基本项目

（1）质量检查项目及数量

1）全部接头均需进行外观检查。

2）在同一楼层中以200个接头为一批（几种不同直径的焊接接头，可组成一批），随机切取3个接头作拉伸试验。根据工程需要以及操作情况，也可另切除3个接头作弯曲试验。

（2）外观检查要求

1）外观检查的方法主要是目视检查，必要时可采用游标卡尺或其他专用工具。

2）外观检查项目包括以下内容：

a、压焊区钢筋偏心量。两钢筋轴线相对偏心量不得大于钢筋直径的0.15倍，同时不得大于4mm。当不同直径钢筋相焊时，按小钢筋直径计算。

当超过限量时，应切除重焊。

b、弯折角焊接部位两钢筋轴线弯折角不得大于4°。

当超过限量时，可重新加热矫正。

c、墩粗直径和长度。墩粗区的最大直径应不小于钢筋直径的1.4倍。墩粗区的长度应不少于钢筋直径的1.2倍，且凸起部分应平缓圆滑。

当小于限量时，可重新加热加压墩粗、墩长。

d、压焊面偏移。墩粗区最大直径处应与压焊面重合，若有偏移，其最大的偏移量不得大于钢筋直径的0.2倍。

e、裂纹及烧伤。两钢筋接头处不得有环向裂纹。墩粗区表面不得有严重烧伤（即表面呈现粗糙裂缝和蜂窝状）。

若发现接头有环向裂纹时，应切除重焊。

（3）拉伸试验

每批三个试件的抗拉强度均不得低于该级别钢筋规定的抗拉强度值，三个试件均断于压焊面之外并呈塑性断裂。若有一个试件不符合要求时，应再切除6个接头进行复验，复验结果若还有一个接头不符合要求，则该批接头判定为不合格品。

（4）弯曲试验

弯曲试验时，试件受压面的凸起部分应除去，将钢筋压焊面置于弯曲中心点。弯至90度时，试件不得在压焊面发生破断。若有一个试件不符合要求，应再取6个接头进行复验，复验结果若仍有一个接头不符合要求，则该批接头判定为不合格品。

（四）施工注意事项

1. 避免工程质量通病

（1）在施焊过程中，应注意控制好加热温度，温度过高时，会发生金属过烧现象；温度过低时，压焊面难以良好熔合及墩粗区不能形成合适的形状。

（2）为了保证两钢筋焊接的同心度，应注意在安装接长钢筋时，须将两钢筋对齐夹紧，经检查符合要求后才能施焊。

2. 主要安全技术措施

（1）供气装置的使用应遵照国家劳动总局（79）劳总锅字18号文公布的《气瓶安全监察规程》及《溶解乙炔气瓶安全监督规程》中有关规定执行。

施焊作业应参照GB9448《焊接与切割安全》中气焊安全规定执行。氧气的工作压力不得超过0.8MPa，乙炔的工作压力不得超过0.1MPa。

（2）作业地点附近及其下方，不得有易燃品、爆炸品。不准将点燃的焊炬随意卧放在模板或楼板上。

（3）施焊现场应该设置消防设备,如灭火器、消防龙头等,但严禁使用四氯化碳灭火器。

（4）油泵、油缸、胶管等整个液压系统各连接处不得漏油。应注意防止因胶管微裂而喷出油雾，引起燃烧或爆炸。

（5）焊接操作人员应佩戴气焊防护眼镜和手套。

（6）熄灭炬火焰时或发生回火时，均应先关闭焊炬乙炔阀，再关氧气阀。

3. 产品保护

（1）每个接头焊接完成后，不能过早拆除夹具，以免造成钢筋弯曲变形。

（2）每个接头焊接完成后，应待其自然冷却，不得采用浇水冷却的方法降温。

七、钢筋锥螺纹连接

锥螺纹钢筋接头是按设计及要求并大于等于原有钢筋规格来制锥螺纹，并能承受轴向力和水平力及具有较好密封性能，靠机械力把钢筋连接在一起的。

本工艺标准适用于一、二级抗震设防一般工业与民用建（构）筑物的现浇钢筋混凝土结构的基础、柱、梁、墙的钢筋连接施工，能在施工现场连接Ⅱ~Ⅲ级别的Φ16~40同径或异径的竖向和水平钢筋。

（一）施工准备

1. 材料

钢筋：钢筋材质应符合钢筋混凝土用钢筋GB1499-9标准。

锥螺纹连接套：材质为Ⅱ级钢筋用30号~45号；Ⅲ级钢筋用45号钢。

2. 机具设备

钢筋锥螺纹套丝机：有 SZ-50A 型，能套制 Φ16~50 钢筋（Ⅱ~Ⅲ级）。

量规（牙形规、卡规、锥螺纹塞规）等。

力矩扳手：有 PW360（管钳型）力矩值为 100~360Nm。

辅助机具：有砂轮锯、角向磨光机、台式砂轮各一台。

3. 作业条件

（1）接头连接套规格必须与钢筋规格一致。

（2）锥螺纹连接接头不能用于预应力钢筋，经常承受反复动荷载及承受高压应力疲劳荷载的结构构件。

（二）操作工艺

锥螺纹钢筋接头是先在施工现场或钢筋加工厂，用锥螺纹钢筋接头用套丝机，把钢筋的连接端头加工成锥螺纹，然后通过锥螺纹连接套，用力矩扳手按规定的力矩值把钢筋和连接套拧紧在一起。

（三）质量标准

1. 保证项目

（1）钢材材质符合钢筋 GB1499-91 的标准。

（2）接头连接套有质量检验单和合格证。

（3）连接钢筋接头强度必须达到钢材强度值，按每种规格接头，以 300 个为一批（不足 300 个仍为一批）每批三根接头，超过 8% 为合格，试件长度不小于 600mm 作拉伸试验。

2. 基本项目

（1）钢筋套丝质量必须符合要求，要求逐个用月牙形规和卡规检查。要求牙形与牙形规的牙形吻合，小端直径不得超过允许值。

（2）钢筋螺纹的完整牙数不小于规定牙数。

（3）接完的钢筋接头必须用油漆作标记，其外露丝扣不得超过一个完整丝扣。

（四）施工注意事项

1. 避免工程质量通病

（1）连接套规格必须与钢筋一致。

（2）接连钢筋时必须将力矩扳手调到规定钢筋接头拧紧值，不要超过扭紧力矩值。

2. 主要安全技术措施

（1）锥螺纹钢筋接头套丝及连接钢筋的操作人员必须经过培训、考核、持证上岗。

（2）进行高空作业和用电操作人员须遵守《建筑安装工程安全技术规程》。

3. 产品保护

被连接的钢筋套丝质量经检验合格后,成品用塑料保护盖保护。

八、钢筋冷挤压连接

钢筋冷挤压连接法是在待连接的两根钢筋端部套上钢管,然后用便携式液压机挤压,使套管变形,将两根钢筋连接成一体的一种机械连接方法。此法适用于工业与民用建(构)筑物、高层建筑、地基工程等。各类钢筋混凝土结构的 Φ20~40 Ⅰ、Ⅱ级钢筋接头和异径钢筋接头,带肋钢筋连接能连接竖向、水平和任何倾角的钢筋、其接头强度、刚度、韧性均匀与母材相当。

(一)施工准备

1. 材料

(1)带肋钢筋符合钢筋混凝土 GB1499-91 标准。

(2)套管材质符合 GB5310-85 标准。

2. 机械设备

钢筋挤压连接的成套设备是由挤压连接钳、超高压电动油泵、超高压油管、悬挂器(手动葫芦)等组成。

钢筋挤压连接钳有 YJ-40 型挤压钳,用于 Φ40~36 的带肋钢筋的对接,YJ-32 型挤压钳,用于 Φ32~20 的带肋钢筋对接,YJ-23 型挤压钳,用于 Φ25~18 的带肋钢筋的对接。

3. 作业条件

(1)压接前要清除钢套和钢筋压接部位的铁锈、油污、泥砂等,钢筋端部要平直,如有弯折,必须予以矫直。

(2)液压系统中严禁混入杂质,在连接拆卸超过软管时,其端部要保管好,不能粘有灰尘砂土。

(二)操作工艺

1. 挤压工序及顺序

钢筋挤压连接分为二道工序。

第一道工序是先在地面上把每根待连接的钢筋一端按要求与套管的一半压好。

第二道工序是压好一半接头的钢筋插到已待接的钢筋端部,然后用挤压钳压好,这样就完成了整个接头的挤压工作。挤压接头必须从套筒的中部按标记向端部顺序挤压。

(1)钢筋半接头连接工艺

即上述第一道工艺,其具体步骤如下:

1)装好高压油管和钢筋配用限位器、套管压模,并且在压模内也涂上润滑油;

2)按手控上开关,使套管对正压模内孔,再按手控 Off 开关;

3）插入钢筋顶到限位器上扶正；

4）按手控上开关，进行挤压；

5）当听到液压油发出溢流声，再按手控下开关，退回柱塞，取下压模；

6）取出半套管接头，结束半接头挤压作业。

（2）接连钢筋挤压工艺

即上述第二道工序，其具体步骤如下：

1）将半套管插入结构待连接的钢筋上，使挤压机就位；

2）放置与钢筋配用的压模和垫块；

3）按下手控上开关，进行挤压，当听到液压油发出溢流声，按下手控下开关；

4）退回柱塞及导向板，装上垫块；

5）按下手控上开关，进行挤压；

6）按下手控上开关，退回柱塞再加垫块；

7）按手控上开关，进行挤压，再按手控下开关退回柱塞；

8）取下垫块、压模、卸下挤压机，钢筋连接完毕。

（三）质量标准

1. 保证项目

（1）钢材材料符合钢筋 GB1499-91 标准。

（2）套管材质应有质量检验单和合格证，几何尺寸要符合要求。

（3）接连钢筋接头强度必须达到同类型钢材强度值，按每种规格接头，以每 500 个为一批（不足 500 个仍为一批）作拉力试验，连续三个不合格，验收批数量要加倍。

2. 基本项目

（1）套管接头的套管挤压后的长度，没达到油漆标记线，误差超过 5mm 的，将未达到油漆标记线的这端套管与钢筋焊在一起，焊缝高不得小于 5mm。

（2）用量规检查挤压套管接头外径，通过即为合格，否则为不合格，需重新压模，重新挤压一次。

（四）施工注意事项

1. 避免工程质量通病

（1）套管的几何尺寸及钢筋接头位置要符合设计要求。

（2）钢筋的连接端和套管内壁不准有油污、铁锈、泥沙；套管接头外边的油脂必须擦干净。

（3）柱子钢筋接头要高出混凝土面 1m，以利于钢筋挤压连接作业。

（4）不准砸平带肋钢筋花纹。

（5）钢筋端部要平直，如有弯折，必须予以矫直。

2. 主要安全技术措施

（1）不准硬拉电线或高压油管。

（2）高压油管不得打死弯。

（3）参加钢筋冷挤压的人员必须培训、考核、持上岗证。

（4）作业人员必须遵守施工现场的施工作业有关规定。

3. 产品保护

连接成品不得随意抛砸。

第三节　混凝土施工

一、施工准备

1. 材料

（1）水泥

1）水泥宜选用425号以上的普通硅酸盐水泥，硅酸盐水泥、矿渣硅酸盐水泥、火山灰质硅酸盐水泥和粉煤灰硅酸盐水泥。

2）水泥的各项指标应分别符合《硅酸盐水泥、普通硅酸盐水泥》（GB175-85）标准和《矿渣硅酸盐水泥、火山灰质硅酸盐水泥和粉煤灰硅酸盐水泥》（GB1344-92）标准要求。

4）水泥进场时，应有出厂合格证或试验报告，并要核对其品种、标号、包装重量和出厂日期。使用前若发现受潮或过期，应重新取样试验。包装重量不足的另行堆放，做出处理。

5）水泥质量证明书各项品质指标应符合标准中的规定。品质指标包括氧化镁含量、三氧化硫含量、烧失量、细度、凝结时间、安定性、抗压和抗折强度。

6）混凝土的最大水泥用量不宜大于550kg/m³。

（2）砂

1）砂宜优先选用坚硬不含杂质有棱的硅质砂粒。

2）砂按其细度模数分为粗、中、细。混凝土工程应优先选用粗中砂。

3）砂的含泥量（按重量计），当混凝土强度等级高于或等于C30时，不大于3%；低于C30时，不大于5%。对有抗渗、抗冻或其他特殊要求的混凝土用砂，其含泥量不应大于3%，对C10或C10以下的混凝土用砂，其含泥量可酌情放宽。

（3）石子（碎石或卵石）

1）石子宜选用花岗岩为好。其余石灰岩、砂岩、页岩、或其他水成岩必须取样做石材强度检定。同时应根据混凝土建筑物或构物的使用情况和强度要求,决定能否使用或有限制性使用。

2)石子最大粒径不得大于结构截面尺寸的1/4,同时不得大于钢筋间最小净距的3/4。混凝土实心板骨料的最大粒径不宜超过板厚的1/2。且不得超过50mm。

3)石子中的含泥量(按重量计)对等于或高于C30混凝土时,不大于1%;低于C30时,不大于2%;对有抗冻、抗渗或其他特殊要求的混凝土,石子的含泥量不大于1%;对C10和C10以下的混凝土,石子的含泥量可酌情放宽。

4)石子中针、片状颗粒的含量(按重量计),当混凝土强度等于或高于C30混凝土时,不大于15%;低于C30时不大于25%;对C10和C10以下,可放宽到40%。

(4)水

1)符合国家标准的生活饮用水可拌制各种混凝土,不需再进行检验。

2)若采用非饮用的天然水、受污染的湖泊水、地下水等,应先经检验符合《混凝土拌和用水标准》(JGJ63-89)的规定才能使用。

(5)轻骨料

1)轻骨料混凝土用轻粗骨料、轻砂(或普通砂)与水泥和水配制而成,其干密度(原称干容量)不大于1950kg/m³。

2)轻骨料主要有粉煤灰陶粒和陶砂、黏土陶粒和陶砂、页岩陶粒和陶砂,以及天然轻骨料中的浮石、火山渣等。

3)采用轻骨料应分别符合《粉煤灰陶粒和陶砂》(GB2838-81)标准,《黏土陶粒和陶砂》(GB2839-81)标准。《页岩陶粒和陶砂》(GB2840-81)标准,《天然轻骨料》(GB2841-81)标准的规定。其试验方法应按《轻骨料试验方法》(GB2842-81)标准执行。

2. 机具

(1)移动式混凝土搅拌机按进料额定容量有250L和400L两种,按搅拌方式有自落式和强制式两种。自落式的型号应采用JZ、JD、JS型系列产品。

(2)振动器分插入式振动器、平板式振动器、附着式振动器和振动台。

(3)台秤,能称量200kg以上材料,且有CMC标志。

(4)斗车(手推车)。

3. 作业条件

(1)基础工程应先将基坑内积水抽干或排除,坑内浮土、淤泥和杂物要清理干净。

(2)墙、柱、梁等模板内的木碎、杂物要清除干净,模板缝隙应严密不漏浆。

(3)复核模板、支顶、预埋件、管线钢筋等符合施工方案和设计图纸并办理隐蔽验收手续。

(4)脚手架架设要符合安全规定:楼板浇捣时尚应架设运输桥道,桥道下面要有遮盖,浇筑口应有专用槽口板。

(5)水泥、砂、石子及外加剂、掺合料等经检查符合有关标准要求,试验室已下达混凝土配合比通知单。

（6）台秤经计量检查准确，振动器经试运转符合使用要求。

（7）根据施工方案对班组进行全面施工技术交底，包括作业内容、特点、数量、工期、施工方法、配合比、安全措施、质量要求和施工缝设置等。

二、操作工艺

1. 浇筑前应对模板浇水湿润，墙、柱模板的清扫口应在清除杂物及积水后再封闭。

2. 根据配合比确定的每盘（槽）各种材料用量要过称。

3. 装料顺序：一般先装石子，再装水泥，最后装砂子，如需加掺合料时，应与水泥一并加入。

4. 混凝土搅拌的最短时间：自全部材料装入搅拌筒中起至开始卸料时止。

（1）掺有外加剂时，搅拌时间应适应延长。

（2）粉煤灰混凝土的搅拌时间宜比基准混凝土延长 10~30s。

（3）轻骨料混凝土加料顺序：当轻骨料在搅拌前预湿时，先加粗、细骨料和水泥搅拌 30s，再加水继续搅匀。未经预湿的轻骨料先加 1/2 用水量，然后加粗细骨料搅拌 60s，再加水泥和剩余水量继续搅拌均匀。

5. 混凝土运输

（1）混凝土在现场运输工具有手推车、吊斗、滑槽、泵送等。

（2）混凝土自搅拌机中卸出后，应及时运到浇筑地点。在运输过程中，要防止混凝土离析、水泥浆流失、坍落度变化以及产生初凝等现象。如混凝土运到浇筑地点有离析现象时必须在浇灌前进行二次拌和。

（3）混凝土从搅拌机中卸出后到浇筑完毕的延续时间，不宜超过规定。掺用外加剂的混凝土，其运输延续时间应由试验确定。

轻骨料混凝土运输延续时间应适当缩短，以不超过 45min 为宜。若产生拌和物稠度损失或离析较重者，浇筑前宜采用人工二次拌和。

（4）混凝土运输道路应平整顺畅，若有凹凸不平，应铺垫桥枋。在楼板施工时，更应铺设专用桥道，严禁手推车和人员踩踏钢筋。

6. 混凝土浇筑的一般要求

（1）混凝土自吊斗口下落的自由倾落高度不得超过 2m，如超过 2m 时必须采取措施。

（2）浇筑竖向结构混凝土时，如浇筑高度超过 3m 时，应采用串筒、导管、溜槽或在模板侧面开门子洞（生口）。

（3）浇筑混凝土时应分段分层进行，每层浇筑高度应根据结构特点、钢筋疏密决定。一般分层高度为插入式振动器作用部分长度的 1.25 倍，最在不超过 500mm。平板振动器的分层厚度为 200mm。

（4）使用插入式振动器应快插慢拔。插点要均匀排列，逐点移动，按顺序进行,不得遗漏,做到均匀振实。移动间距不大于振动棒作用半径的1.5倍(一般为300~400mm)。振捣上一层时应插入下层混凝土面50mm,以消除两层间的接缝。平板振动器的移动间距应能保证振动器的平板覆盖已振实部分边缘。

(5)浇筑混凝土应连续进行。如必须间歇其间歇时间应尽量缩短,并应在前层混凝土初凝之前,将次层混凝土浇筑完毕。间歇的最长时间应按所用水泥品种及混凝土初凝条件确定一般超过2小时应按施工缝处理。

(6)浇筑混凝土时应派专人经常观察模板钢筋、预留孔洞、预埋件、插筋等有无位移变形或堵塞情况,发现问题应立即停止浇灌并应在已浇筑的混凝土初凝前修整完毕。

7. 桩基承台、梁、混凝土浇筑

(1)承台梁浇筑混凝土时,应按顺序直接将混凝土倒入模板中。如留缝超初凝时间应按施工缝处理。右使用吊斗直接卸料入模时其吊斗出料口距操作面高度,以300~400mm为宜,并不得集中一处倾倒。

(2)振捣时应沿承台梁浇筑的顺序方向采用斜向振捣法,振动棒与水平倾角约60°左右,棒头朝前进方向,棒间距以500mm为宜,要防止漏振,振捣时间以混凝土表面翻浆冒出气泡为宜。混凝土表面应随振捣按标高线进行抹平。

(3)梁的施工缝宜留置于相邻两承台中间的1/3范围内,并用模板挡好,留成直槎(企口)。继续施工时,接缝处混凝土应先凿去浮浆,用水湿润并浇一层水泥浆或与混凝土万分相同的水泥砂浆,使新旧混凝土接合良好,然后才继续浇筑混凝土。

8. 柱、墙混凝土浇筑

(1)柱、墙浇筑前,或新浇混凝土与下层混凝土结合处,应在底面上均匀浇筑50mm厚与混凝土配比相同的水泥砂浆。砂浆应用铁铲入模,不应用料斗直接倒入模内。

(2)柱墙混凝土应分层浇筑振捣,每层浇筑厚度控制在500mm左右。混凝土下料点应分散布置循环推进,连续进行,并控制好混凝土浇筑的延续时间。

(3)浇筑墙体洞口时,要使洞口两侧混凝土高度大体一致。振捣时,振动棒应距洞边300mm以上,并从两侧同时振捣,以防止洞口变形。大洞口下部模板应开口并补充振捣。

(4)构造柱混凝土应分层浇筑,每层厚度不得超过300mm。

(5)施工缝设置:墙体宜设在门窗洞口过梁跨度1/3范围内。墙体其他部位垂直缝留设应由施工方案确定。柱子水平缝留置于主梁下面、吊车梁牛腿下面、吊车梁上面、无梁楼板的柱帽下面。

9. 梁、板混凝土浇筑

(1)肋形楼板的梁板应同时浇筑,浇筑方法应由一端开始用"赶浆法"推进,先将梁分层浇筑成阶梯形,当达到楼板位置时再与板的混凝土一起浇筑。

(2)和板连成整体的大断面梁允许单独浇筑,其施工缝应留设在板底下20~30mm处。第一层下料慢些,使梁底充分振实后再下第二层料。用"赶浆法"使水泥浆沿梁底包裹石子向前推进,振捣时要避免触动钢筋及埋件。

（3）楼板浇筑的虚铺厚度应略大于板厚，用平板振动器垂直浇筑方向来回振捣。注意不断用移动标志以控制混凝土板厚度。振捣完毕，用刮尺或拖板抹平表面。

（4）在浇筑与柱、墙连成整体的梁和板时，应在柱和墙浇筑完毕后停歇1~1.5小时，使其获得初步沉实，再继续浇筑。

（5）施工缝设置：宜沿着次梁方向浇筑楼板，施工缝应留置在次梁跨度1/3范围内，施工缝表面应与次梁轴线或板面垂直。单向板的施工缝留置在平行于板的短边的任何位置。双向受力板、厚大结构、拱、薄壳、水池、多层钢架等结构复杂的工程，施工缝位置应按设计要求留置。

（6）施工缝宜用木板、钢丝网挡牢。

（7）施工缝处须待已浇混凝土的抗压强度不少于1.2MPa时，才允许继续浇筑。混凝土达到1.2MPa的时间，可通过试验决定。

（8）在施工缝处继续浇筑混凝土前，混凝土施工缝表面应凿毛，清除水泥薄膜和松动石子，并用水冲洗干净。排除积水后，先浇一层水泥浆或与混凝土成分相同的水泥砂浆然后继续浇筑混凝土。

（9）浇筑梁柱接头前应按柱子的施工缝处理。

10. 楼梯混凝土浇筑

（1）楼梯段混凝土自下而上浇筑。先振实底板混凝土，达到踏步位置与踏步混凝土一起浇筑，不断连续向上推进，并随时用木抹子（木磨板）将踏步上表面抹平。

（2）楼梯混凝土宜连续浇筑完成。

（3）施工缝位置：根据结构情况可留设于楼梯平台板跨中或楼梯段1/3范围内。

11. 大模板轻骨料混凝土浇筑

（1）应连续施工，不留或少留施工缝。

（2）应分层浇筑，每层厚度不大于300mm。

（3）由于轻骨料容重轻，容易造成砂浆下沉，轻骨料上浮。使用插入式振动器时要快插慢拔，震点要适当加密，分布均匀。其振捣间距不应大于振荡棒作用半径的一倍，振动时间不宜过长，防止分层离析。

（4）施工缝设在内外墙交接处，用钢丝网或木板挡牢。

12. 混凝土的养护

（1）混凝土浇筑完毕后，应在12小时以内加以覆盖，并浇水养护。

（2）混凝土浇水养护日期一般不少于7天，掺用缓凝型外加剂或有抗渗要求的混凝土不得少于14天。

（3）每日浇水次数应能保持混凝土处于足够的润湿状态。常温下每日浇水两次。

（4）大面积结构如地坪、楼板、屋面等可蓄水养护，贮水池一类工程，可在拆除内模板后，待混凝土达到一定强度后注水养护。

（5）可喷洒养护剂，在混凝土表面形成保护膜，防止水分蒸发，达到养护的目的。

（6）采用塑料薄膜覆盖时，其四周应压至严密，并应保持薄膜内有凝结水。

（7）养护用水与拌制混凝土用水相同。

三、质量标准

1. 保证项目

（1）混凝土所用的水泥、水、骨料、加外剂等必须符合施工规范及有关规定，使用前要检查出厂合格证或者检验报告是否符合质量要求。

（2）混凝土配合比、原材料计量、搅拌、养护和施工缝处理必须符合施工规范规定，并检查《混凝土搅拌质量记录表》和施工日志。

（3）评定混凝土强度的试块必须符合《混凝土强度检验评定标准》（GBJ107-87）的标准和规定。

（4）对设计不允许有裂缝的结构，严禁出现裂缝；设计允许出现裂缝的结构，其裂缝宽度必须符合设计要求。如设计没有说明者，普通钢筋混凝土一般允许裂缝宽度露天≤0.2mm，室内≤0.3mm。

2. 基本项目

（1）混凝土应振捣密实，并根据外观检查出现蜂窝、孔洞、露筋、缝隙、夹渣等缺陷程度评定质量等级。

（2）基础上表面有坡度时，坡度应符合设计要求，无倒坡现象。

四、施工注意事项

1. 避免工程质量通病

（1）蜂窝。产生原因：振捣不实或漏振；模板缝隙过大导致水泥浆流失，钢筋较密或石子相应过大。预防措施：按规定使用和移动振动器。中途停歇后再浇捣时，新旧接缝范围要小心振捣。模板安装前应清理模板表面及模板拼缝处的黏浆，才能使接缝严密。若接缝宽度超过2.5mm，应予以填封，梁筋过密时应选择相应的石子粒径。

（2）露筋。产生原因：主筋保护层垫块不足，导致钢筋紧贴模板；振捣不实。预防措施：钢筋垫块厚度要符合设计规定的保护层厚度；垫块放置间距适当，钢筋直径较小时，垫块间距宜密些，使钢筋下垂挠度减少；使用振动器必须待混凝土中气泡完全排除后才移动。

（3）麻面。产生原因：模板表面不光滑；模板湿润不够；漏涂隔离剂。预防措施：模板应平整光滑，安装前要把粘浆清除干净，并满涂隔离剂，浇捣前对模板要浇水湿润。

（4）孔洞。产生原因：在钢筋较密的部位，混凝土被卡住或漏振。预防措施：对钢筋较密的部位（如梁柱接头）应分次下料，缩小分层振捣的厚度；按照规程使用振动器。

（5）缝隙及夹渣。产生原因：施工缝没有按规定进行清理和浇浆，特别是柱头和梯板脚。预防措施：浇注前对柱头、施工缝、梯板脚等部位重新检查，清理杂物、泥沙、木屑，

（6）墙柱底部缺陷（烂脚）。产生原因：模板下口缝隙不精密，导致漏水泥浆；或浇筑前没有先浇灌足够50mm厚以上水泥砂浆。预防措施：模板缝隙宽度超过2.5mm应予以填塞严密，特别防止侧板吊脚；浇注混凝土前先浇足50~100mm厚的水泥砂浆。

（7）梁柱结点处（接头）断面尺寸偏差过大。产生原因：柱头模板刚度差，或把安装柱头模板放在楼层模板安装的最后阶段，缺乏质量控制和监督。预防措施：安装梁板模板前，先安装梁柱接头模板，并检查其断面尺寸、垂直度、刚度，符合要求才允许接驳梁模板。

（8）楼板表面平整度差。产生原因：振捣后没有用拖板、刮尺抹平；跌级和斜水部位没有符合尺寸的模具定位；混凝土未达终凝就在上面行人和操作。预防措施：浇捣楼面应提倡使用拖板或刮尺抹平，跌级要使用平直、厚度符合要求和模具定位；混凝土达到1.2MPa后才允许在混凝土面上操作。

（9）基础轴线位移，螺孔、埋件位移。产生原因：模板支撑不牢，埋件固定措施不当，浇筑时受到碰撞引起。预防措施：基础混凝土是属厚大构件，模板支撑系统要予以充分考虑；当混凝土捣至螺孔底时，要进行复线检查，及时纠正。浇注混凝土时应在螺孔周边均匀下料，对重要的预埋螺栓尚应采用钢架固定。必要时二次浇筑。

（10）混凝土表面不规则裂缝。产生原因：一般是淋水保养不及时，湿润不足，水分蒸发过快或厚大构件温差收缩，没有执行有关规定。预防措施：混凝土终凝后立即进行淋水保养；高温或干燥天气要加麻袋草袋等覆盖，保持构件有较久的湿润时间。厚大构件参照大体积混凝土施工的有关规定。

（11）缺棱掉角。产生原因：投料不准确，搅拌不均匀，出现局部强度低；或拆模板过早，拆模板方法不当。预防措施：指定专人监控投料，投料计量准确；搅拌时间要足够；拆模板应在混凝土强度能保证其表面及棱角不应在拆除模板而受损坏时方能拆除。拆除时对构件棱角应予以保护。

（12）钢筋保护层垫块脆裂。产生原因：垫块强度低于构件强度；沉置钢筋笼时冲力过大。预防措施：垫块的强度不得低于构件强度，并能抵御钢筋放置时的冲击力；当承托较大的梁钢筋时，垫块中应加钢筋或铁丝增强；垫块制作完毕应浇水养护。

（13）柱混凝土强度高于梁板混凝土强度时，应按图在梁柱接头周边用钢网或木板定位，并先浇梁柱接头，随后浇梁板混凝土。

（14）计量不准确。砂、石、水泥（包括散装水泥和水）未经计量或计量不准；外加剂没有按程序操作，而导致混凝土质量下降。

（15）有台阶的构件，应先待下层台阶浇筑层沉实后再继续浇筑上层混凝土，防止砂浆从吊板下冒出导致烂根。

（16）浇筑悬臂板应使用垫块，保证钢筋位置正确。

（17）混凝土缺陷的处理：

1）麻面：先用清水对表面冲刷干净后用1:2或1:2.5水泥砂浆抹平。

2）蜂窝、露筋：先凿除孔洞周围疏松软弱的混凝土，然后用压力水或钢丝刷洗刷干净，对小的蜂窝孔洞用 1∶2 或 1∶2.5 水泥砂浆抹平压实，对大的蜂窝露筋按孔洞处理。

3）孔洞：凿去疏松软弱的混凝土，用压力水或钢丝刷洗刷干净，支模后，先涂纯水泥浆，再用比原混凝土高一级的细石混凝土填捣。如孔洞较深，可用压力灌浆法。

4）裂缝：视裂缝宽度、深度不同，一般将表面凿成 V 型缝，用水泥浆、水泥砂浆或环氧水泥浆进行封闭处理；裂缝较严重时，可用埋管压力灌浆。

（18）严禁踩踏钢筋，确保钢筋配置符合设计要求。

2. 主要安全技术措施

（1）搅拌机应该设置在平坦的位置上，用木枋垫起轮轴，将轮胎架空，防止开机时发生移动。

（2）作业完毕，随即将拌筒清洗干净，筒内不得有积水。

（3）搅拌机上料斗提升后，斗下不准人员通行。如必须在斗下作业，须将上料斗用保险链条挂牢，并停机。

（4）搅拌机应有专用开关箱，并应装有漏电保护器。停机后应拉断电闸，锁好开关箱。

（5）使用振动器的作业人员，应穿胶鞋，戴绝缘手套，使用带有漏电保护的开关箱。

（6）使用手推车倾倒混凝土时，应有挡车措施，不得用力过猛或撒把。

（7）垂直运输采用井架时，手推车放置要平稳，车把不得伸出笼外，车轮前后应挡牢。

（8）使用溜槽时，严禁操作人员直接站在溜槽邦上操作。

（9）浇筑单梁、柱混凝土时，应设操作台，操作人员严禁直接站在模板或支撑上操作，以免踩滑或踏断而坠落。

（10）浇筑拱形结构，应自两边拱脚对称同时进行；浇筑漏斗形料仓，应将下口先行封闭，并搭设操作平台，以防坠落。

（11）楼面上的孔洞应予以遮盖或有其他保护措施。宜提倡预埋间距 200mm×200mm 钢筋网作可靠性防护。

（12）夜间作业，应有足够照明设备，并防止眩光。

3. 产品保护

（1）混凝土浇筑期间，及时校对预留伸出钢筋或埋件位置。

（2）已浇的楼板混凝土强度达到 1.2MPa 后才准在楼面上乾地操作。

（3）侧面模板应在混凝土强度能保证其棱角不因拆模而受损坏时，方可拆模。

（4）不能用重物冲击模板，不准在梁侧板或吊板上蹬踩。

（5）使用振动棒时，注意不要触碰钢筋与埋件、预埋螺栓、暗管等，如发现变异应及时校正。

（6）雨期施工应备有足够的防御措施，及时对已浇筑的部位进行遮盖。下雨期间，应避免露天作业。

（7）日平均气温低于 5℃时，不得浇水养护，宜用塑料薄膜或麻袋、草袋覆盖保温。

第四节 预应力混凝土工程施工

预应力混凝土结构工程施工工艺复杂、专业性较强、质量要求较高，施工中稍有不慎即会产生不同程度的缺陷，影响结构的安全性和耐久性。做好预应力混凝土施工质量控制意义深远。

一、施工准备

1. 预应力筋：预应力用的热处理钢筋、钢丝、钢绞线的品种、规格、直径，必须符合设计要求及国家标准，应有出厂质量证明书反复试报告。冷拉Ⅰ、Ⅱ、Ⅲ级钢筋还应有冷拉后的机械性能试验报告。

2. 预应力筋的锚具、夹具和连接器的形式，应符合设计及应用技术规程的要求，应有出厂合格证，进入施工现场应按《混凝土结构工程施工及验收规范》（GB50204-2）的规定进行验收和组装件的静载试验。

3. 灌浆用的水泥不得低于425号、普通硅酸盐水泥或按设计要求选用，应有出厂合格证书和复试报告单。

4. 主要机具有：液压拉伸机、电动高压油泵、灌浆机具、试模等。

5. 作业条件：
施加预应力的拉伸机已经过校验并有记录。试车检查张拉机具与设备是否正常、可靠，如发现有异常情况，应修理好后才能使用。灌浆机具准备就绪。

二、施工技术

（一）先张法

先张法是在浇筑混凝土构件之前，张拉预应力筋，并将其临时锚固在台座上或钢模上，然后浇筑混凝土，待混凝土达到一定强度（一般不低于混凝土强度标准值的75%）。保证预应力筋与混凝土之间有足够的黏结力时，放松预应力筋。当预应力筋弹性回缩时，借助于混凝土与预应力筋之间的黏结力，使混凝土产生预压应力。

先张法目前大多用于生产中小型预应力构件，如屋面板、楼板、小梁、檩条等。

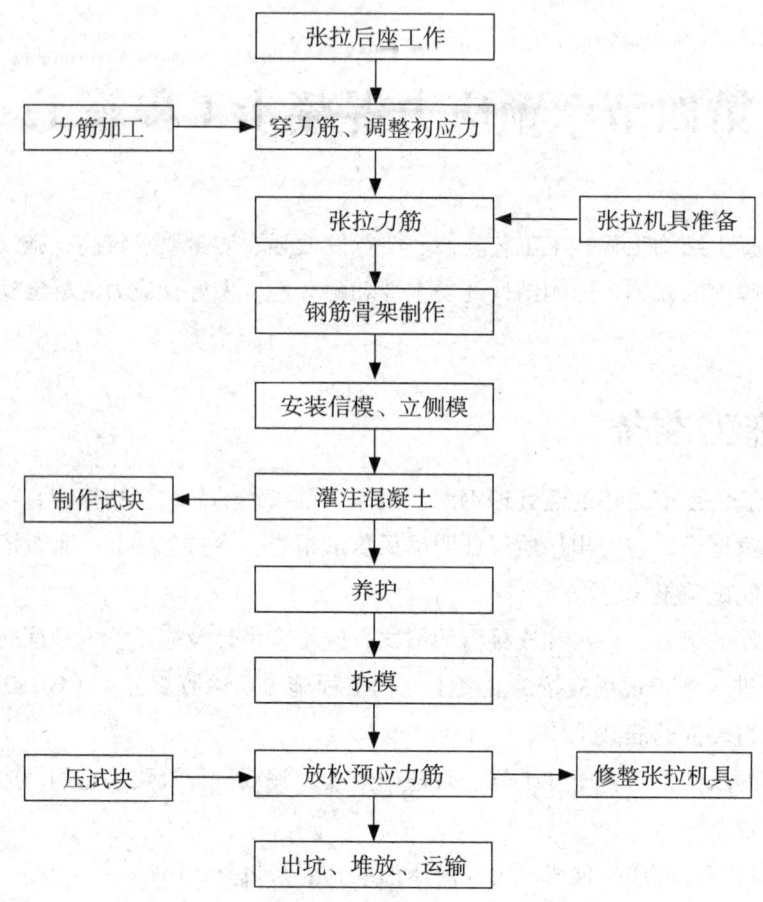

图 4-4-1 先张法预应力施工工艺

1. 建设长线台张拉台座

建设长线张拉台基础，台背（牛腿柱）台座是以传力式设计的，为钢筋混凝土结构，经计算有足够的耐压强度，并保证在预应力钢绞线张拉过程和其他工序施工过程中无变形现象，从而保证钢绞线的张拉值和施工安全。

2. 张拉梁的制作与使用

长线钢绞线张拉梁用30mm厚的钢板和两件40工字钢拼焊而成的，分别为张拉固定梁和张拉行梁两种，张拉梁的结构有足够的刚度，保证在施工过程中无变形现象，并保证钢绞线张拉值的准确与安全。在安放张拉固定梁和张拉行梁时，其水平对称线与底模中心线对中，用木楔调整高度，使张拉梁对称轴线与台背柱横轴线对中，将该长线槽内的底模纵轴线引到张拉台座的面板上，并按设计要求该长线槽预制板需的钢绞线固定在已经定好位的张拉梁上。

3. 夹具制作

夹具采用圆套筒三片式夹具，夹片用20铬钢制造，夹片经有关部门进行检验合格的，使用时保证夹片平齐地夹持住钢绞线，使用前在套筒内壁稍涂黄油以使夹片的楔紧和用毕后便于退出夹片，每次在使用前对夹片进行详细检查，如发现有刻痕现象马上更换，保证张拉质量和安全。

4. 长线张拉槽底模制作

长线张拉槽底模设在两张拉台背之间，以钢筋混凝土的结构建设，本厂长线张拉槽全长115m，分两次浇筑混凝土，第一次先浇筑30cm的基础平面砼，在浇筑基础平面混凝土的同时预埋底模和传力防护垛的钢筋，基础平面混凝土强度达到一定强度后绑扎底模的钢筋骨架和焊接底模周边的角钢，而后支模板浇筑

5. 张拉机具

（1）长线钢绞线张拉采用YC150Q—250型千斤顶两台，使用前对使用的千斤顶进行检查和系统标定经过标定的压力表和配套的千斤顶一定套使用，不得更换。

（2）油泵依据油泵说明要求先做空载运转，空载检验正常后做保压检验，经检验正常后进行施工使用。

（3）张拉机具除张拉固定横梁，张拉行（活）横梁、千斤顶、油泵外，还有配套的精轧螺纹钢，精轧螺纹钢与钢绞线连接的杆线连接器，杆与杆连接的杆杆连接器，牢固精轧螺纹钢的钢母，预紧小千斤顶等。

6. 钢绞线的安放与加工

（1）放钢绞线之前首先检查确认该钢绞线的直径与该槽预制板设计要求的钢绞线直径是否相同，确认无误后引线，在放线时沿底模的纵向每隔2~3米横向设一条约4×4cm的小木方，钢绞线的长度保持一至，钢绞线的数量符合该趟线（槽）预制板的设计要求，使用处理各棵钢绞线失效作用的塑料管，按设计要的长度分别穿在钢绞线上以便张拉后定位。

（2）钢绞线加工钢绞线下料长度按下列公式计算：$L=L_1+L_2+L_3$。L_1——该长线槽所有布置预制板的累计长度；L_2——该长线槽所有预制板两板之间的间距累计长度；L_3——全槽两端板外端线以外与精轧螺纹钢的接点长度。

7. 钢绞线张拉及钢筋骨架绑扎

（1）在长线张拉槽的两侧设了传力防护垛，防止钢绞线向两侧崩出，在台面上面加卡，防止向上崩出钢绞线的卡具，在张拉台操作处设了防护垛，千斤顶设地脚螺栓，活动横梁设防倾斜钢丝绳，确保横梁。千斤顶等受力件中心与预应力筋重合、不偏斜。在张拉横梁的两端及周围一定范围内设置警告牌，以便在张拉时严禁闲杂人员进入工作区。

（2）张拉过程的每一步都要严格按规定执行。

8. 支立模板

侧模应先编号，按号入座，便于组装与支立，侧模与底模紧固采用螺栓顶杆。海棉条封缝，模顶面采取螺栓拉杆，两侧采取花兰螺栓对拉的方法，使其在施工中不产生跑模和漏浆现象。支好模后严格检查各几何尺寸，模板上的隔离剂不得沾污在钢筋上。

9. 砼浇筑

由于底板砼浇筑，要求充分保证砼的密实，振捣采用平板振捣器作业，振捣时严禁振捣器碰到钢绞线，反复振捣直到砼不再下沉密实为止。底板砼振毕后穿放胶囊，使用前充分检查，认为无漏气现象方可使用。无误后方可继续浇筑侧板砼。由一端向另一端对称浇筑，顶板同时并行施工。

10. 砼养护

砼养护采取蒸汽养生，砼浇筑结束后，盖上罩，静止2小时，而后开始供气升温，以每小时升温10°~15°的温度控制升温，升温至60度，以60度为恒温，恒温持续72小时，经压随梁试件的强度达到设计要求时开始降温以每小时15度控制，降至常温后开启罩布。

抽拔胶囊：待砼浇注毕后，待砼进入终凝后有一定的强度后先缓慢放气，同时观察顶面有无裂纹，无裂纹即可拔出胶囊

11. 预应力钢绞线放张与切割断线

养生终止后立即压随梁试件，证实砼强度达设计强度后放张，放张采用整体放张法。放张后断线，断线时由两侧对称由外向内一根一根的用无齿锯切断，然后用防锈漆封闭外露端头。同时在端部写明构件编号，张拉日期，砼浇注日期，及使用于哪座桥，哪孔用的标记。

12. 移梁存放

用龙门吊将梁吊出张拉台，吊入存梁区存放。

（二）后张法

后张法是先制作构件或先浇筑结构混凝土。并在预应力筋的部位预先留出孔道。待混凝土达到设计规定的强度等级以后，在预留孔道内穿入预应力筋，并按设计要求的张拉控制应力进行张拉，利用锚具把预应力筋锚固在构件端部，最后进行孔道灌浆。张拉后的钢筋通过锚具传递预应力，使构件或结构混凝土得到预压。

后张法的特点是直接在构件上张拉预应力筋，构件在张拉过程中受到预压力而完成混凝土的弹性压缩。因此，混凝土的弹性压缩，不直接影响预应力筋的有效预应力值的建立。后张法适宜于在施工现场制作大型构件（如屋架等）。以避免大型构件长途运输中的麻烦。

后张法除作为一种预加应力的工艺方法外。还可以作为一种预制构件的拼装手段。大型构件（如拼装式大跨度屋架）可以预制成小型块体，运至施工现场后。通过预加应力的手段拼装成整体；或者各种构件安装就位后，通过预加应力的手段，拼装成整体预应力结构。但后张法预应力的传递主要依靠预应力筋两端的锚具，锚具作为预应力筋的组成部分，永远留置在构件上。不能重复使用。这样，不仅需要耗用的钢材多。而且锚具加工要求高，费用昂贵，加上后张法工艺本身要预留孔道、穿筋、张拉、灌浆等因素，故施工工艺比较复杂，成本也比较高。

预应力后张法构件的生产分为两个阶段：第一阶段为构件的生产；第二阶段为施加预

应力阶段，其中包括预应力筋的制作、预应力筋的张拉和孔道灌浆等工艺。

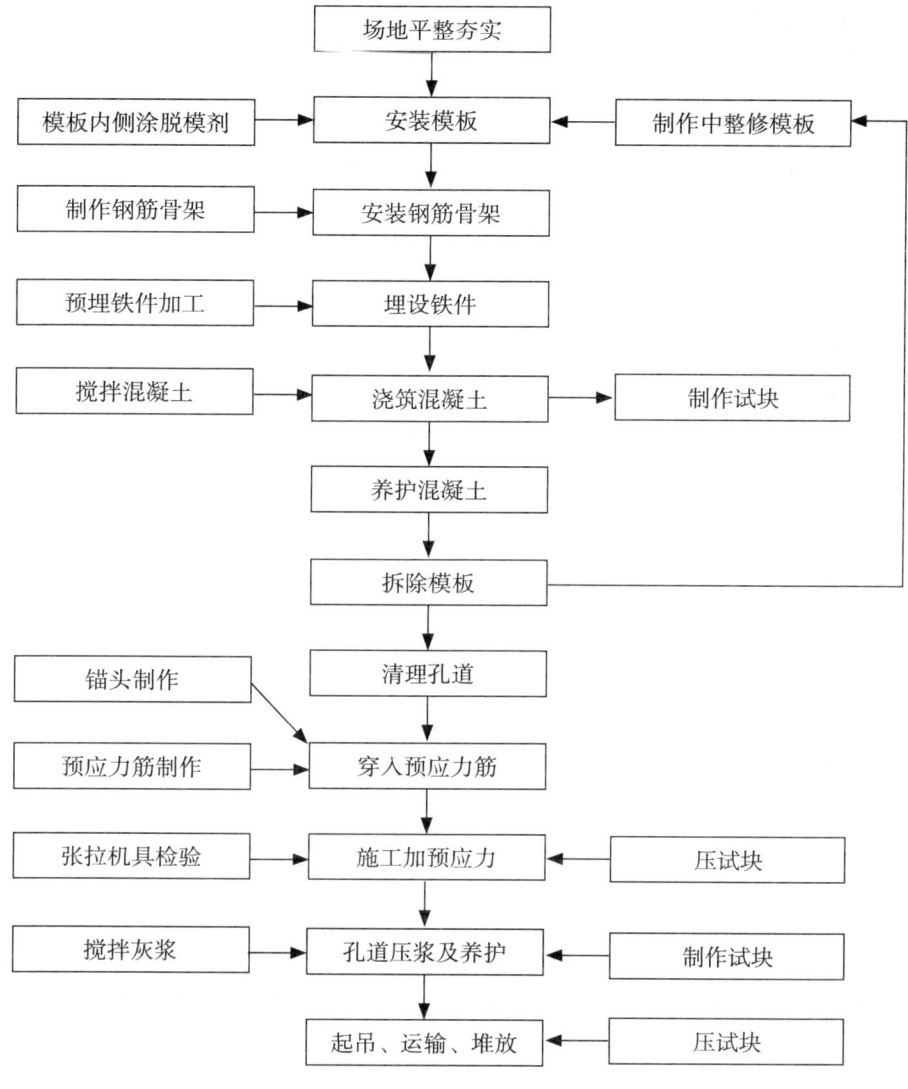

图 4-4-2 后张法预应力施工工艺

1. 孔道留设

孔道留设正确与否是制作过程中的关键之一。孔道的直径一般比预应力筋外径大 10~15mm，以利于预应力筋穿入。孔道的留设有抽芯法和预埋管法。

2. 预应力筋张拉

预应力筋张拉需要注意的混凝土的张拉强度、张拉控制应力及张拉程序、张拉方法、预应力的校核、张拉顺序。

3. 孔道的灌浆

预应力筋的张拉、锚固完成后、应立即进行孔道浇灌工作，以防锈蚀，增加结构的耐久性。灌浆用的水泥浆的标号不低于 425 号的普通硅酸盐水泥；水灰比宜为 0.4 左右。

4. 后张法在张拉过程中施工要点

（1）张拉时，构件混凝土强度不应低于设计强度等级值的75%。当块体拼装构件的竖缝采用砂浆接缝时，砂浆强度不低于15MPa。

（2）对预留孔道应用通孔器或压气、压水等方法进行检查。

（3）穿束时，对于短束，用人工从一端向另一端穿束；对于较长束，应套上穿束器，由引线及牵引设备从另一端拉出。

（4）预应力筋的张拉顺序采取分批、分段对称张拉。

（5）对于曲线预应力筋或长度≥25m的直线预应力筋，宜在两端张拉；对长度<25m的直线预应力筋，可在一端张拉：

（6）预应力筋在张拉控制应力达到稳定后方可锚固。预应力筋锚固后的外露长度不宜小于300mm，锚具应用封端混凝土保护，一般情况下，锚固完中并经检验合格后即可切割端头多余的预应力筋，严禁用电弧焊切割，强调用砂轮机切割。

（7）张拉切割后即封堵。用素灰将锚头封住，然后用塑料布将其裹住进行养生，防止裂缝而使锚头漏浆、漏气。影响压浆质量。

三、质量标准

1. 检验项目
表面质量，尺寸偏差，捻距，拉伸试验，弯曲试验，松弛试验。

2. 取样方法和数量

（1）预应力砼用钢绞线应成批验收，每批由同一牌号、同一规格、同一生产工艺制成的钢绞线组成，每批重量不大于60吨。

（2）从每批钢绞线中任取3盘，进行表面质量，直径偏差、捻距和力学性能试验。如每批少于3盘，则应逐盘进行检验。屈服强度和松弛试验每季度抽检一次，每次不少于1根。

（3）从每盘所选的钢绞线端部正常部位截取1根750mm的式样进行试验。

3. 结果判断及处理
技术性能有专门规定，试验结果，如有一项不合格时，则不合格盘报废，再从未试验过的钢绞线中取双倍数量进行该不合格项的复验，若仍有一项不合格，则该批判为不合格。（均为规范规定）

预应力是为了改善结构服役表现，在施工期间给结构预先施加的压应力，结构服役期间预加压应力可全部或部分抵消荷载导致的拉应力，避免结构破坏。常用于混凝土结构，是在混凝土结构承受荷载之前，预先对其施加压力，使其在外荷载作用时的受拉区混凝土内力产生压应力，用以抵消或减小外荷载产生的拉应力，使结构在正常使用的情况下不产生裂缝或者裂得比较晚。

四、注意问题

1. 预应力钢筋质量不合格
强度不达标时会降低预应力值，影响承载能力；伸长率不达标时，造成断丝或滑丝。

2. 钢绞线生锈
轻度的浮锈会增大摩阻值，严重的锈蚀会损伤钢绞线的截面，降低抗压强度，张拉时易断裂，甚至有可能埋下预应力结构毁坏的隐患，影响孔道灌浆后预应力钢筋的握裹力。

3. 波纹管材质低劣
表现为整体强度、刚度不符合标准，螺旋卷压接咬合不牢固、不严密。管材厚度、硬度不符合标准。易造成截面变形，影响穿束；易开裂，使水泥浆漏入，造成孔道不同程度的堵塞，轻则增大摩阻，重则影响穿束。

4. 波纹管孔道漏进水泥浆液
轻则减少孔道截面积，增加摩阻值；重则堵孔，使穿束困难，甚至无法穿束。

5. 锚具、夹具质量不稳定
表现为夹片几何尺寸不合格，硬度不均匀。夹片硬度大时，造成断丝或夹片脆裂；夹片硬度小时，会造成滑丝；夹片与锚环孔几何尺寸不吻合、不匹配，影响锚固效果。

6. 锚具安装不规范
锚环没放入锚垫板的定位槽内，夹片没有对齐，没摆匀。可能造成局部应力集中，影响锚固效果。

7. 张拉操作方面
在张拉过程中，没有按规程操作，严格控制好张拉力，造成预应力筋滑丝或断丝，达不到钢丝的设计强度，从而影响构件的承载力。

8. 孔道灌浆方面
孔道灌浆用浆液中，外加剂使用不规范。如铝粉不做脱脂处理，影响膨胀效果；抗冻剂含氯盐，造成预应力钢筋锈蚀；掺入计量不准确影响预期效果，甚至导致负面效应等。

第五节 冬期施工和雨期施工

一、钢筋混凝土工程冬季施工措施

（一）钢筋工程

1. 当环境温度低于 -5℃情况下，对钢筋的对焊时，焊工必须有合格上岗证件，应严格执行安全技术措施，加强焊工的安全意识，防止发生烧伤、触电和火灾等事故，在大面积焊接前，应先进行试焊，经检验合格后，方可进入实际现场具体施工点施焊，并应根据施工条件进行焊接工艺参数调整，使焊缝和热影响区缓慢冷却并应有挡风措施，未冷却的接头应避免冰雪接触。在焊接完毕后，应对全部接头的外观质量进行自检。

2. 独立柱钢筋采用电渣压力焊，现场截取试件进行强度试验（用 3 个拉伸，3 个弯曲试验）按 300 个同类型接头按为一批，合格后方可继续施焊。

并在接头外不得有横向裂缝，不得有表面烧伤，按头处的弯折，偏移不得大于 0.1 感觉直径，同时不得大于 2cm，外观不合格的地方要重新切除，重焊后，可提交二次验收。

3. 在施焊过程中注意事项：

（1）在对焊机使用时应装设电压表，如电压降大于 5%，应适当提高变压器级数，电压的电压降到 8% 以下，则应停止焊接，以确保质符合要求。

（2）每天在焊试件前均要先进行试焊，调减电压到正常使用范围内方可进行实际焊接。

（3）在焊接前，应清除钢筋焊接部位处的铁锈，污物等端部扭曲，弯折应予以矫直，对不符要求的接触部位应切除。

（二）砼的工程

冬期砼的实质是在自然负温环境中要创造各种可能的养护条件，使砼得到硬化并增强。采用商品砼进行施工。

1. 材料要求

（1）水泥选用 P42.5 普通硅酸盐水泥。进入现场应进行常规安定性和强度试验，合格后方可使用。

（2）粗骨料选用 20~40 标准料，并应极配良好、坚硬，拉到现场后此料应无冰块、雪团等。进入现场后进行压碎和级配试验，合格后方可投入使用。

（3）拌和水为甲方提供的民用地下清水。

（4）配合比，按试验室提供的配合比比设计图纸高一个标号进行，柱由 C30 变为 C35，梁板由 C25 变为 C30。

2. 砼的浇筑要点

混凝土搅拌、运输的时间控制比常温延长50%左右。由塔吊到施工地点浇灌应尽可能缩短时间。

（1）浇筑时要、保证砼的均匀性和密实性，保证的整体性，尺寸应准确，钢筋预埋件位置应误差小于2cm，拆模后砼表面应平整、光滑，无蜂窝、麻面、缺棱掉角现象，为防止冻结，在浇筑前应对现场已绑扎支模的柱、梁、板进行防风砂、防冻结雪保护，并对由于气温下降造成冻结的砼进行二次加热搅拌，使搅拌场具有适宜的施工和易性再浇筑。

（2）施工缝的位置：独立柱留在梁底20~30mm水平缝处，梁、板、墙应留垂直缝，板留在结构剪力较小的板的部位并应//板短边方向，且便于二次施工。

（3）在施工缝和后浇带浇工中，应先剔掉水泥薄膜和松动石子，湿润冲洗干净，在接缝处的砼温度高于原砼2℃以下，然后先铺水泥素浆一层，应比原砼的强度高于1.2MPa，再进行浇灌，梁、板后浇带处应去掉直搓以外的松动部位，形成垂直接缝，再按设计比例掺入，WG—HEA型膨胀剂，采用比原混凝土强度等级高一级的砼捣实。

3. 砼浇灌过程质量控制

配合比比原施工配合比提高一个标号，坍落度控制在5~7cm，骨料含泥量<2%，砂<3%来控制质量。

（1）在浇灌前还应对机械和使用的手中工具（铁铲、撬杆）等做一遍检查。

（2）在后浇带中的梁、板钢筋不断开，砼拌和物入模浇灌，必须振动密实，并能充分填满模板的各个角落，振动到混凝土不下沉为止，由于是冬季施工，振捣要快速，不得任意拖延振捣时间。

（3）柱施工要点：在浇筑中，每个施工内柱子应按外向内对称左右顺序浇筑，不得从一方向推进，以防止模板受推逐渐倾斜，造成积累误差，避免底部少振漏振，和四角过振，造成棱角处混凝土产生离析，拆模后影响柱砼的外观质量。

（4）梁、板施工要点：由于工程中梁的高于均小于750mm，故可以同时进行梁、板浇灌，为了修补，冬季施工期，采用24小时不间断，连续作业方法，不留施工缝，一次浇筑完毕，在柱梁交错处，由于钢筋应过大，采用20mm细振动棒，提高一标号用C35砼10—30骨料浇灌。

4. 砼表面处理、养护、保养

（1）振捣后用木抹子抹平，50厚木水平靠尺找平，表面刷成毛面以便增加地面垫层于面层的黏结性，并应用满铺架空塑料布二层，草蓬一层保温，负温情况下不进行洒水养护。

（2）梁及柱整体模板不拆除。

（3）冬季停工后将露出柱顶的钢筋用塑料布缠裹，以防冬季钢筋受雪水侵蚀生锈，造成二次除锈，增大费用。

（4）三层以上的独立柱除采取自身保温措施外，当平均气温下降到0℃以下时，将四周全部围护，防止西北风，并且在每两根柱之间加设一处火炉，来确保柱周边整体温度，连续14天生火不间断，从而保证其强度稳定增强。

5. 冬期混凝土施工流程

（1）地下室砼施工方法：首先清理施工部位内的杂物并对钢筋进行整形、支模完毕后，经验收符合要求并保温措施得到要求后再进行浇灌。

采用素浆一道——C30砼浇灌（搅拌水必须加温到50℃以上并加入水泥重3%的防冻剂和2%的膨胀剂）——浇灌完毕抹面成型后，采取保护措施防止冻裂（用加厚塑料布和稻草帘覆盖），室温保证措施后附。

（2）三层以上结构平面施工方法：首先进行整体钢筋绑扎和模板支设完毕，验收后用塑料布将整体大面积进行覆盖保护，待气温回升稳定后一次进行浇灌。在二层结构平面以上空间设置封闭取暖，以保证三层以上结构平面均匀温度。

（3）独立柱施工方法：首先将钢筋和模板工序完毕，验收合格后，用塑料布和草帘进行围护，再进行砼浇灌，施工方法同结构平面，此处模板和围护材料均不得拆除，以保证独立柱的强度。

6. 拆模要求

（1）为了保证混凝土不因拆模引起冻坏，降低其强度。因现场支模材料充足，故不进行拆模，第二年气温回升，后一次拆除，如拆模后，砼表面温度与环境的温差大于15℃，还要进行保温措施。

（2）养护时间分别为：-5℃ 5天，-10℃ 9天，-15℃ 14天，-20℃ 25天。

对少量需拆除后再进行二次浇灌的楼梯构造柱部位，应采取岩棉毯柱表面保温，待强度达到要求后再拆除其岩棉毯保护。

（3）结构层梁板浇灌完毕后，其表面上部不得堆放过量的钢管，模板等支模和脚手架材料。

7. 砼温度测定

（1）采用每24小时测量6次为标准，进行施工现场气温测量。

（2）对拌和材料和防冻剂等温度每工作班不小于3次。

（3）对出搅拌机的砼拌和物，每2小时测量一次。

（4）对浇灌现场用的砼，至少2小时测量一次。

（5）对养护过程的砼，在初凝前，每2小时一次，最凝后每24小时2次。

（6）为了确保砼内部温度的稳定，在砼梁的温度较低的上部和独立柱的中部设测温度孔，即在浇筑时预埋一些一端封闭的温管，并加以覆盖，该孔应有详细的编号，温度计每天至少三次测量，每次至少5分钟以上，并记下温度。

（7）上述所有测量，均应按顺序、时间、编号记录成册。

（8）试件的留置标准及试验：除按混凝土规范规定，留置试块外。

①在梁、柱浇灌时，每50m³砼应留一批，，每批至少4组，分别在-28d，拆模、+28d时和使用时实际试压其强度，该掺防冻剂砼试件应在浇筑点制作完成，应在工地用

同期浇灌的砼拌和物制作并与结构同一条件下养护，并放置在最易受冻的地方。并进行强度试验。

②除按规定试压外，在得到抗冻临界强度时，拆模时，及拆除支撑前，应进行试压，试件不能再受冻时候试验。

③当得到试验时间时，应放在15~20℃时，室内解冻5~6小时，或浸入10℃中，解冻6小时，擦干后试压。

8. 冬期电气安全管理

（1）在冬期施工方案和施工组织时间中，必须有现场电器线路及施工位置平面图。现场应设电工负责安装、维护和管理用电设备，严禁非电工人员随意拆改。

（2）施工现场严禁使用裸线。电线铺设要防砸、防碾压，防止电线冻结在冰雪之中。大风雪后，应对供电线路进行检查，防止断线造成触电事故。

（3）用电设备采用专用电闸箱。强电源与弱电源的插销要区分开，防止误操作造成事故。

9. 解除冬期施工后的安全管理

随着气温的回升，连续七昼夜不出现负温度方可解除冬施。但注意以下几点：

（1）冬期施工搭设的超过三层楼以上的架子，塔式起重视路基和电线杆等，应进行一次普查，防止地基浆融沉陷造成倾斜倒塌。

（2）材料堆放场、大模板堆放场应进行检查和整理。防止垛堆、没拌和构件在土层冻融中倒塌。

（三）冬季混凝土特点及采取的方法

1. 冬季混凝土特点

凝结时间：0℃~4℃时，比15℃延长3倍，温度降到0.3~0.5℃时，混凝土开始冻结后，反应停止，-10℃时，水化反应完全停止，混凝土强度不再增长，混凝土中水冻胀体积增加9%，硬化的砼结构遭到破坏，及发生冻坏。要保证不发生冻寒，施工方决定采取的措施如下：

2. 负温混凝土

除水泥以外的混凝土全部进行保温防护，养护过程采用蓄垫保温措施尽量延长砼在正温状态下的硬化强度间的蓄垫法方案。

（1）负温砼施工要点：

当掺入防冻剂的砼用的原材料应根据不同的气候，按下列方法进行加热。

1）气温低于-5℃，不低于-8℃时，用加热水拌和砼，水温高于65℃时，应先将水和骨料拌和，再加入水泥。

2）气温低于-10℃时，骨料可搭建暖棚或采取加热措施，水温不高于60℃。

3）搅拌前用热水冲洗搅拌机并适当延长搅拌时间50%。拌和物出搅拌机温度大于

10℃，入模温度大于5℃。

（2）浇灌砼注意事项：

1）15分钟内应将现场砼浇灌完毕。

2）在负温情况下，不能浇水。

3）外部加以覆盖，保温材料，养护初期，温度不得低于防冻剂的规定温度。

4）当气温低于–15℃时，受冻临界强度不得小于$4N/mm^2$，及大小设计强度的20%。

（3）蓄垫法适合条件：5℃~–15℃大模板墙柱架结构梁、柱、板混合结构。

1）原材料加热。

2）低温早强剂、防冻剂。

3）一般保温材料或高材料，费用低。

（四）冬期防护措施

1. 冬期钢筋的预制和焊接应在室内进行，当必须在室外进行时，应有防雨雪措施，焊后的钢筋接头严禁立即碰到冰雪。

2. 混凝土所用的骨料必须清洁，不得含有冰、雪等冻结物，搅拌时应掺入无氯盐类防冻剂，防冻剂的掺入量应符合现行国家标准的有关规定。严格控制混凝土水灰比，由骨料带入的水分和防冻剂溶液中的水分均应从拌和水中扣除。

3. 搅拌混凝土时应采用加热水的方法提高拌和物的温度，搅拌投料顺序为先投入骨料和已加热的水，然后再投入水泥，水温可加热至80℃。混凝土搅拌时间不少于5分钟，拌和物的出机温度不得低于10℃，入模温度不得低于5℃。

4. 混凝土浇筑前，应清除模板和钢筋上的冰雪，运输混凝土的设备应有保温措施。

5. 混凝土的初期养护温度，不得低于防冻剂的规定温度；温度降低到防冻剂的规定温度以下时，其强度不应小于$3.5N/mm^2$；在负温条件下养护，严禁浇水且外露表面必须覆盖；当拆模后混凝土表面温度与环境温度差大于15℃时，应采用保温材料对混凝土进行覆盖养护。

6. 混凝土强度未达到$3.5N/mm^2$以前每2小时测定一次养护温度，以后每6小时测定一次养护温度，同时在每昼夜内应对室外气温及周围环境温度定时定点测量不少于四次。

7. 混凝土试件的留置在常规要求的基础上，尚应增设不少于两组与基础同条件养护的试件，分别用于检验受冻前的混凝土强度和转入常温养护28d的混凝土强度。

二、钢筋混凝土工程雨期施工

（一）主要机具

塑料布、潜水泵、铁锹、水桶、编织袋、皮带管等。

（二）作业条件

1. 施工前掌握天气变化情况，考虑雨施对工程的影响，编制雨施方案，逐级进行针对性交底。

2. 雨施材料设备已进场。

3. 钢筋原料存放场地保持地面干燥，周围有排水措施，钢筋已用垫木垫起。

4. 水泥已入库或苫盖。

（三）技术措施

1. 现场搅拌混凝土的工程雨季施工要随时测定雨后砂石的含水率，及时调整配合比，使用预拌混凝土的工程要与搅拌站签订技术合同，要求其雨后及时测定砂石的含水率，调整配合比，并做好记录。大面积、大体积混凝土连续浇灌时预先了解天气情况，遇雨时合理留置施工缝，混凝土浇筑完毕后，进行覆盖，避免被雨水冲刷。拆模后的混凝土表面及时进行养护。以避免产生干缩裂缝。

2. 模板保证支撑系统支在牢固坚实的基础上（必要时加通长垫木，并有排水措施，避免支撑下沉）。柱及板墙模板留清扫口，以利排除杂物及积水。

3. 对各类模板加强防风紧固措施，在临时停放时考虑防止大风失稳。

4. 涂刷水溶性脱模剂的模板防止脱模剂被雨水冲刷，保证顺利脱模和混凝土表面质量。

5. 钢筋焊接不得在雨天进行，防止焊缝或接头脆裂。

6. 垫层上应多留几处集水坑，有利于底板混凝土浇筑前的雨水排除。（后浇带内也要留置集水坑）

（四）成品保护

为防止雨水从各层顶板后浇带处及各层楼板留洞处流到地下室和底板后浇带中致使底板后浇带中的钢筋由于长期遭水浸泡而生锈，地下室顶板上的后浇带可用竹胶板进行封闭，竹胶板上覆盖彩条布。而各层洞口周围宜做浆加盖板。楼梯间处可用临时挡雨棚罩或在底板上临时留集水坑以便抽水。

第六节　钢筋混凝土工程施工

一、施工程序

其施工程序如下：

施工准备→材料采运→加工→模板、钢筋制安→砼拌和→运输→浇筑振实→养护→拆模→养护→检查验收。

二、模板工程

1. 本工程砼施工主要采用定型钢模，其余混凝土施工根据设计图纸中砼构件的尺寸确定合适模板的材料、尺寸及形状，拼制模板时，板边要平直，接缝严密，不得漏浆。

2. 模板材质应符合相应的国家和行业规定，木材的质量应达到Ⅲ等以上的材质标准，腐朽、严重扭曲或脆性的木材严禁使用。钢模厚度不应小于3mm，钢板面应尽可能光滑，不允许有凹坑，褶皱和其他表面缺陷。模板的金属支撑件材料也应符合有关行业规定。

3. 根据混凝土构件的施工详图进行施工测量放样，重要的结构多设控制点，以便检查校正。模板安装过程中，必须经常保持足够的临时固定措施，以防倾覆。安装的模板之间的接缝必须平整严密。模板安装应符合设计及规范要求。

4. 模板支撑由侧板、立档、横档、斜撑和水平撑组成，支撑必须保证牢固，在混凝土振捣过程中不会产生位移变形。

5. 安装支撑、调整完毕后的模板，在模板与砼接触面涂上防锈保护涂料和脱模涂料。模板安装合格后方能进行下道工序的施工。

三、钢筋

主要是指钢筋的采购、运输、验收、保管、加工、制作、安装等内容。

（一）钢筋的材质

1. 所有钢筋均应按施工详图及有关文件、指示进行订购，进场钢筋的外观符合技术规范的要求，并具有出厂证明和试验报告单，钢筋表面或每捆（盘）均有标志并交给工程师审查。在使用之前按批号及直径依据钢筋试验规程取样试验，如拉伸试验、弯曲试验，凡检验、试验不合格的，一律清退出场，以保证钢筋质量。

2. 钢筋砼结构用的钢筋，其种类、钢号、直径及其他性能指标等均应符合施工详图及有关设计文件的规定。

3. 钢筋必须按不同等级、牌号、规格及生产厂家分批验收，分别堆存，不得混杂，且应立牌以资识别。在贮存、运输过程中应避免锈蚀和污染。钢筋宜堆置在仓库（棚）内，露天堆置时，应垫高并加遮盖。

（二）钢筋的试验

钢筋在加工使用前，应分批进行机械性能试验：

1. 钢筋分批试验，以同一炉（批）号、同一截面尺寸的钢筋为一批，取样的重量不大于60kg。

2. 根据厂商提供的钢筋质量证明书，检查每批钢筋的外表质量，并测量每批钢筋的代表直径。

3. 在每批钢筋中，选取经表面检查尺寸测量合格的两根钢筋中各取一个拉力试件和一个冷弯试件，如一组试验项目的一个试件不符合监理人规定数值时，则另取两倍数量的试件进行实验，对不合格的项目做第二次试验，如有一个试件不合格，则该批钢筋不合格。

（三）钢筋的加工和安装

1. 钢筋的表面应洁净无损伤，油漆污染和铁锈等应在使用前清除干净。带有颗粒状或片状老锈的钢筋不得使用。

2. 钢筋应平直，无局部弯折。钢筋的调直应遵循以下规定：

（）1 采用冷拉法调直钢筋时，Ⅰ级钢筋的冷拉率不宜大于 4%，Ⅱ、Ⅲ级钢筋的冷拉率不得大于 1%

（2）冷拉低碳钢丝在调直机上调直后，其表面不得有明显擦伤，抗拉强度不得低于施工图纸的要求。

（3）钢筋加工的尺寸应符合施工图纸的要求，加工后的钢筋的允许偏差不得超过以下标准。

表 4-6-1　圆钢筋制成箍筋，其弯钩长度表

箍筋直径	受力钢筋直径（mm）	
	<28	28~40
5~10	75	90
12	90	105

（4）施工时，应按照设计施工详图进行钢筋放样，并在模板或其他建筑物上明确标记。钢筋的安装位置、间距、保护层及各部分钢筋大小的尺寸均应符合施工详图的规定。为了保证混凝土保护层的必要厚度，应在钢筋模板之间设置强度不低于结构设计强度的混凝土垫块，垫块应埋设铁丝与钢筋扎紧，垫块应互相错开，分散布置。

四、普通混凝土工程

施工放样结束后，进行模板、钢筋工序的施工，经监理单位验收合格后的工作面，方可进行混凝土施工，在混凝土施工前，保持基层的清洁和湿润状态。

（一）混凝土材料

施工前首先对原材料进行试验，确定最优配合比作为施工控制依据。同时根据施工进度计划进行原材料的备料，满足施工的连续性，合格的材料进场后应按照不同的种类分别堆放。本工程的粗细骨料在指定的料场购买。骨料的材质、粒径、含泥量等指标均应达到相关规定和标准，自卸汽车运输到施工现场。

1. 水泥

水泥采用发包人指定材料供应供货，运输过程中应注意其品种和标号不得混杂，并采

取有效措施防止受潮。

2. 骨料

按业主提供的料场进行购买,所购骨料应是合格材料。

(1)细骨料应质地坚硬、清洁、级配良好,细度模数应在2.4~3.0范围内,其他标准应符合有关技术规范。

(2)粗骨料的最大粒径,不应超过钢筋最小净间距的2/3及构件断面最小边长的1/4,素混凝土板厚的1/2,所用骨料应尽量级配连续。

(3)不同粒径的骨料应分别堆存,严禁相互混杂和混入泥土;装卸时,粒径大于40mm的骨料的净自由落差不应大于3m,应避免造成骨料的严重破碎,对含有活性骨料、黄锈等的粗骨料,必须进行专门试验后,才能使用。

3. 水

本工程拟采用库水经净化处理合格后用于施工。其pH值、不溶物、可溶物氯化物等的含量符合相关规定。

4. 其他掺和料

根据施工图纸及监理人的指示下,混凝土中可掺入粉煤灰、硅粉等其他掺和料。

(1)施工前应按图纸要求和监理人的指示采购掺和料,并将材料供应厂家、样品、质量证明书和使用说明书报送监理人。

(2)掺和料使用前,应通过试验,确定其质量达到相关标准后才能使用。

(3)掺和料的运输和储存,应严禁与水泥等其他粉状材料混装,以避免交叉污染,储存过程中应防潮防水,若出现硬块的掺和料不能使用。

5. 外加剂

(1)用于混凝土的外加剂(如减水剂、缓凝剂、早强剂等)其质量应符合相关的规范规定。

(2)不同品种的外加剂应分别储存,在运输与储存中不得相互混装,以免交叉污染。

(3)外加剂的掺和量应由配合比试验确定,并报监理工程师批准。

(二)混凝土配合比

所有配合比试验结果均应在书面请示监理工程师并得到批准后方能使用。水工混凝土水灰比的最大允许值应符合下表4-6-2的规定。

表4-6-2 水灰比最大允许值

混凝土部位	水灰比
基础	0.60
内部	0.65
受水流冲刷部位	0.50

混凝土的坍落度应根据建筑物的性质、钢筋含量、砼的运输、浇筑方法和气候条件确定，尽量采用小的坍落度，混凝土在浇筑点的坍落度可按下表4-6-3选定。

表 4-6-3　混凝土在浇筑点的坍落度

建筑物的性质	标准圆坍落度（cm）
水工素混凝土或少筋混凝土	1~4
配筋率不超过1%的钢筋混凝土	3~6
配筋率超过1%的钢筋混凝土	5~9

（三）混凝土的拌和及运输

1. 混凝土的拌和

根据试验确定的配合比，进行各种原材料的配料，在雨后配料前应检测配料的含水量，进行配料调整，水泥、混合材料和骨料平均以重量计并通过磅秤计量，称量偏差不超过设计及规范要求。

装料的顺序为：先装石子，再装入水泥，最后装入砂。

在搅拌的过程中，严格控制拌和时间，拌和时间由试验确定，要求拌和出的混凝土和易性达到相关规定。拌和时间不少于下表的规定：

表 4-6-4　混凝土拌和时间（S）

拌和机进料容量（m³）	最大骨料粒径（mm）	最少拌和时间	
		自落式搅拌机	强制式搅拌机
0.8 ≤ Q ≤ 1	80	90	60
1 < Q ≤ 3	150（或120）	120	75
Q > 3	150	150	90

2. 混凝土的运输

搅拌机布置在浇筑点附近便于混凝土的运输。运输采取人工手推车的方式，在混凝土运输过程确保不发生分离、漏浆、严重泌水等现象。

（四）混凝土浇筑

1. 基础面混凝土浇筑

岩基上的杂物、泥土及松动的岩石均应清除，应冲洗干净并排干积水，如遇有承压水，应制定措施处理完毕后方可浇筑。清洗后的基础岩面在混凝土浇筑前应保持洁净和湿润。建筑物建基面必须验收合格后，方可进行混凝土浇筑。

对于易风化的岩基础及软基，在立模扎筋前应处理好地基临时保护层，在软基上操作时，应力求避免破坏和扰动原状土壤。

基岩面浇筑仓，在浇筑第一层混凝土前，必须先铺一层2~3cm厚的水泥砂浆，砂浆水灰比应与混凝土浇筑强度相适应，铺设施工工艺应保证混凝土与基岩结合良好。

2. 混凝土分层浇筑作业

浇筑时应按批准的浇筑分层分块和浇筑程序进行施工。在廊道周边浇筑混凝土时，应使混凝土均匀上升，在斜面上浇筑混凝土时应从最低处开始，直到保持水平面。

混凝土卸入仓面后，随浇随平整，平整采用人工平整方式，保证摊铺平整后的料均匀且满足厚度要求。采用插入式振捣器进行振捣，插入式振捣器采用行列式或交错式布置插点，振捣时不得触动钢筋及预埋件。每次移动位置的距离不大于振动棒作用半径的1.5倍。

振捣过程中，严格控制振捣时间，一般混凝土表面呈水平不再显著不沉，不再冒出气泡，表面泛浆为准。

混凝土浇筑应保持连续性，浇筑混凝土允许间隙时间应通过试验确定，或按DL/T5144—2001规定执行。若超过允许间歇时间，则按工作缝处理。

除经监理人批准外，两相邻块浇筑间歇时间不得小于72h。

混凝土浇筑层厚度，应根据搅拌、运输和浇筑能力、振捣器性能及气温因素确定，一般情况下，不应超过下表4-6-7的规定。

表4-6-7 混凝土浇筑层的最大允许厚度（mm）

捣实方法和振捣器类别		允许最大厚度
插入式	软轴振捣器	振捣器头长度的1.25倍
表面式	在无筋或少筋结构中	250
	在钢筋密集或双层钢筋结构中	150
附着式	外挂	300

在浇筑分层的上层混凝土前，应对下层混凝土的施工缝面进行冲毛或凿毛处理。

3. 砼表面缺陷处理

（1）砼表面监察凹陷或其他损坏的砼缺陷按监理人指示进行修补，直到监理人满意为止，并作好详细记录。

（2）修补前必须用钢丝刷或加压水冲刷清除缺陷部分，或凿去薄弱的砼表面，用水冲洗干净，应采用比原砼强度等级高一级的砂浆、砼或其他填料填补缺陷处，并予抹平，修整部位应加强养护，确保修补材料牢固黏结，色泽一致，无明显痕迹。

砼浇筑块成型后的偏差不得超过模板安装允许偏差50%~30%，特殊部位（溢流面、门槽等）应按施工图纸的规定。

4. 预留孔砼

按施工图纸要求，在砼建筑物中预留各种孔穴。为施工方便或安装作业所需预留的孔穴，均在完成预埋件埋设和安装作业后，采用砼或砂浆予以回填密实。

除另有规定外，回填预留孔用的砼或砂浆，与周围建筑物的材质相一致

预留孔在回填砼或砂浆之前，先将预留孔壁凿毛，并清洗干净和保持湿润，以保证新老砼结合良好。

回填砼或砂浆过程中应仔细捣实，以保证埋件黏结牢固，以及新老砼或砂浆充分黏结，

外露的砼或砂浆表面必须抹平，并进行养护和保护。

（五）养护和表面保护

混凝土浇筑完毕后，在12~18h内开始进行，采取洒水、表面喷雾或加盖聚乙烯薄膜等的养护方式，使混凝土表面经常保持湿润状态，养护时间不少于28天。大体积混凝土的水平施工缝则应养护到浇筑上层混凝土为止。

若浇筑天气晴朗时，浇筑完毕应对无模混凝土表面保湿，保湿时采用喷雾水喷洒，喷雾时水分不应过量，要求雾滴直径达到40~80，以防止混凝土表面泛出水泥浆，保湿应连续进行。

对成型后的混凝土表面按DL/T5144—2001的有关规定进行表面保护。

（六）模板拆除

除已征得监理工程师的同意外，模板拆除的期限一般遵循：非承重的侧面模板，在混凝土强度达到3.5MPa以上，并能保证其表面及棱角不因拆模而损坏时，即可拆除。

对承重模板的拆除期限，应严格按照监理工程师的指示或招标文件之技术条款的有关规定执行。底模应在混凝土达到以下拆模标准后方可拆除。

（七）缺陷处理

对于混凝土表面的蜂窝凹陷或其他已损坏的混凝土缺陷，修补前用钢丝刷或加压水冲刷清除缺陷部分，或凿去薄弱的混凝土表面，用水冲洗干净，并采用比原混凝土强度等级高一级的砂浆、混凝土或其他填料填补缺陷处，并予抹平。修整部位应加强养护，确保修补材料牢固黏结，色泽一致，无明显痕迹。

五、质量检查和验收

混凝土工程施工前，应按相关规定对混凝土的原材料和配合比进行检测以及对施工过程中各项主要工艺流程和完工后的混凝土质量进行检查和验收。监理人也应按规定进行抽样检测，检测试验资料及时报送监理人。

（一）混凝土原材料的质量检验

1. 水泥检验

每批水泥均有厂家的品质试验报告，按国家和行业的有关规定，对每批水泥进行取样检测，必要时还应进行化学成分分析。检测取样以200~400t同品种、同标号、同批次的水泥为一个取样单位，不足200t时也应作为一取样单位。检测的项目包括：水泥标号、凝结时间、体积安定性、稠度、细度、比重等试验，监理人认为有必要时，可要求进行水化热试验。

2. 水质检查

拌和及养护混凝土所用的水,除按规定进行水质分析外,按监理人批示进行定期检测,在水源改变或对水质有怀疑时,采取砂浆强度试验法进行检测对比,如果水样制成的砂浆抗压强度,低于原合格水源制成的砂浆 28 天龄期抗压强度的 90% 时,该水不能继续使用。

3. 骨料质量检验

骨料的质量检验分别按下列规定在筛分场和拌和场进行:

(1)在筛分场每批检查一次,内容包括各种骨料的超逊径、含泥量和砂的细度模数等。

(2)在拌和场,每班至少检查两次砂和小石的含水率,其含水率的变化分别控制在 ±0.5% 和 ±0.2%(小石)范围内;当气温变化较大或雨后骨料含水量突变的情况下,每两小时检查一次;砂的细度模数每天至少检查一次,其含水率超过 ±0.2 时,需调整混凝土配合比;骨料的超逊径、含泥量每班检查一次。

(二)混凝土质量的检测

1. 混凝土拌和均匀性检测

拌和出的混凝土应按监理人指示,并会同监理人对混凝土拌和均匀性进行检测;

检测时,定时在出机口对一盘混凝土按出料先后各取一个试样(每个试样不少于 30kg),以测定砂浆密度,其差值不大于 $30kg/m^3$;

用筛分法分析测定粗骨料在混凝土中所占百分比时,其差值不大于 10%。

2. 坍落度检测

按施工图纸的规定和监理人批示每班进行现场混凝土坍落度的检测,出机口检测四次,舱面检测两次。

3. 强度检测

现场混凝土抗压强度的检测,同一等级混凝土的试样数量以 28 天龄期的试件按每 $100m^3$ 成型试件 3 个为准,非大体积混凝土抗拉强度的检查以 28 天龄期的试件按每 $200m^3$ 成型试件 3 个,3 个试件取自同一盘混凝土。

第五章 钢结构工程施工

钢结构是指以钢材为材料做成受力构件的结构，强度高，自重轻，施工速度快，抗震性能好、节能环保及工业化程度高这些特点都是钢结构建筑的优点，因此其成了我国十五期间重点推广项目之一。最近几年里，建筑业蓬勃发展尤其是在城市建筑上，由于城市的地理条件所限制，高层钢结构工程便开始成了城市建筑业的主流。在这种背景下，钢结构安装的施工顺序的精确确定，施工安装质量的提高便成了保证整个工程质量的工期的重点工作对象。钢结构的安装要是在施工过程中出现了问题，轻者会影响工期，破坏结构外观，浪费材料等；重者则可能造成人员的伤亡，甚至给社会带来严重的不良影响。因此，如何精确地确定钢结构安装的施工顺序和采用多种措施提高施工安装的质量便是钢结构工程施工的关键。

第一节 钢结构加工机具

（一）QC11Y-25×2000 液压闸式剪板机

性能与特点：

1. 第二代液压剪板机。
2. 机架、刀架采用整体焊接，经振动消除应力，精度保持性好。
3. 采用先进的集成式液压系统，可靠性好。
4. 采用三点支撑滚动导轨，消除支撑间隙，提高剪切质量。
5. 刀片间隙手轮调整迅速、准确、方便。
6. 矩形刀片。四个刃口均可使用，使用寿命长。
7. 剪切角可调，减少板料扭曲变形。
8. 上刀架采用内倾结构，便于落料，提高了制作的精度。
9. 具有分段剪切功能。
10. 机动后档料，数字显示。

（二）S-QC12K 系列数控前送料剪板机

S-QC12K 系列数控送料剪板机（又名下料机、裁板机）主要用于机械制造、高低压开关柜、家用电器、汽车、粮食机械、医疗器械、厨房设备、轻工、纺织机械、化工机械、造船、不锈钢装潢等行业金属板料的剪切加工。

主机剪板机性能特点：

1. 液压传动、摆式刀架。机架整体焊接结构坚固耐用。
2. 具有快速调整刀片间隙功能，定位可靠。
3. 具有行程调节装置，行程可方便地快速无级调节。
4. 高精度滚珠丝杠及直线导轨。
5. 数控系统。
6. 荷兰 DELEM 公司 CNC 系统（全套原装进口），具有修正及退让等功能。LED 液晶显示、操作简单，使用方便。

（三）SKCY 数控液压转塔冲床

SKCY 型数控液压转塔冲床是我公司技术人员研制成功的新一代的高科技数控冲床，本机床采用液压传动，床身采用整体焊接结构，坚固耐用。

（四）单边数控火焰切割机

1. 采用龙门式结构，网架结构式的横梁
2. 各导引面经过精密机械加工，刚性好、精度高、散热效果佳
3. 适合配备各种数控系统和等离子电源装置

（五）QLM84 系列激光切割机

1. 最大消减约 37% 的占地面积将新颖的构思融入设计中，以紧凑的机体而取胜。
2. 可使用以往的轨道即使对气体切断机标准轨道（3500mm、4000mm、4500mm），LMR 也能设置、运转使用。导轨采用 50kg 级 U71Mn 轨道。
3. 有效切割尺寸有 3 种：2600mm、3100mm、3600mm
4. 能够切割软钢黑皮材料 25mm 搭载高性能的 4kW 二氧化碳激光振荡器，美国 PRC 公司制。
5. 容易简单的操作崭新设计的操作盘，具有简单的操作性，实现流畅的作业。

（六）QLM85 数控相贯线切割机

该系列数控相贯线切割机是一种对钢管和有色金属管子的结合处相贯线孔、相贯线端部、弯头（虾米节）进行自动计算和切割的设备。该机广泛运用于建筑、化工、造船、机械工程、冶金、电力等行业的管道结构件的切割加工。数控相贯线切割机能十分方便的切割加工此类工件，无须操作者计算、编程，只需输入管道相贯系统的管子半径、相交角度等参数，机器就能自动切割出管子的相贯线、相贯线孔及焊接坡口。

（七）QLM83 系列台式数控切割机

1. 纵向采用双边同步驱动系统及纵向导向采用直线导轨，使得传动更平稳，运行精度更高。

2. 横梁采用了轻型结构设计，该结构钢性好，自重轻，运行惯量小。

3. 自身带有烟尘处理装置，整机结构紧凑。

（八）三维数控钻床

1. 钢结构件加工的首选设备。

2. 在 H 型钢的三个面上可同时进行钻孔。

3. 四个数控轴。

4. CAD/CAM 直接转换。

5. 加工最大 H 型钢截面尺寸（腹高 × 翼宽）700×400mm。

6. 最大钻孔直径 Φ30mm。

（九）QC12Y 系列液压摆式剪板机

1. 采用钢板焊结构，液压传动，氮气回程，操作方便，性能可靠，外形美观。

2. 刀片间隙调整有指示牌指示，调整轻便迅速。

3. 设有灯光对线装置，并能无级调节上刀架的行程量。

4. 采用栅栏式人身安全保护装置。

5. 后挡料尺寸及剪切次数有数字显示装置。

6. 合适的刀片间隙将会收到满意的剪切效果，机床配有快速刀片间隙调节机构，适应不同板厚及材质的剪切需要，旋转手轮，就能调节刀片间隙，刀片间隙用间隙表显示。

（十）龙门式火焰等离子切割机

1. 数控火焰、等离子切割机是一种高效率、节约能源的切割设备，适用于各种厚度的碳钢，不锈钢及有色金属板材的精密切割下料，提高板材利用率，省时省料。数控火焰、等离子切割分为数控火焰切割机，数控等离子切割机和数控火焰、等离子两用切割机及水下等离子切割机。可对金属板材进行平面定尺下料和任意形状的切割，自动化程度高，节省人力，降低原材料消耗，节约成本，提高经济效益。广泛应用于造船、车辆、压力容器等领域。

2. 数控火焰切割机系统能对厚度 5~300mm 的碳钢进行高品质的切割下料。

3. 数控等离子切割机系统可对厚度 0.5~150mm 的不锈钢，碳钢及有色金属进行高品质切割下料。

（十一）CNC-2000 单臂数控切割机

采用精密直线导轨，全封闭油浸式设计，免维护。杜绝精密直线导轨因工作环境恶劣而造成的磨损而导致寿命短问题。

1. 功能与应用

（1）主要应用于中小规格中薄板切割；

（2）与龙门式数控切割机的PC机兼容；

（3）可切割任意平面几何图形；

（4）可用于火焰切割、等离子切割、精细等离子切割，按用户要求选择；

2. 主要性能特点

（1）高强度、刚性设计，消除应力处理，采用直线导轨，稳定性好，精度高，不变形；

（2）驱动系统采用松下数字式交流伺服系统；

（3）数控系统采用上海交大或按用户要求配置；

（4）自动点火，自动穿孔和电容调高，等离子切割配备自动弧压调高装置；

（5）干式等离子切割配置德国电源亦可选用其他国际知名品牌。

（十二）DSC-710数控火焰切割机

CNCS-2数控切割机控制系统采用工业计算机主板，40G硬盘，可折叠10米宽温液晶显示屏，抽拉式防尘键盘，高性能多轴运动控制卡，Windows操作系统。具有自动切割、返回重割、动态显示跟踪等功能，可切割任意复杂平面图形。可在切割机直接画图编程，预装AutoCAD制图和FastCAM编程软件。程序存储量无限制、运行程序大小不限，真正实现整板编程切割。有效解决了现有小型数控切割机因运算速度低，程序储存小而导致的切割复杂图形数量过少的缺点。加装本公司旋转轴与X滚轮架即刻成为数控相贯线管子切割。

表5-1-1 钢结构加工设备

分类	设备名称	规格型号	用途	性能	精确度
切割系列	直条火焰切割机	GZ-4000	把整板分条切割为翼缘板和腹板也可用于厚板零件的切割	切割宽度：100mm~300mm，可切割长度尺寸：0~20M，外表美观平直	0~1.5mm
	数控火焰切割机	MG-4000	主要用于变截面腹板，圆弧，和异行零件的切割	可切割宽度：100mm~3000mm，可切割长度：0~28M，可切割圆弧半径10mm-999999mm，外表美观平直	0~1.5mm
	仿形切割机		主要用于异型零件和圆弧零件的切割		0~1.5mm
	全自动坡口机	CHD-12	主要用于熔透焊缝的腹板坡口和零件坡口的切割	可切削坡口角度30°~45°，外表美观顺直	0°~2°
	数控带锯机	SWA-1250	主要用于H型钢，箱形等构件的断面切割	切割平面垂直度±1mm	0mm~1mm

续 表

分类	设备名称	规格型号	用途	性能	精确度
组装系列	H型组立机	HG-1800	主要用于H型构件的组立和大半径H行圆弧梁的组立	可组构件高度：0.1M~2M，可组构件宽度0.15M~0.7M，可保证良好的垂直度和腹板居中度	垂直度±1.5mm，腹板中心偏移±1.5mm
	箱形组立机	2U-1200	用于箱形构件和十字形构件的组装	可组构件高度180mm~2000mm可组构件宽度150~700mm。可保证良好的垂直度和腹板的中心度	垂直度±1.5mm，十字柱中心偏移±1.5mm
	龙门焊机	MZG-2×1000	主要用于H形构件，大半径H形圆弧构件的主焊缝焊接	可焊H形构件高度100mm~1800mm，可焊十字形构件截面高度300mm~800mm，外表美观平滑气孔咬肉等现象少	焊肉高度0~1mm
	埋弧半自动焊接机	MZ-1000/1250	主要用于整板拼接的熔透焊缝的焊接	熔透性能好，外表美观平滑无气孔咬肉	焊肉高度0~1mm，上下口焊肉错位±1mm
	圆管外环缝焊接机	MHI-4000	主要用于圆管外环缝的焊接	熔透性能好，外表美观平滑无气孔咬肉，可焊圆弧最小直径500mm	焊肉圆环平面度±1.5mm，焊肉高0mm~1.5mm
	龙门焊机	MZG-2×1000	主要用于H形构件，大半径H形圆弧构件的主焊缝焊接	可焊H形构件高度100mm~1800mm，可焊十字形构件截面高度300mm~800mm，外表美观平滑气孔咬肉等现象少	焊肉高度0~1mm
	电渣焊机	MDE-1200	用于箱形构件内隔板的焊接	熔咀式电渣焊接保证了内部焊肉的完全熔透，可焊箱形外关尺寸为300mm~1200mm，最小板厚为16mm	
	悬臂式埋弧焊机	XMHA1600	主要用于大截面钢构件及异型钢构件的焊接	焊接表面美观熔透性能好	焊肉高度0~1mm
	OTC气体保护焊机	CPXS-500	主要用于钢构件角焊缝的焊接	采用的混合气体熔透深度优于CO_2焊接，焊肉饱满、飞溅少、外表美观咬肉气孔等缺陷较少	焊脚高度0mm~1mm
钻孔系列	数控平面钻床	PD-16	适用于钢结构所有零件的钻孔	全电脑控制钻孔精度高可与制图软件互联，钻削表面平滑。可钻最小外形尺寸：90mm×90mm可钻最大外形尺寸900mm×1650mm。钻孔直径10mm~50mm	孔距：±0.5mm，边距：±0.5mm。对角线：±1mm
	数控三维钻床	BDM-1260	适用于钢结构H形构件，箱形构件翼腹板的精确制孔	全电脑控制钻孔精度高，能很好地控制构件孔距和翼腹板孔距，钻削表面平滑无毛刺。可构件最大外关尺寸为1200×60~200×100(mm)	相邻两排孔距±0.5mm，纵向孔距±0.5mm。对角线：+1mm
	端面铣	DX1416	用于钢构件断面处的铣切	可把断面铣切平直，外表美观	铣切平面度±0.5mm

续 表

分类	设备名称	规格型号	用途	性能	精确度
起重系列	25T龙门吊	QD25/10	用于吊运不超过23T的构件、型钢及板材，能大大提高工作效率	大厂配件性能优良，配备上升下降限位等安全系统	
	16T行吊	QD16	用于吊运不超过13T的构件，型钢及板材，能大大提高工作效率	大厂配件性能优良，配备上升下降限位等安全系统	
矫正系列	H型钢翼缘矫正机	YTJ-80B	用于H钢构件焊接变形后翼腹板垂直度的矫正	可矫正的H形构件的外观尺寸宽度：300mm~1000mm 高度>500mm，板厚：8~80mm，可保证良好的垂直度	垂直度：±2mm（高度500mm范围内）
除锈系列	抛丸机	Q6910F	十头抛丸机主要用于钢构件的除锈和1零件的摩擦面处理	抛头多电机动力强大使得除锈效果更佳.可抛丸构件最大外观尺寸：0.1m×2m，除绣等级：sa21/2级，摩擦系数可达0.55级	除绣等级0~0.2

第二节 钢结构的制作工艺

一、钢结构制作过程

（一）放样及质量控制

工程所有构件的放样全部采用计算机数放，以保证构件精度。

1. 放样前，放样人员必须施工图和工艺要求，核对构件及构件相互连接的几何尺寸和连接有否不当。如发现施工图有遗漏或错误，以及其他原因需要修改施工图时，必须取得原设计单位签具的设计变更文件，不得擅自修改。

2. 放样均以计算机进行放样，以保证所有尺寸的绝对精确。

3. 放样工作完成后，对所放大样和样杆样板（或下料图）进行自检，无误后报专职检验人员检验。

（二）划线（号料）及质量控制

1. 号料前应先确认材质和熟悉工艺要求，然后根据排版图、下料加工单、配料卡和零件草图进行号料。

2. 号料的母材必须平直无损伤及其他缺陷，否则应先矫正或剔除。

3. 划线公差要求：

表 5-2-1

项目	允许偏差
基准线、孔距位置	≤ 0.5mm
零件外形尺寸	≤ 0.5mm

4. 线后应标明基准线、中心线和检验控制点。做记号时不得使用凿子一类的工具，少量的样冲标记其深度应不大于 0.5mm，钢板上不应留下任何永久性的画线痕迹。

5. 画线号料后应按本公司的规定做好材质标记的移植工作。

6. 划线（号料）的质量控制：

（1）号料前，号料人员应熟悉下料图所注的各种符号及标记等要求，核对材料牌号及规格、炉批号。当供料或有关部门来做出材料配割（排料）计划时，号料人员应编制材料切割计划，合理排料，节约钢材。

（2）号料时，针对本工程的使用材料特点，复核所使用材料的规格，检查材料外观质量，制订测量表格加以记录。凡发现材料规格不符合要求或材质外观不符要求者，须及时报质管、技术部门处理；遇有材料弯曲或不平值超差影响号料质量者，须经矫正后号料，对于超标的材料退回生产厂家。

（3）根据锯、割等不同切割要求和刨、铣加工的零件，预放不同的切割及加工余量和焊接收缩量。

（4）因原材料长度或宽度不足需焊接拼接时，必须在拼接上注出相互拼接编号和焊接坡口形状。如拼接件有孔眼，应待拼接件焊接、矫正后制孔。

（5）下料完成，检查所下零件的规格、数量等是否有误，并做下料记录。

（三）切割及质量控制

1. 切割前应清楚母材表面的油污、铁锈和潮气；切割后气割表面应光滑无裂纹，熔渣和气溅物应除去，剪切边应打磨。

2. 气割的检验公差要求：

表 5-2-2

项目	允许偏差
零件的长度	长度 ± 1.0mm
零件的宽度	板制 H 钢的翼、腹板：宽度 ± 1.0mm；零件板：宽度 ± 1.0mm
切割面不垂直度 e	t ≤ 20mm，e ≤ 1mm；t ≥ 20，e ≤ t/20 且 ≤ 2mm
割纹深度	0.2mm
局部缺口深度	对 ≤ 2mm 打磨且圆滑过度。对 ≥ 20 电焊补后打磨形成圆滑过度

3. 切割后应除去切割熔渣。对于组装后无法精整的表面，如弧形锁口表面，应在组装前进行处理。图纸上的直角切口应以 15mm 的圆弧过度（如小梁端翼腹板切口）。

4. 火焰切割后须自检零件尺寸，然后标上零件所属的工作令号、构件号、零件号，再由质检员专检各项指标，合格后才能流入下一道工序。

5. 切割的质量控制：

（1）根据工程结构要求，构件的切割应首先采用数控、等离子、自动或半自动气割，以保证切割精度。

（2）钢材的切断，应按其形状选择最合适的方法进行。

（3）切割前必须检查核对材料规格、牌号是否符合图纸要求。

（4）切口截面不得有撕裂、裂纹、棱边、夹渣、分层等缺陷和大于1mm的缺棱并应去除毛刺。

（5）切割前，应将钢板表面的油污、铁锈等清除干净。

（6）切割时，必须看清断线符号，确定切割程序。

（四）坡口加工

1. 加工工具的选用

选用半自动切割刀或铣边机（厚板坡口尽量采用机械加工）。

2. 坡口加工的检验精度

表 5-2-3

1	坡口角度 Δa		Δa=±2.50
2	坡口角度 Δa		a=±50 a=±2.50
3	坡口钝边 Δa		Δa=±1.0

（五）制孔及检验公差

采用数控钻床钻模板后套钻节点板螺栓孔群（针对相同类型数量多），一般螺栓孔（针对相同类型数量较少）和地脚螺栓孔的钻孔，可采用划线孔的方法。采用画线钻孔时，孔中心和周围应打出五梅花冲印，以利钻孔和检验。

表 5-2-4　钻孔公差

项目	允许偏差
直径	0 ~ +1.0mm
圆度	1.5mm
垂直度	≤ 0.03t 且 ≤ 2.0mm

表 5-2-5　孔位的允许偏差

序号	名称	示意图	允许偏差（mm）
1	孔中心偏移 ΔL		$-1 \leq \Delta L \leq +1$
2	孔间距偏移 ΔP		$-1 \leq \Delta P1 \leq +1$（同组孔内） $-2 \leq \Delta P2 \leq +2$（组内之间）
3	孔的错位 e		e ≤ 1
4	孔边缘距 Δ		Δ ≥ −3 L 应不小于 1.5d 或满足设计要求

（六）矫正、打磨

1. 钢材的机械矫正，一般应在常温下用机械设备进行，如钢板的不平度可采用七辊矫平机；H 梁的焊后角变形矫正可采用翼缘矫正机，但矫正后的钢材，表面上不应有严重的凹陷，凹痕及其他损伤。

2. 热矫正时应注意不能损伤母材，加热的温度不得超过工艺规定的温度。

（七）部件组装

1. 组装前先检查组装用零件的编号、材质、尺寸、数量和加工精度等是否符合图纸和工艺要求,确认后才能进行装配。

2. 组装用的平台应符合构件装配的精度要求,并具有足够的强度和刚度,经验收后才能使用。

3. 构件组装要按照工艺流程进行,焊缝处 30mm 范围以内的铁锈、油污等应清理干净。筋板的装配处应将松散的氧化皮清理干净。

4. 对于在组装后无法进行涂装的隐蔽部位,应事先清理表面并刷上油漆。

5. 计量的钢卷尺应经二级以上计量部门合格才能使用,且在使用时,当拉至 5m 时应使用拉力器拉至 5kg 拉力,当拉至 10m 以上时,应拉至 10kg 拉力。并尽量与现场使用的钢卷尺核对一致。

6. 组装过程中,定位用的焊接材料应注意与母材的匹配,应严格按照焊接工艺要求进行选用。

7. 构件组装完毕后应进行自检和互检,填妥测量表,准确无误后再提交专检人员验收,若在检验中发现阶段问题,应及时向上反映,待处理方法确定后进行修理和矫正。

8. 各部件装焊结束后,应明确标出中心线、水平线、分段对合线等,打上洋冲并用色笔圈出。

表 5-2-6 构件组装精度要求

项次	项目	简图	允许偏差(mm)
1	T 形接头的间隙 e		e ≤ 1.5
2	搭接接头的间隙 e 长度 ΔL		e ≤ 1.5 L:+5.0
3	对接接头的错位 e		e ≤ T/10 且 ≤ 3.0
4	对接接头的间隙 e (无衬垫板时)		−1.0 ≤ e ≤ 1.0

续 表

项次	项目	简图	允许偏差（mm）
5	根部开口间隙 Δa（背部加衬垫板）		埋弧焊、−2.0 ≤ Δa ≤ 3.0 手工焊、半自动气保焊 −2.0 ≤ Δa
6	焊接组装件端部偏差 a		−2.0 ≤ a ≤ 2.0
7	型钢错位		≤ 1.0（连接处） ≤ 2.0（其他处）
8	组合 BH 的外形		−2.0 ≤ Δb ≤ +2.0 −2.0 ≤ Δh ≤ +2.0
9	BH 钢腹板偏移 e		E ≤ 2mm
10	BH 钢腹板的角变形		连接处 e ≤ b/100 且 ≤ 1mm 非连接 e ≤ 2b/10 且 ≤ 2mm
11	腹板的弯曲		e_1 ≤ H/150 且 e_1 ≤ 4mm e_2 ≤ B/150 且 e_2 ≤ 4mm

二、柱、梁的加工制作

工程柱包括 H 型钢柱，为焊接 H 型钢，吊车梁为 H 型钢截面的实腹式吊车梁。柱、梁都可分解为 H 型的主体部分和节点（牛腿节点、连接点等）部分。

（一）焊接 H 型钢焊装说明

1. 焊接工艺：H 型钢的焊接主要是控制翼缘板的焊接角变形，如下工艺流程：

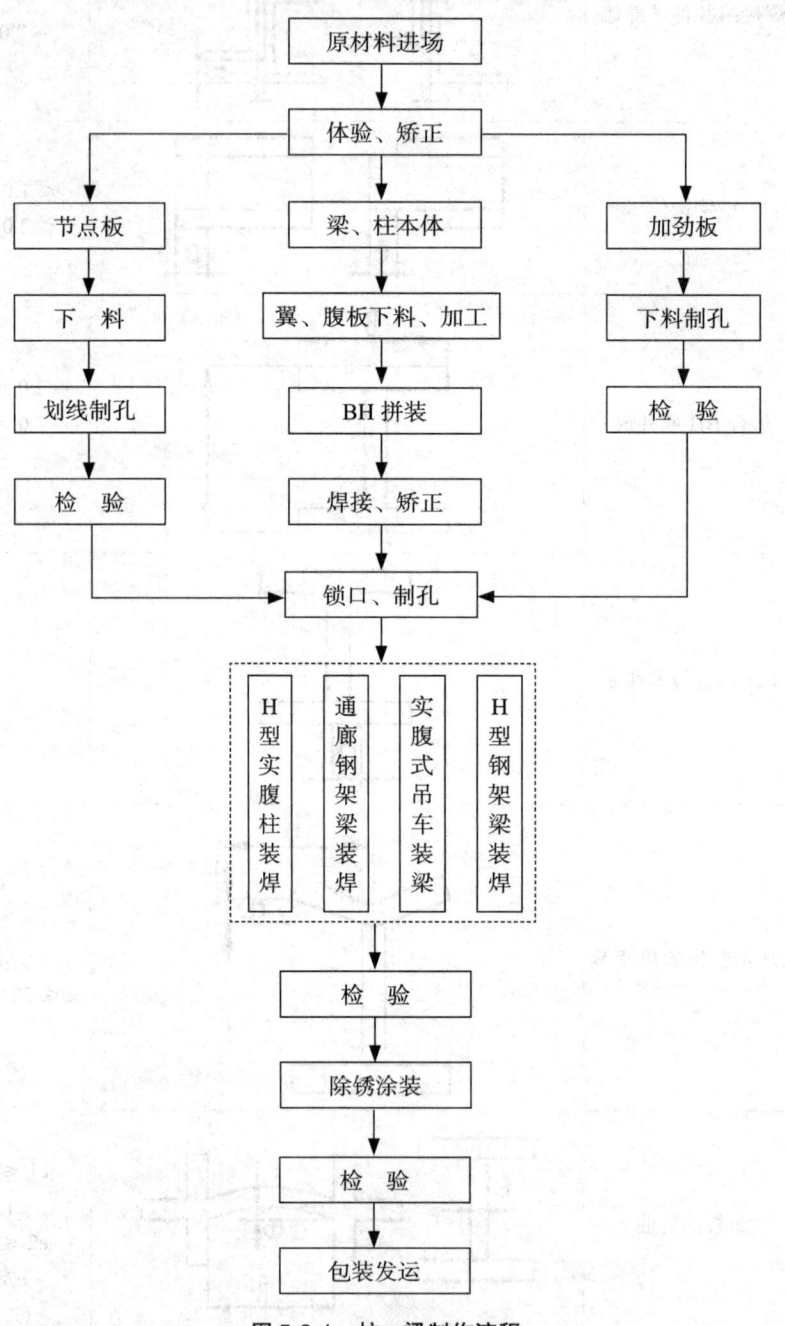

图 5-2-1　柱、梁制作流程

（二）放样与号料

各构件预拼组装都由专业放样工先进行计算机放样，另外放样时应按工艺要求预放焊接收缩余量，且严格按实际订制的材料进行合理排版。对于构件外形过大，必须分段制作的杆件分段位置可根据板长定，同时分段接头位置距节点应大于800mm，并注意所有拼接接头避开跨中1/3区域。

（三）下料切割

下料切割前钢板矫平，切割设备主要采用数控等离子、火焰多头直条切割机、带锯床、铣边机、剪板机等，对于较小的零件如节点板等用光电跟踪切割。

（四）H型钢的拼装组立焊接

1. 组装前先检查组装用零件的编号、材质、尺寸、数量和加工精度等是否符合图纸和工艺要求，确认后才能进行装配。

2. 构件组装要按照工艺流程进行，H型钢纵焊缝30mm范围以内的铁锈、油污等应进行打磨清理干净，直至露出金属光泽后才能进行拼装。

3. H型的翼板和腹板应标出翼板宽度中心线和腹板拼装位置线，并以此为基准进行H型的拼装。

4. H型钢定位焊所采用的焊接材料须与母材匹配，定位焊的焊脚不应大于设计焊缝的2/3，且不得大于6m，厚板定位焊缝长度不得小于60mm，定位焊不得有裂纹、气孔、夹渣，否则必须清除后重新焊接。

（五）焊接H型钢允许偏差

表 5-2-7

项目	允许偏差
H钢高度 h<500, 500<h<1000, h>1000	±2, ±3, ±4
H钢翼缘宽度	±3
翼缘与腹板的垂直度	b/100且≥3
腹板中心偏移	2
腹板局部平面度 t<14, t≥14	3, 4
扭曲	b/250且≥5

（六）主体部分施焊

主体部分施焊后矫正、锁口、然后根据各种构件施工详图画线制孔。

（七）吊车梁主体装焊报检后装焊腹板稳定加劲肋

吊车梁整体检验和矫正：吊车梁直立，两端支撑后，用水准仪和钢尺检查，不应下挠，全数检查。

第三节　钢结构连接施工工艺

一、焊接工艺

1. 焊工

（1）参加该工程焊接的焊工应持有行业指定部门颁发的焊工合格证书。严格持证上岗从事与其证书等级相应的焊接工作。

（2）重要结构装配定位焊时，应由持焊工资格证的焊工操作。

（3）持证焊工无论其原因如何，如中断焊接工作连续时间超过半年者，该焊工再上岗前应重新进行资格考试。

（4）焊工考核管理由质管部归口。

2. 焊接工艺方法及焊接设备

（1）本工程焊接用埋弧自动焊、CO_2气体保护半自动焊等焊接工艺方法。

（2）本工程施工使用的主要焊接设备有：埋弧自动焊机、埋弧半自动焊机、CO_2气体保护半自动焊机等。

3. 钢材焊接材料订购、进库、检验及管理要求

钢材焊接材料的订购、进库、检验及管理，按公司制定的程序文件规定，并严格做到：

（1）焊材的选用必须满足本钢结构工程的设计要求。

（2）本钢结构工程的焊接材料必须具有材料合格证书，每批焊接材料进厂后，应由公司质量部门按采购要求和检验标准进行检验，合格后方可使用。

（3）焊接材料（焊剂、焊条、焊丝）的贮存、运输、焊前处理（烘干、焊丝油锈处理等）、烘焙和领用过程中都要有标识，标明焊接材料的牌号、规格、厂检号或生产厂批号等（若焊材本身的标识可满足正常的话，则可免做此工作）。焊接材料的使用应符合制造厂的说明书和焊接工艺评定试验结果的要求。

（4）焊接材料使用过程中应可以追踪控制，产品施工选用的焊接材料型号与工艺评定所用的型号一致。

（5）焊条烘箱和保温筒中取出其并在大气中放置四小时以上的焊条需要放回烘箱重新烘焙。重复烘焙次数不允许超过两次。

（6）关于本钢结构工程所用焊接材料的管理和发放等规定按公司有关的焊接材料管理方法和发放按福瑞达公司文件执行。

4. 焊接施工要求

（1）定位焊

1）装配精度、质量符合图纸和技术规范的要求才允许定位焊。

2）若焊缝施焊要求预热时，则一定要预热到相应的温度以后才能允许定位焊。

3）定位焊完毕后若产生裂纹，分析产生原因并采取适当措施后才能在其附近重新定位焊，并将产生裂纹的定位焊缝剔除。

（2）焊接环境

工程的焊接主要在工厂，对于现场的焊接环境，规定必须满足以下条件：钢板表面温度≥5℃，相对湿度≤80%，风速≤10m/s（手工电弧焊）或风速≤2m/s（气体保护焊）；

（3）焊接的要求

1）施焊时应严格控制线能量和层间温度；

2）焊工应按照焊接工艺指导书中所指定的焊接参数，焊接施焊方向，焊接顺序等进行施焊；应严格按照施工图纸上所规定的焊角高度进行焊接。

3）焊接前应将焊缝表面的铁锈、水分、油污、灰尘、氧化皮、割渣等清理干净。

4）不允许任意在工作表面引弧损伤母材，必须在其他钢材或在焊缝中进行。

5）施焊应注意焊道的起点、终点及焊道的接头不产生焊接缺陷，手工多层多产道焊接时焊接接头应错开。

6）焊后要进行自检、互检、并做好焊接施工记录。

（4）焊缝表面质量

1）对接焊缝的余高为 2~3mm，必要时用砂轮磨光机磨平。

2）焊缝要求与母材表面光滑过渡，同一焊缝的焊脚高度要一致。

3）焊缝表面不准电弧刮伤、裂纹、气孔及凹坑。

4）主要对接焊缝的咬边不允许超过 0.5mm，次要受力焊缝的咬边不允许超过 1mm。

（5）焊接检验和返修

钢结构工程焊接检验由质管部门的专职人员担任，且必须经岗位培训，考核取得相应的资格证书后方能按持证项目上岗检验、检测。

①焊接检验主要包括如下几个方面：

母材的焊接材料；

焊接设备、仪表、工装设备；

焊工资格；

焊接环境条件；

焊接参数，次序以及施焊情况；

焊缝外观和尺寸测量。

②焊缝外观应均匀、致密，不应有裂纹、焊瘤、气孔、夹渣、咬边弧坑、未焊满等缺陷。无损探伤须在外观检查合格，24小时之后进行。无损探伤的部位，探伤方法，探伤

比例等按 GB11345《钢焊缝手工超场波探伤方法和探伤结果分极》规定施工。

③焊缝无损探伤发现超标缺隐时，应对缺陷产生的原因进行分析，提出改进措施，焊缝的返修措施应得到焊接技术人员同意，返修的焊缝性能和质量要求与原焊缝相同。返修次数原则上不能超过两次，多次返修需要经客服部和监理工程师批准。

④返修前需将缺陷清除干净打磨出白后按返修工艺要求进行返修。

⑤焊缝返修部位应开好宽度均匀，表面平整、过渡光滑、便于施焊的凹槽，且两端有约为 1：5 的坡度。

⑥焊缝返修之后，应按与原焊缝相同的探伤标准进行复检。

二、焊接施工管理

1. 焊接施工工艺

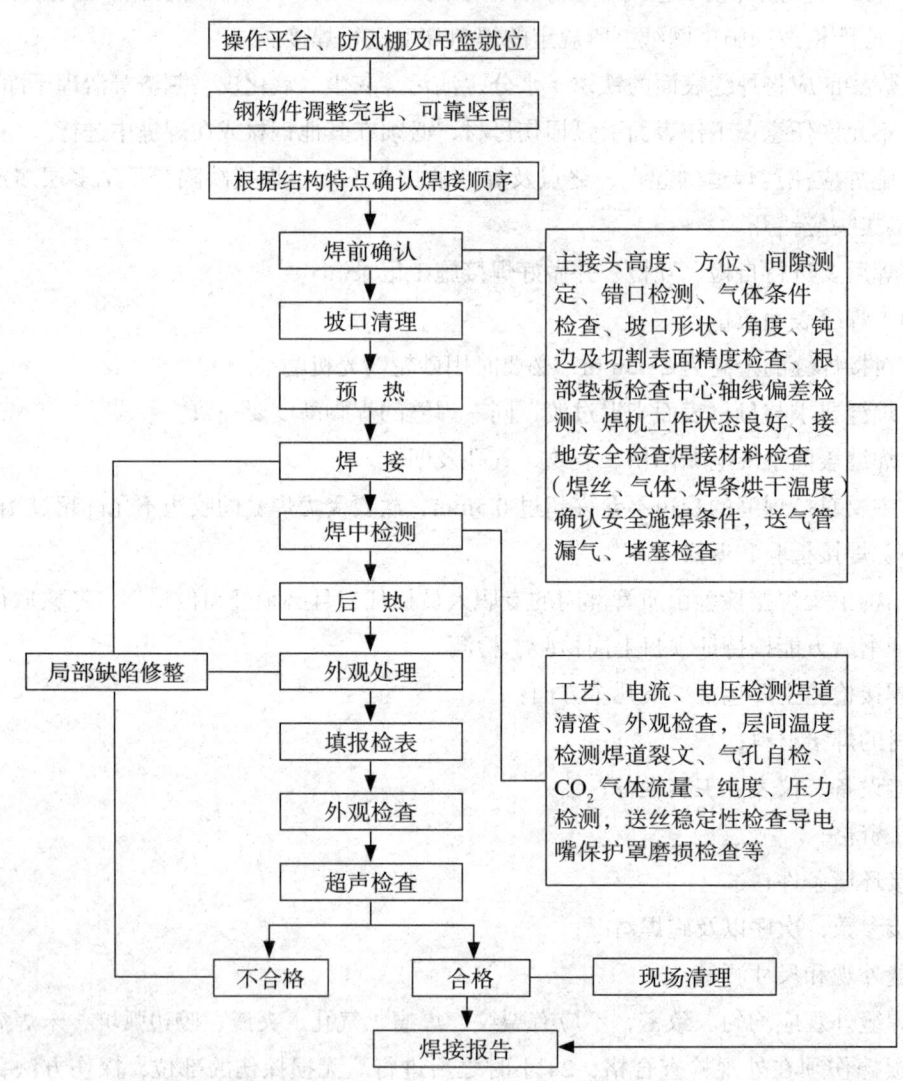

图 5-3-2　焊接施工工艺流程

2. 焊接材料

所有焊材均要有质保书并符合规范要求,入库后分类保管,并保证通风干燥,不会受潮生锈,焊条使用前严格按使用说明进行烘焙,CO_2气体纯度和含水量符合规范要求。

3. 焊接设备

焊机常检修,工作状态良好。CO_2气体表具完好,计量合格。

4. 焊前准备工作

(1)焊工操作平台安装到位,保证必要的操作条件。

(2)焊工配备的必要工具齐全,并且妥善放置。

(3)对焊缝坡口尺寸进行检查、记录。

(4)CO_2焊接时,如风力>3m/s,应采取防风措施(如搭设防风棚)。

(5)若空气相对湿度大于85%时,应对焊接施工点进行除湿,干燥处理后才能施焊(如火焰加热)。

(6)焊道上铁锈、油污、水分及其它影响焊接质量杂物,应于电焊前加以清除。

5. 焊接施工中质量管理

(1)焊接质量保证程序

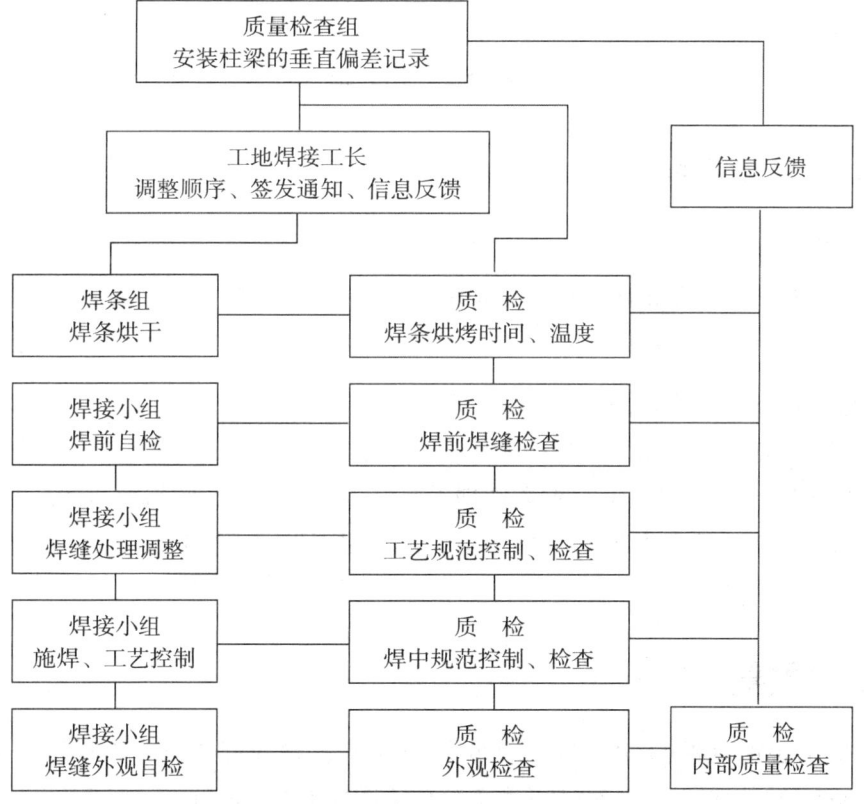

图 5-3-1 焊接质量保证程序

（2）焊工应随时注意焊接电流、电压及焊接速度，如发现任何问题，应立刻上报，并进行整改，以确保质量。

（3）每一焊道焊完后，应将焊渣及飞溅、焊瘤清除干净。如自检后发现缺陷，应用碳弧气刨清除干净，并返修好再开始下一道焊接。

（4）中断后焊缝重新焊接，应按工艺规定处理。

（5）焊接完成后，焊工应记录完成日期，并提交焊接工长以作记录。

三、焊接检查

1. 所有焊缝需由焊接工长100%进行目视外观检查，并记录成表。
2. 焊缝表面严谨有裂纹、夹渣、焊瘤、弧坑、气孔等缺陷。
3. 对焊道尺寸，焊脚尺寸、焊喉进行检查。
4. 无损检测：

（1）无损检测按JGJ81《建筑钢结构焊接规程》、GB11345《钢焊缝手工超声波探伤方法和探伤结果分级》评定。

（2）对于全熔透坡口焊缝进行100%UT探伤。

（3）焊缝UT探伤应在焊缝外观检查合格后进行，并必须在焊缝冷却24小时后进行，避免出现延迟裂纹漏检。

（4）探伤人员必须具有二级探伤合格证，出具报告必须是三级探伤资质人员。

四、焊缝修补

1. 焊缝中的修补

焊接过程中如发现焊缝有缺陷，立即中止焊接，进行碳弧气刨清除缺陷，待缺陷完全清除后再继续进行焊接。如发现裂缝，应报告焊接工程师，待查明原因后再进行处理。

2. 无损探伤后的修补

无损探伤确定缺陷位置后，应按确定位置用碳弧气刨进行清除，并在缺陷两端各加50mm清除范围，在深度上也保证缺陷清理干净，然后再按焊接工艺进行补焊。

同一部位返修不得超过两次，如在焊接过程中出现裂纹，焊工不得擅自处理，必须及时报告焊接工长。

五、焊接工艺评定

1. 焊接工艺评定根据GB50205—2001《钢结构工程施工质量验收规范》规定，按JBJ81—2002《建筑钢结构焊接技术规程》、施工图技术要求进行。

2. 焊接工艺评定之前应根据钢结构工程节点形式提出相应的焊接工艺评定指导书，用来指导焊接工艺评定试验（已做过的类试焊接工艺评定试验，经工程监理确认后可免做或替代）。焊接工艺评定试验经检验或试验评定合格后，由公司检测中心根据试验结果出具焊接工艺评定报告。

3. 焊接工艺评定前，根据 JBJ81—2002《建筑钢结构焊接技术规程》中的内容，并结合产品的结构特点、节点形式等编制焊接工艺评定试验方案。

4. 焊接工艺评定试验方案由客服部提出，经车间签后实施。

5. 工程的焊接顺序遵循如下原则：

（1）应为焊接变形和收缩量最小。

（2）应使焊接过程中加热量平衡。

（3）收缩量大的焊接部分后焊接。

6. 端板与柱、吊车梁翼缘与腹板的连接焊缝及拼接的对接焊缝为全熔透坡口焊，质量等级为二级。其他为三级。注意：柱底板应刨平顶紧后焊接。

7. 柱、吊车梁翼缘与腹板的对接焊缝，两侧焊引弧板（引出板）引弧板、引出板、垫板应符合下列要求：

（1）严禁在承受动荷载且需经疲劳验算构件焊缝以外的母材上打火、引弧或装焊夹具。

（2）不应在焊接以外的母材上打火、引弧。

（3）T 形接头、十字形接头、角接接头和对接接头主焊缝两端、必须配置引弧板和引出板，其材质应和被焊母材相同，坡口形式应与被焊焊缝相同，禁止使用其他材质的材料充当引弧板和引出板。

（4）手工电弧焊和气体保护电弧焊焊缝引出长度应大于 25mm。其引弧板和引出板宽度应大于 50mm，长度宜为板厚的 1.5 倍且不小于 30mm，厚度应不小于 6mm。

非手工电弧焊焊缝引出长度应大于 80mm。其引弧板和引出板宽度应大于 80mm，长度宜为板厚的 2 倍且不小于 100mm，厚度应不小于 10mm。

（5）焊接完成后，应用火焰切割去除引弧板和引出板，并修磨凭证。不得用锤击落引弧板和引出板。

8. 型钢的料长拼接优先选用与母材等强的坡口对接焊缝，焊接质量符合二级焊缝标准。

9. 梁上下翼缘和腹板拼接避开 1/3 跨度范围，三者的对接不应在同一截面上，相互间错开 200mm 以上，与加劲肋错开 200mm。

10. 桁架及屋架的角焊缝应采用平焊。

11. 角焊缝表面应做成直线型或凹形焊接中应避免咬肉和弧坑等缺陷，焊接加劲肋的直角焊缝的始末端采取回焊，防止弧坑，回焊长度不小于 3 倍焊角尺寸。

第四节　钢结构安装工艺

一、设备放线

无论安装什么设备，第一步的工作都是放线，放线的误差对后期安装有很大的影响，误差控制的越小，设备安装越接近图纸尺寸。放线是设备安装过程中最重要的一步。

（一）找基准点

安装图纸上必须有安装基准，按照图纸所示基准找出安装设备基准点。基准点是设备安装的起始点，是设备按图施工的第一步，确定好设备起始位置，才能进行设备的放线工作。

（二）放垂线方法

设备安装过程中，现场画垂线经常用到，短距离的一般使用直角尺或按图用分规就能做到，长距离的使用直角尺就不精确了。在基准点上向两侧截取两段相等的距离，已截取距离的终点为圆心，用卷尺或软线已圆弧半径 $R \geqslant 1.5L$（R 值越大，求出垂线越准）向所求垂线一侧分别画圆弧，圆弧交点与基准点连接，即为基准线的垂直线。

利用勾股定理做垂线方法：勾 3、股 4、玄 5 组成的三角形，勾股边夹角为直角，首先选点基准点，在基准线上量取 L=3000mm 的勾长，以基准点为圆心半径为 4000mm 向所求垂线一侧画圆弧，以 3000mm 的另一点为圆心半径为 5000mm 向所求垂线一侧画圆弧，圆弧交点与基准点连接，即为基准线的垂直线。

（三）放平行线方法

设备安装过程中，设备基准一般都是与厂房立柱或其他设备平行，单个钢结构立柱之间也有平行和垂直的关系，现场安装平行线也经常用到。先按照画垂线的方法求出垂线，在垂线上画出两排立柱的中心距，两点之间的连接线延长，即为所求平行线。

二、地面钢结构安装

（一）钢结构立柱安装

钢结构立柱按标高调节方式可分为：可调节式和不可调节式，可调节式用于地面基础在可控制范围，立柱的调节量可满足补偿地面误差，钢平台水平精度要求较高的场合，可调节式可节约现场安装时间，立柱可安装前按图纸预制完成。不可调节式用于地面基础标高不可控，不可调节本身高度，钢结构水平精度要求不高的场合，不可调节式需在现场测量后预制，现场安装时间加长。

可调节式立柱可以先安装底座，后将立柱安装在底座上，利用高度调节螺栓再对立柱标高、垂直度进行调整满焊。安装方法如下：

1. 在安装地面上按施工图将立柱位置中心线画出，将立柱底座放于中心交叉线上，底座中心与放线中心对齐，通过底座螺栓孔向地面画定位标记，按照地面固定螺栓长度、直径选用相应冲击钻头，对准地面标记向下垂直钻眼，清理螺栓孔，放入螺栓，安装立柱底座固定。

2. 立柱安装时先把调节螺栓装入立柱底部，用叉车或其他起吊设备，利用钢丝绳从顶部吊起，立柱底部从立柱底座侧边滑入或从底座上方直接插入，穿上紧固螺栓并装上平垫、弹垫、螺帽，松开吊装绳，对立柱垂直度、标高进行调整。

3. 立柱垂直度调整方法：立柱垂直度调整，需调节前后、左右两个方向的垂直度，一般采用磁力铅锤或水平尺来调整。

水平尺调整垂直度：水平尺上一般有三个玻璃管，横向玻璃管用来测量水平面的，竖向玻璃管用来测量垂直面的，另外一个一般是用来测量45度角的，三个水泡的作用都是测量测量面是否水平之用，水泡居中则水平，水泡偏离中心，则平面不是水平的。水平尺侧垂直时，与北侧立柱平行放置，如果被测立柱偏离垂直，那么水平尺的水泡向偏离相反得方向偏离，通过调节立柱偏离方向一侧的底部调节螺栓顶起或相反方向的调节螺栓向上升来实现，同样的方法调整另外一侧。因为水平尺存在玻璃管读数误差和本身的误差太大，很少使用这种方法。

磁力铅锤调整垂直度：利用铅锤的自由垂直性能，通过立柱与铅垂线的上、下距离来调节垂直度。先将铅锤吸在立柱一侧（一般高度距离地面两米以上），重锤下拉保证底部无障碍物，等到重锤静止后，量取上端立柱距铅垂线之间的距离（量具于立柱垂直），设读数为6mm，再量取下端的距离，若量取数值小于6mm，说明立柱向左偏离，通过调节立柱左侧的底部调节螺栓顶起或右侧的调节螺栓向上升来实现，若量取数值大于6mm，说明立柱向右偏离，通过调节立柱右侧的底部调节螺栓顶起或左侧的调节螺栓向上升来实现。

4. 立柱标高调整方法：立柱标高的调整一般使用水准仪抄水平，是引基准标高（0米点）到需安装设备基准点，推算出落差再加上立柱长度就等于立柱设计标高。

打标高需要用的设备主要为水准仪，水准仪的使用方法及怎样从设计基准标高值引到安装立柱上，实现立柱实际标高值，使用工作方法具体如下：

水准仪的使用步骤包括：水准仪的安置、粗平、瞄准、精平、读数五个步骤。安置是将仪器安装在可以伸缩的三脚架上并置于两观测点之间。首先打开三脚架并使高度适中，用目估法使架头大致水平并检查脚架是否牢固，然后打开仪器箱，用连接螺旋将水准仪器连接在三脚架上。

粗平是使仪器的视线粗略水平，利用脚螺旋置园水准气泡居于园指标圈之中。具体方法用仪器练习。

瞄准是用望远镜准确地瞄准目标。首先是把望远镜对向远处明亮的背景，转动目镜调焦螺旋，使十字线最清晰。再松开固定螺旋，旋转望远镜，使照门和准星的连接对准水准尺，拧紧固定螺旋。最后转动物镜对光螺旋，使水准尺的清晰地落在十字线平面上，再转动微动螺旋，使水准尺的像靠于十字竖线的一侧。

精平是使望远镜的视线精确水平。微倾水准仪，在水准管上部装有一组棱镜，可将水准管气泡两端，折射到镜管旁的符合水准观察窗内，若气泡居中时，说明视线水平。若气泡两端的像不居中，说明视线不水平。这时可用手转动微倾螺旋使气泡两端的像完全居中。

读数是用十字线，截读水准尺上的读数。现在的水准仪有倒像望远镜，读数时应由上而下进行。先估读毫米级读数，后报出全部读数。

注意，水准仪使用步骤一定要按上面顺序进行，不能颠倒，特别是读数前的符合水泡调整，一定要在读数前进行。

安装立柱标高值调整，要先从设计零米基准引到安装立柱，安放好水准仪，标尺放于厂房立柱零米点，读取标尺数值，设读取设置为1200，再将标尺放于设备立柱安装点，读取标尺数值，设读取数值为1180，那么设备立柱安装点比厂房立柱零米点低20mm，即标高落差为 -20mm。设立柱设计标高为4200mm，那么立柱的实际调整到的长度为4200-（-20）=4220mm，将立柱安装点得立柱高度调整到顶部距地面为4220mm。

还有一种方法是：设安装立柱标高为4200mm、设立柱顶板厚度为16mm，可以从厂房立柱零米点向上返4200mm，画一道线，是标尺垂直倒置，使标尺顶部与划线平齐，用水准仪读取数值设为3000，然后将标尺顶部再顶住安装立柱顶板底部，并垂直放置，那么要想安装立柱标高为4200mm，水准仪的读数应为3000-16=2984，若读取数值小于2984，则说明立柱低于标准高度4200mm，需把立柱向上调整，反之，需把立柱向下调整。即可将此立柱作为后面安装立柱的基准。

可调节式立柱标高，设计时应在地面可控或实测地面标高按调节范围区域划分好，所以立柱标高均可通过调节螺栓来实现设计标高，先按上述方法安装好基准立柱，标尺倒置垂直顶住立柱顶板底部，先测出基准立柱的标高值，基准立柱的标高值2500，然后测出需调整立柱的实际标高值，若实际标高值小于2500，则说明需调整立柱低于基准立柱，需把立柱向上调整，反之，需把立柱向下调整。

立柱垂直度、标高调整完后，经过检验方可对立柱底座与柱体之间进行满焊。

可调节式立柱安装必须先调整垂直度后调整标高，或者垂直度、标高同时调整。

注意：水准仪每换一个位置基准立柱必须重新读数，因为水准仪位置更换，水准仪水平需重新调整，测出标高值与原先位置肯定不一样。

不可调节式立柱安装可先将地面立柱安装位置得相对标高测出，计算出相对零米落差，按照落差值推出立柱实际需要长度，按实际长度预制立柱，制作完成后进行安装、调整立柱垂直度。立柱标高要求相对精确的，可先按图安装立柱底板，将底板安装固定水平调节完成后，抄立柱地板的水平落差，计算出立柱需要的长度，再进行立柱预制、顶板焊接并安装调整垂直度后再焊接底板、加强筋。

立柱预制完成安装方法：立柱预制之前先按上述方法测出立柱安装位置落差，设落差值分别为：10、–5、15、–10，立柱设计标高为3800mm，那么立即预制实际尺寸分别为：3800-10、3800-（–5）、3800-15、3800-（–10），等于3790、3805、3785、3810，按照实际立柱长度进行预制完成。

做一块立柱底板的标准模板，保证边缘尺寸和固定孔孔距，利用标准模板在安装地面上按施工图将立柱位置中心线画出，将标准模板放于中心交叉线上，标准模板中心与放线中心对齐，通过底座螺栓孔向地面画定位标记，按照地面固定螺栓长度、直径选用相应冲击钻头，对准地面标记向下垂直钻眼，清理螺栓孔，放入螺栓并预紧，将预制好的立柱对应尺寸安装在相应的点上，用起吊设备将需安装立柱吊起，运到安装点上方，对准螺孔放下立柱，装上平垫、弹垫并拧上螺母，松开起吊设备，然后对立柱垂直度进行调整，按照上述可调节式立柱的垂直度检测方法进行垂直度检查，若检查立柱向左偏离，则用力将立柱向右推，在左侧立柱底板下方垫垫板，使立柱向右，反之则用力将立柱向左推，在右侧立柱底板下方垫垫板，使立柱向左。

要求精度相对较高的立柱，先在立柱安装的立柱底板用上述方法安装好，用水平尺检查安装后底板的水平度，水平尺基准面平放于立柱底板上，检查前后、左右的水平情况，看水平尺的横向玻璃管中的气泡，若气泡向左偏离，则说明立柱底板左高右低，在右侧立柱底板下方垫垫板，使立柱底板右侧提升，反之说明立柱底板左低右高，在左侧立柱底板下方垫垫板，使立柱底板左侧提升。地板安装完成后测出立柱底板相对零米点落差，设落差值分别为：10、–5、15、–10，立柱设计标高为3800mm，立柱底板厚度为20mm，那么立柱预

制实际尺寸就需要减去底板的尺寸，尺寸分别为3800-10-20、3800-（–5）-20、3800-15-20、3800-（–10）-20，等于3770、3785、3765、3790，为方便后续施工，免去立柱垂直度调整，立柱可先将立柱顶板、底板加强筋与柱身焊接好，要保证顶板、底板加强筋底部与柱身垂直及底面平面度。安装可按照上述方法，立柱向下放时按照图示方向，立柱中心对准地板中心，轻微调整可用锤子敲打摆正，然后将立柱加强筋与地板完全焊接。

不可调节式立柱标高误差不易控制，正常安装标高误差约为+5mm。

可调节式立柱安装、焊接完成后检验若发现垂直度不对，可按照上述不可调节式立柱的方法进行调节。

立柱安装、焊接完成后检验若发现标高不对，如果低于设计标高尺寸，可在立柱顶板上增加一块相应厚度的垫板，如果高于设计标高尺寸，可将立柱本身取出相应的高度。

立柱安装完成后检查立柱安装实际间距是否符合图纸要求，若有误差需在立柱上做标记，以便于梁安装时做误差补偿。

（二）钢结构横梁安装

地面钢结构横梁一般采用立柱顶部支撑，安装较方便。横梁和立柱顶端连接一般采用焊接或夹板固定，钢结构承重量或跨度过大的场合，两种连接方式同时使用，压板固定具有可拆卸、稳定性好等优点。

地面钢结构立柱安装完成后，可安装钢结构横梁，横梁安装使用的大型设备有叉车、升降机等起吊设备，用叉车或升降机将横梁顶起超过立柱顶部高度，将横梁移动到立柱正上方，尽量两头对齐，向下放在立柱顶端。两根立柱旁分别用登高设备一个施工人员，待将横梁放稳后，两人用铁锤对横梁进行精确调整（铁锤敲击横梁两侧下部，横梁移动距离最有效且安全），使横梁中心与立柱中心对齐，横梁长度方向根据图纸居中摆放。精调完成后，横梁若是夹板固定方式，先安装夹板，将夹板置于横梁底边上方并对准立柱顶板螺栓孔，用螺栓将立柱顶板与夹板之间连接，加上平垫、弹垫并紧固、安装锁紧螺母；若是焊接连接方式，先将横梁与立柱底板之间点焊固定。

安装完成后检查横梁实际间距是否符合图纸要求，若不符需对横梁间距进行调整，夹板固定方式调制，是在立柱顶板上向需要调整方向进行扩孔；焊接连接方式调整，是将点焊部位焊点用打磨机打掉，将横梁向需要调整方向调整。待调整完成将螺栓拧紧并上锁紧螺母或将横梁与立柱顶板之间满焊。

（三）钢结构纵梁安装

钢结构纵梁安装方式有插接在横梁中间，插接梁是安装在两横梁垂直方向的梁，安装上平面与横梁一致，插接梁安装有直接焊接和螺栓连接两种，插接梁因与横梁的上平面一致，承重面大，易于平台、护栏安装。还有纵梁是安装在横梁底部用夹板螺栓固定，一般用于焊装焊机滑轨安装梁。

使用叉车升降纵梁，叉车上梁具有速度快，位置调整方便等优点，但稳定性差，可用于叉车高度行程范围内插接梁，夹板固定梁。

使用升降机上梁，可使用多台升降机，具有稳定性强、可安装较高或较长的梁等优点，但梁上到升降机上需用叉车或人力搬运，施工速度慢。可用于升降机高度行程范围内插接梁，夹板固定梁。

使用自制扒杆、手拉葫芦上梁，可使用多台葫芦，具有稳定性强、可安装较高或较长的梁等优点，但手拉葫芦升降速度较慢，梁位置调整不便，一般使用于纵梁在横梁底部的夹板固定梁、长梁。

直接焊接式插接梁：先在横梁上按图画出插接梁安装位置线，用割刀按图纸尺寸截取纵梁长度，两头用割刀将梁两头测出插头，上梁时考虑纵梁长度要比横梁内间距长，可将沿水平面倾斜一定的角度，使纵梁能够穿过。纵梁两头在横梁外侧各有一名施工人员，使用升降设备升到纵梁安装位置，待纵梁上升到与横梁上平面平齐，施工人员将纵梁移入横梁"工"字槽内，调整好位置焊接。

螺栓连接式插接梁：先在横梁上按图画出插接梁安装位置线，在横梁上焊接好连接板，若预制时焊好连接板，横梁安装时要以连接板位置为基准，保证纵梁直线度。用磁力钻固定在梁"工"字面按图钻孔，按上述方法将纵梁上升到与横梁上平面平齐，施工人员将纵梁移入连接板上，穿上螺栓、拧紧螺母、锁紧螺母。

夹板螺栓式纵梁：先在横梁上按图画出插接梁安装位置线，先要以纵梁侧边为基准画，否则上身到安装位置看不到线,按上述方法将纵梁上平面上升到与横梁下上平面平齐,施工人员调整好位置,放上夹板,穿上螺栓并拧上螺母、锁紧螺母。

在钢结构横梁上划线时要规划好两侧纵梁距横梁两头的距离。钢结构若是对称结构,要画出已立柱中心为边界横梁的纵向中心线,从横梁纵向中心线向两侧推算出纵梁安装中心线。若平台较宽(3根以上的纵梁),安装时纵梁与钢平台从一侧向另一侧连续安装。

(四)钢结构平台安装

钢结构平台有模块式和整体式两种,模块式钢平台安装方式是在横梁、纵梁安装完成后,直接安装在钢结构上方或装在梁中间上平面齐平。整体式是钢结构横梁与平台之间直接连接整体安装。

上平刚平台的方式与上梁的方式相同,常用叉车和升降机进行升降。

模块式平台式放在横梁、纵梁上部,支撑全部在梁上,钢平台一定比横梁、纵梁之间的空隙大,模块式平台安装时升的高度要比梁的上平面要高,在行程允许情况下首先选用叉车升降方式,先把最边缘的两根纵梁装上,然后再用叉车上钢平台,钢平台两头用升降设备各有一名施工人员,辅助叉车将平台摆正,待钢平台放入安装位置抽出叉车后,施工人员用铁锤和撬棒按图纸对平台进行精调,钢平台装好两块后,按图将两块之间连接(U型螺栓或焊接)并与两连接。

如果是较高的平台,叉车行程不够的情况下,一跨纵梁可先全部装完后,钢平台用升降机升降,上升时使升降机一侧与边缘处的纵梁尽量靠近,待平台上升到与梁上平面齐平时(可略高)拉到钢平台上,调整好按图固定方式固定,先装靠近升降机的一块平台,然后逐步向里安装。

整体式是钢结构平台一般在横梁、纵梁安装完成后,在两者中间焊接一些加强筋梁。先实际将加强筋梁下完料后,用升降机将施工人员和加强筋梁一起升上去,按图将加强筋梁点焊分布好,进行满焊,然后在梁上铺钢板或钢板网。

(五)钢结构楼梯、护栏安装

钢结构楼梯有斜梯或直梯两种,一般斜梯较重,直梯较轻。斜梯安装因自身较重,安装时可在平台上方处挂一台手拉葫芦,将梯子垂直与平台,放在对应平台安装位置的下方地面上,葫芦下端拴在梯子上部向上拉,待拉到安装位置调整好位置,上部与平台梁焊接,下部打膨胀螺栓固定。因直梯较轻,安装时可用人力将梯子拉上去,调整好位置,上部与平台梁焊接,下部打膨胀螺栓固定。

护栏安装,平台单跨安装完成后,即可安装护栏,因护栏垫片较轻,可先用叉车或升降机送到平台上,由施工人员搬运到安装位置,按图连接方式将护栏安装在钢平台边缘,焊接固定或螺栓固定

综上所述:钢结构安装工艺(方法)最终目的是为了保证施工质量,是为了后期安装其他设备的基础。钢结构安装的每一步,都要考虑后期设备安装的尺寸。像钢结构,安装

立柱是为横梁做支撑，安装横梁是为纵梁做支撑，安装横梁、纵梁是为钢平台、护栏作支撑，所以施工的每一步都要通过检验，检查是否符合设计要求，检查是否能够满足后期安装。如果施工的每一个步骤都能够检查，相信会减少后期返工，减短项目施工时间。此施工工艺还需持续不断地进行改善，不断完善，希望后期能做到节约施工、提供效率。

第五节　钢结构涂装施工

一、钢结构防腐涂装施工

（一）施工准备

1. 材料

建筑钢结构工程防腐材料的选用应符合设计要求。防腐蚀材料有底漆、面漆和稀料等。建筑钢结构工程防腐底漆有红丹油性防锈漆、钼铬红环氧酯防锈漆等；建筑钢结构防腐面漆有各色醇酸磁漆和各色醇酸调和漆等。各种防腐材料应符合国家有关技术指标的规定，还应有产品出厂合格证。

2. 主要机具

喷砂枪、气泵、回收装置、喷漆枪、喷漆气泵、胶管、铲刀、手砂轮、砂布、钢丝刷、棉丝、小压缩机、油漆小桶、刷子、酸洗槽和附件等。

3. 作业条件

（1）油漆工施工作业应有特殊工种作业操作证。

（2）防腐涂装工程前钢结构工程已检查验收，并符合设计要求。

（3）防腐涂装作业场地应有安全防护措施，有防火和通风措施，防止发生火灾和人员中毒事故。

（4）露天防腐施工作业应选择适当的天气，大风、遇雨、严寒等均不应作业。

（二）操作工艺

工艺流程：

基面清理→底漆涂装→面漆涂装→检查验收。

1. 基面清理：

（1）建筑钢结构工程的油漆涂装应在钢结构安装验收合格后进行。油漆涂刷前，应将需涂装部位的铁锈、焊缝药皮、焊接飞溅物、油污、尘土等杂物清理干净。

（2）基面清理除锈质量的好坏，直接关系到涂层质量的好坏。因此涂装工艺的基面除锈质量分为一级和二级，见表 5-5-1 的规定。

表 5-5-1　钢结构除锈质量等级

等级	质量标准	除锈方法
1	钢材表面露出金属色泽	喷砂、抛丸、酸洗
2	钢材表面允许存留干净的轧制表皮	一般工具（钢丝刷、砂布）清除

（3）为了保证涂装质量，根据不同需要可以分别选用以下除锈工艺。

1）喷砂除锈，它是利用压缩空气的压力，连续不断地用石英砂或铁砂冲击钢构件的表面，把钢材表面的铁锈、油污等杂物清理干净，露出金属钢材本色的一种除锈方法。这种方法效率高，除锈彻底，是比较先进的除锈工艺。

2）酸洗除锈，它是把需涂装的钢构件浸放在酸池内，用酸除去构件表面的油污和铁锈。采用酸洗工艺效率也高，除锈比较彻底，但是酸洗以后必须用热水或清水冲洗构件，如果有残酸存在，构件的锈蚀会更加厉害。

3）人工除锈，是由人工用一些比较简单的工具，如刮刀、砂轮、砂布、钢丝刷等工具，清除钢构件上的铁锈。这种方法工作效率低，劳动条件差，除锈也不彻底。

2. 底漆涂装

（1）调和红丹防锈漆，控制油漆的黏度、稠度、稀度，兑制时应充分的搅拌，使油漆色泽、黏度均匀一致。

（2）刷第一层底漆时涂刷方向应该一致，接槎整齐。

（3）刷漆时应采用勤沾、短刷的原则，防止刷子带漆太多而流坠。

（4）待第一遍刷完后，应保持一定的时间间隙，防止第一遍未干就上第二遍，这样会使漆液流坠发皱，质量下降。

（5）待第一遍干燥后，再刷第二遍，第二遍涂刷方向应与第一遍涂刷方向垂直，这样会使漆膜厚度均匀一致。

（6）底漆涂装后起码需 4~8h 后才能达到表干、表干前不应涂装面漆。

3. 面漆涂装

（1）建筑钢结构涂装底漆与面漆一般中间间隙时间较长。钢构件涂装防锈漆后送到工地去组装，组装结束后才统一涂装面漆。这样在涂装面漆前需对钢结构表面进行清理，清除安装焊缝焊药，对烧去或碰去漆的构件，还应事先补漆。

（2）面漆的调制应选择颜色完全一致的面漆，兑制的稀料应合适，面漆使用前应充分搅拌，保持色泽均匀。其工作黏度、稠度应保证涂装时不流坠，不显刷纹。

（3）面漆在使用过程中应不断搅和，涂刷的方法和方向与上述工艺相同。

（4）涂装工艺采用喷涂施工时，应调整好喷嘴口径、喷涂压力，喷枪胶管能自由拉伸到作业区域，空气压缩机气压应在 $0.4~0.7N/mm^2$。

（5）喷涂时应保持好喷嘴与涂层的距离，一般喷枪与作业面距离应在 100mm 左右，喷枪与钢结构基面角度应该保持垂直，或喷嘴略为上倾为宜。

（6）喷涂时喷嘴应该平行移动，移动时应平稳，速度一致，保持涂层均匀。但是采用喷涂时，一般涂层厚度较薄，故应多喷几遍，每层喷涂时应待上层漆膜已经干燥时进行。

4. 涂层检查与验收

（1）表面涂装施工时和施工后，应对涂装过的工件进行保护，防止飞扬尘土和其他杂物。

（2）涂装后的处理检查，应该是涂层颜色一致，色泽鲜明光亮，不起皱皮，不起疙瘩。

（3）涂装漆膜厚度的测定，用触点式漆膜测厚仪测定漆膜厚度，漆膜测厚仪一般测定3点厚度，取其平均值。

（三）质量标准

1. 保证项目应符合下列规定

（1）涂料、稀释剂和固化剂等品种、型号和质量，应符合设计要求和国家现行有关标准的规定。

检验方法：检查质量证明书或复验报告。

（2）涂装前钢材表面除锈应符合设计要求和国家现行有关标准的规定：经化学除锈的钢材表面应露出金属色泽。处理后的钢材表面应无焊渣、焊疤、灰尘、油污、水和毛刺等。

检验方法：用铲刀检查和用现行国家标准《涂装前钢材表面锈蚀等级和除锈等级》规定的图片对照观察检查。

（3）不得误涂、漏涂，涂层应无脱皮和返锈。

检验方法：观察检查。

2. 基本项目应符合下列规定

（1）涂装工程的外观质量

合格：涂刷应均匀，无明显皱皮、气泡，附着良好。

优良：涂刷应均匀，色泽一致，无皱皮、流坠和气泡，附着良好，分色线清楚、整齐。

检验方法：观察检查。

（2）构件补刷漆的质量

合格：补刷漆漆膜应完整。

优良：按涂装工艺分层补刷，漆膜完整，附着良好。

检查数量：按每类构件数抽查10%，但均不应少于3件。

检验方法：观察检查。

3. 涂装工程的干漆膜厚度的允许偏差项目和检验方法应符合规定。干漆膜要求厚度值和允许偏差值应符合《钢结构工程施工及验收规范》的规定。

检查数量：按同类构件数抽查10%，但均不应少于3件，每件测5处，每处的数值为3个相距约50mm的测点干漆膜厚度的平均值。

（四）成品保护

1. 钢构件涂装后应加以临时围护隔离，防止踏踩，损伤涂层。
2. 钢构件涂装后，在 4h 之内如遇有大风或下雨时，应加以覆盖，防止沾染尘土和水汽、影响涂层的附着力。
3. 涂装后的构件需要运输时，应注意防止磕碰，防止在地面拖拉，防止涂层损坏。
4. 涂装后的钢构件勿接触酸类液体，防止咬伤涂层。

（五）应注意的质量问题

1. 涂层作业气温应在 5~38℃ 之间为宜，当天气温度低于 5℃ 时，应选用相应的低温涂层材料施涂。
2. 当气温高于 40℃ 时，应停止涂层作业。因构件温度超过 40℃ 时，在钢材表面涂刷油漆会产生气泡，降低漆膜的附着力。
3. 当空气湿度大于 85%，或构件表面有结露时，不宜进行涂层作业。
4. 钢构件制作前，应对构件隐蔽部位、结构夹层难以除锈的部位，提前除锈，提前涂刷。

二、钢结构防火涂装施工

（一）施工准备

1. 材料及主要机具

（1）防火涂料：需使用经主管部门鉴定，并经当地消防部门批准的产品。如××大厦使用的 ST1-A 型防火涂料，经公安部四川消防研究所鉴定，并经北京市消防局批准，使用前检查批准文件，并以 100t 为一批检查出厂合格证。技术性能应满足有关标准的规定；

1）耐火试验由消防局每 1000t 现场抽样一次，送国家耐火构件质量监督中心检验，其耐火极限应符合设计要求。

2）黏结强度及抗压强度每 500t 抽样一次，送国家化工建材检测中心检验，其黏结强度及抗压强度应大于技术指标的规定。

现场堆放地点应干燥、通风、防潮，发现结块变质时不得使用。

（2）高强胶粘剂及钢防胶由厂家配套供应，按说明书使用。

（3）钢丝网、钢筛卡、塑料布等。

（4）主要机具：混合机、灰浆泵、钢丝网剪刀、铁锹、手推车、计量容器、带刻度钢针、钢尺等。

2. 作业条件

（1）应由经批准的施工单位负责施工，检查资质批准文件。

（2）基层处理：彻底清除钢构件表面的灰尘、浮锈、油污。

（3）对钢构件碰损或漏刷部位应补刷防锈漆两遍，经检查验收方准许喷涂。

（4）喷涂前将操作场地清理干净，靠近门窗、隔断墙等部位，用塑料布加以保护。

（5）固定钢丝网：按构件形状剪好钢丝网，用Φ6钢筋卡固定在钢构件上，钢丝网与钢构件间留有5~10mm间隙。

（二）操作工艺

1. 工艺流程

作业准备→防火涂料配料、搅拌→喷涂→检查验收。

2. 防火涂料配料、搅拌

粉状涂料应随用随配。

搅拌时先将涂料倒入混合机加水拌和2min后，再加胶粘剂及钢防胶充分搅拌5~5min，使稠度达到可喷程度。

3. 喷涂

（1）一般设计要求厚度为经耐火试验达到耐火极限厚度的1.2倍，以耐火极限为梁2h，柱3h，其设计厚度为梁30mm，柱35m。第一层厚1cm左右，晾干七八成再喷第二层，第二层厚1~1.2cm左右为宜，晾干七八成后再喷第三层，第三层达到所需厚度为止。

（2）喷涂时喷枪要垂直于被喷钢构件，距离6~10cm为宜，喷涂气压应保持0.4~0.6MPa，喷完后进行自检，厚度不够的部分再补喷一次。

（3）正式喷涂前，应试喷一建筑层（段），经消防部门、质监站核验合格后，再大面积作业。

（4）施工环境温度低于+5℃时不得施工，应采取外围封闭，加温措施，施工前后48h保持+5℃以上为宜。

4. 检查验收

喷完一个建筑层经自检合格后，将施工记录送交总包，由总包、分包、甲方（监理）三方联合核查。用带刻度的钢针抽查厚度，如发现厚度不够，补喷或铲掉重喷。用锤子敲击检查空鼓，发现空鼓应重喷。合格后，办理隐蔽工程验收手续。

（三）质量标准

1. 保证项目

（1）防火涂料的品种和技术性能应符合设计及有关标准的规定，检查生产许可证、质量证明书和检测报告。

（2）涂料与基层及各层间黏结牢固，不空鼓、不脱落。

2. 基本项目

（1）外观平整、均匀、转角处、异型构件及结合处细部严密。

（2）涂层厚度

1）涂层厚度均符合设计厚度为优良。

2）在 5m 长度内涂层厚度小于设计要求的长度不大于 1m，且涂层厚度不小于设计要求厚度的 85% 为合格。

（3）涂层表面裂纹

1）表面无明显裂纹，且裂缝宽度小于 0.5mm 为优良。

2）表面裂纹宽度不大于 1mm 为合格。

表 5-5-2　允许偏差项目

项目	允许偏差（mm）	检查方法
表面平整度（母线平直度，圆度）	8	用 1m 直尺和钢尺检查，圆度用样板和钢尺检查

（四）成品保护

1. 防止碰撞损坏：防火涂料硬化后强度仍然不高，施工中易碰撞部位应加以临时保护，减少损坏。

2. 防污染：喷涂前对半成品做好保护，特别是临近喷涂部位用塑料布包好。

（五）应注意的质量问题

1. 空鼓：首先配合比应严格掌握，基层处理干净是关键，并注意分批抽检原材料黏结强度。

2. 裂纹：环境温、湿度应适宜，分层喷涂时通风干燥的时间要掌握好。

3. 厚薄不匀：喷涂时喷嘴角度应与构件表面垂直，距离适宜，各层喷涂应有一定的时间间隔，不可跟的过紧。

第六章 防水工程施工

防水是保证建筑工程质量的关键环节,建筑防水施工质量的好坏,极大地影响着整个建筑的质量安全以及其使用功能的实现。防水施工技术是建筑施工技术的重要组成部分,也是保证建筑物不受侵蚀,内部空间不受危害的重要分项工程,不注重防水施工技术的完善,将给整个建筑带来极大的安全隐患。

然而,在建筑施工的过程中加入防水工程,可以延长建筑的使用寿命,同时还能够对室内的物品产生保护作用,防止其被渗漏的地下水或雨水损坏,从而提升居民在建筑内居住的舒适性。防水工程需要在材料选择与施工环节进行质量控制,以达到建筑使用的标准。

第一节 卷材防水屋面施工

一、准备施工

(一)作业条件

1. 找平层施工完毕,并经养护、干燥,含水率不大于9%。
2. 找平层坡度应符合设计要求,不得有空鼓、开裂、起砂、脱皮等缺陷。
3. 各种阴阳角、管根抹圆角。
4. 立面上卷最小高度要保证≥250mm。
5. 做好挑沿、女儿墙、入孔、沉降缝等防腐木砖,沉降缝顶要做坡以利于铁皮封盖。
6. 下水口的位置、出墙距离不能影响雨漏斗的安装,不能与各楼层的通气孔、空调孔紧贴。
7. 作业人员应持证上岗。
8. 安全防护到位并经安全员验收,准备好卷材及配套材料,存放和操作应远离火源,防止发生事故。
9. 出屋面的各种管、避雷设施施工完毕,会同相关工长、质检员进行交接验收,合格后填写交接验收记录表,这样就可以进行防水层的施工,否则不可施工。

（二）材料及要求

1. 规格、材质：满足设计要求。

2. 资料：要经有关部门认证许可并有出厂合格证。

3. 见证取样：防水卷材及配套材料运至施工现场后，会同监理、建设单位一起按照试验要求取样，然后一起送见证试验室，试验合格方准使用。

4. 高聚物改性沥青防水卷材：是合成高分子聚合物改性沥青油毡。

5. 配套材料：

1）氯丁橡胶沥青胶粘剂：由氯丁橡胶加入沥青及溶剂等配制而成，为黑色液体。

2）橡胶沥青嵌缝膏：即密封膏，用于细部嵌固边缝。

3）保护层料：依设计要求。

4）70#汽油、二甲苯，用于清洗受污染的部位。

（三）主要机具

电动搅拌器、高压吹风机、自动热风焊接机、铁抹子、滚动刷、汽油喷灯、剪刀、钢卷尺、筶帚、小线、粉笔、红土粉。

（四）质量要求

1. 主控项目

（1）材防水层所用卷材及其配套材料，必须符合设计要求。

（2）卷材防水层不得有渗漏或积水现象。

（3）卷材防水层在天沟、檐沟、檐口、水落口、泛水、变形缝和伸出屋面管道的防水构造，必须符合设计要求。

2. 一般项目

（1）卷材防水层的搭接缝应粘(焊)结牢固,密封严密,不得有皱折、翘边和鼓泡等缺陷。

（2）卷材防水层上的撒布材料和浅色涂料保护层应铺撒或涂刷均匀，黏结牢固；水泥砂浆、板材或细石混凝土保护层与卷材防水层间应设置隔离层；刚性保护层的分格缝留置应符合设计要求。

（3）排汽屋面的排汽道应纵横贯通，不得堵塞。排气管应安装牢固，位置正确，封闭严密。

（4）卷材铺贴方向应正确，卷材搭接宽度的允许偏差为 –10mm。

二、工艺流程（热熔法施工）

清理基层→涂刷基层处理剂→铺贴卷材附加→铺贴卷材→热熔封边→蓄水试验→保护层。

（一）清理基层

施工前将验收合格的基层表面尘土、杂物清理干净。

涂刷基层处理剂：高聚物改性沥青卷材施工，按产品说明书配套使用，基层处理剂是将氯丁橡胶沥青胶粘剂加入工业汽油稀释，搅拌均匀，用长把滚刷均匀涂刷于基层表面上，常温经过4小时后，开始铺贴卷材。

（二）附加层施工

一般用热熔法使用改性沥青卷材施工防水层，在女儿墙、水落口、管根、檐口、阴阳角等细部先做附加层，附加的范围应符合设计要求。

（三）铺贴卷材

1. 卷材的层数、厚度应符合设计要求。多层铺贴时接缝应错开。将改性沥青防水卷材剪成相应尺寸，用原卷心卷好备用；铺贴时随放卷随用火焰喷枪加热基层和卷材的交接处，喷枪距加热面300mm左右，经往返均匀加热，趁卷材的材面刚刚熔化时，将卷材向前滚铺、粘贴。

2. 卷材应平行屋脊从檐口处往上铺贴，双向流水坡度卷材搭接应顺流水方向，长边及端头的搭接宽度，满粘法均为80mm，且端头接茬要错开50mm。

3. 卷材应从流水坡度的下坡开始，按卷材规格弹出基准线铺贴，并使卷材的长向与流水坡向垂直。注意卷材配制应减少阴阳角处的接头。

4. 铺贴平面与立面相连接的卷材，应由下向上进行，使卷材紧贴阴阳角铺展时对卷材不可拉得太紧，且不得有皱折、空鼓等现象。

（四）热熔封边

将卷材搭接处用喷枪加热，趁热使二者黏结牢固，以边缘挤出沥青为度；末端收头用密封膏嵌填严密。

（五）防水层蓄水试验

卷材防水层完工后，确认做法符合设计要求，将所有雨水口堵住，然后灌水，水面应高出屋面最高点2cm，24h后进行认真观察，尤其是管根、风道根，不洇不渗为合格，否则应进行返工，直到不洇不渗为止。

（六）工长对细部做法进行检查

合格后填写检验批验收记录表，然后请质检员进行核定，质检员核定后，报监理验收，验收合格后方可与下道工序的工长进行交接检查，检查无问题后填写交接检记录，这样就可以施工防水层的保护层了。

（七）防水保护层施工

上人屋面按设计要求做各种刚性防水层屋面保护层。不上人屋面做保护层有两种形式：

1. 防水层表面涂刷氯丁橡胶沥青胶粘剂，随即撒石片，要求铺撒均匀，黏结牢固，形成石片保护层。

2. 防水层表面涂刷银色反光涂料。

（八）应注意的质量问题

1. 屋面不平整：找平层不平顺，造成积水，施工时应找好线，放好坡，找平层施工中应拉线检查。做到坡度符合要求，平整无积水。

2. 空鼓：铺贴卷材时基层不干燥，铺贴不认真，边角处易出现空鼓；铺贴卷材时应掌握基层含水率，不符合要求不能铺贴卷材，同时铺贴时应平、实，压边紧密，黏结牢固。

3. 渗漏：多发生在细部位置。铺贴附加层时，从卷材剪配、粘贴操作，应使附加层紧贴到位，封严、压实，不得有翘边等现象。

4. 女儿墙卷材封口未压实固定，无油膏封口。

5. 管根未做圆弧、上面无伞罩，无沥青麻丝缠绕收头。

6. 卷材入下水口不足10mm。

（九）成品保护

1. 已铺好的卷材防水层，应采取措施进行保护，严禁在防水层上进行施工作业和运输，并应及时做防水层的保护层。

2. 穿过屋面、墙面防水层处的管位，施工中与完工后不得损坏变位。

3. 变形缝、水落口等处防水层施工前，应进行临时封堵，防水层完工后，应进行清除，保证管、缝内通畅，满足使用功能。

4. 屋面施工时不得污染墙面、檐口及其他已施工完的成品。

第二节　涂膜防水屋面施工

一、施工准备

（一）技术准备

1. 施工前，施工单位应组织相关技术人员对涂膜防水屋面施工图进行会审，详细了解、掌握施工图中的各种细部构造及有关设计要求。

2. 依据本施工工艺标准并结合工程实际情况，制订施工技术方案或施工技术措施，并进行安全技术交底。

3. 施工前，必须根据设计要求试验确定每道涂料的涂布厚度和遍数。

4. 施工时，应建立各道工序的自检和专职人员检查制度，并有完整的检查记录。每道工序完成后，应经监理单位（或建设单位）检查验收，合格后方可进行下道工序的施工。

5. 涂膜防水屋面工程应由经资质审查合格的防水专业队伍进行施工，作业人员应持有上岗证。

（二）材料要求

1. 所采用的防水涂料、胎体增强材料、密封材料等应有产品合格证书和性能检测报告，材料的品种、规格、性能等技术指标应符合现行国家产品标准和设计要求。材料进场后，应按规范及设计要求进行进场复检，并提出试验报告。不合格的材料，不得在涂膜防水屋面工程中使用。适用于涂膜防水层的防水涂料分成两类：高聚物改性沥青防水涂料和合成高分子防水涂料。

2. 高聚物改性沥青防水涂料的质量指标：常用的品种有（水乳型、溶剂型）氯丁橡胶改性沥青防水涂料、SBS（APP）改性沥青防水涂料、聚氨酯改性沥青防水涂料、再生胶改性沥青防水涂料等。其质量应符合下表 6-2-1 的要求。

表 6-2-1　高聚物改性沥青防水涂料质量要求

项目		质量要求
固体含量（%）		≥ 43
耐热度（80℃，5h）		无流淌、起泡和滑动
柔性（-10℃）		3mm 厚，绕 Φ20mm 圆棒，无裂痕、断裂
透水性	压力（MPa）	≥ 0.1
	保持时间（min）	≥ 30 不渗透

3. 合成高分子防水涂料常用的品种有聚氨酯防水涂料（单双组分）、丙烯酸酯防水涂料、硅橡胶防水涂料、聚合物水泥防水涂料等。其质量指标应符合下表 6-2-2 的要求。

表 6-2-2　合成高分子防水涂料质量要求

项目		质量要求		
		反应固化型（Ⅰ类）	挥发固化型（Ⅱ类）	聚合物水泥防水涂料
固体含量（%）		≥ 94	≥ 65	≥ 65
拉伸强度（MPa）		≥ 1.65	≥ 1.5	≥ 1.2
断裂延伸率（%）		≥ 350	≥ 300	≥ 200
柔性（℃）		-30，弯折无裂纹	-20，弯折无裂纹	-10，绕 Φ10mm 棒，无裂纹
不透水性	压力（MPa）	≥ 0.3		
	保持时间（min）	≥ 30		

注：Ⅰ类为反应固化型；Ⅱ类为挥发固化型。

4. 胎体增强材料常用的品种有聚酯无纺布、化纤无纺布、玻璃纤维网布等。其质量指标应符合下表 6-2-3 的要求。

表 6-2-3 胎体增强材料质量要求

项目		质量要求		
		Ⅰ	Ⅱ	Ⅲ
外观		均匀，无团状，平整无折皱		
拉力（宽50mm）(N)	纵向	≥150	≥45	≥90
	横向	≥100	≥35	≥50
延伸率（%）	纵向	≥10	≥20	≥3
	横向	≥20	≥25	≥3

注：Ⅰ类为聚酯无纺步；Ⅱ类为化纤无纺布；Ⅲ为玻璃纤维网格布。

（三）施工机具

表 6-2-4

高聚物改性沥青防水涂料		合成高分子防水涂料	
溶剂型	水乳型	聚氨酯防水涂料	聚合物水泥、丙烯酸、硅橡胶防水涂料
扫帚、滚动刷、腻子刀、钢丝刷、油漆刷、拌料桶、手提式电动搅拌器、剪刀、消防器	机具与溶剂型相同	刮板、圆棍刷、腻子刀、钢丝刷、油漆刷、称料桶、拌料桶、磅秤、手提式电动搅拌器、剪刀、消防器等	扫帚、抹布、凿子、锤子、腻子刀、钢丝刷、台秤、水桶、称料桶、拌料桶、磅秤、手提式电动搅拌器、圆筒刷、消防器等

（四）作业条件

1. 基层应平整、坚实、无空鼓、无起砂、无裂缝、无松动掉灰。

2. 基层与突出屋面结构（女儿墙、山墙、天窗壁、变形缝、烟囱等）的交接处以及基层的转角处应做成圆弧形，圆弧半径≥50mm。内部排水的水落口周围，基层应做成略低的凹坑。

3. 基层表面应干净、干燥（水乳型防水涂料对基层含水率无严格要求）。含水率测定方法如下：可用高频水分测定仪测定，或采用1.5~2.0mm厚的1.0m×1.0m橡胶板覆盖基层表面，3~4h后观察其基层与橡胶板接触面，若无水印，即表明基层含水率符合施工要求。

4. 施工前，应将伸出屋面的管道、设备及预埋件安装完毕。

5. 屋面结构板裂缝、渗水等质量缺陷已处理完毕。

6. 涂膜防水屋面严禁在雨天、雪天和五级风及以上时施工。施工环境气温应符合表6-2-5的要求。

表 6-2-5

项目	施工环境气温
高聚物改性沥青防水涂料	溶剂型不低于-5°，水乳型不低于5°
合成高分子防水涂料	溶剂型不低于-5°，水乳型不低于5°

（五）基本规定

1. 涂膜应根据防水涂料的品种分层分遍涂布，不得一次涂成；应待先涂的涂层干燥成膜后，方可涂后一遍涂料。

2. 需铺设胎体增强材料时，屋面坡度小于15%时，可平行屋脊铺设；屋面坡度大于15%时，应垂直于屋脊铺设。

3. 胎体长边搭接宽度不应小于50mm，短边搭接宽度不应小于70mm。

4. 采用二层胎体增强材料，上下层不得相互垂直铺设，搭接缝应错开，其间距不应小于幅宽的1/3。

5. 应按照不同屋面防水等级，选定相应的防水涂料及其涂膜厚度。

二、施工操作

进场材料抽样复检→基层处理→涂刷底胶→特殊部位加强处理→第一遍涂布→第二遍涂布→第三遍涂布→收头密封处理→检查清理验收。

（一）基层处理

涂刷防水层施工前，先将基层表面的杂物、砂浆硬块等清扫干净，经检查基层无不平、空裂，起砂等缺陷，方可进行下道工序。

（二）涂刷底胶（相当于冷底子油）

1. 底胶（基层处理剂）配制：按说明书的比例（重量比）配合搅拌均匀，配好的料在规定的时间内用完。

2. 底胶涂刷：将配制好的底胶料，用长把滚刷均匀涂刷在基层表面，底胶干燥不粘手时，即可做下道工序。

（三）防水涂料配置

1. 防水涂膜配置：采用双组分防水涂料时，在配制前应将甲组分、乙组分搅拌均匀，然后严格按照材料供应商提供的材料配合比，准确计量；每次配制数量应根据有效时间和每次涂布面积计算确定，随用随配；混合时，将甲组分、乙组分倒入容器内，用手提式电动搅拌器强力搅拌均匀后即可使用。

2. 单组分防水涂料使用前，只需搅拌均匀即可使用。

（四）涂布防水涂料

1. 待底胶固化干燥后，应先全面仔细检查其涂层上有无气孔、气泡等。

2. 涂布防水涂料应先涂立面、节点，后涂平面。按试验确定的要求进行涂布涂料。

3. 附加涂膜层：穿过墙、顶、地的管根部，地漏、排水口，阴阳角，变形缝等薄弱部位，应在涂膜层大面积施工前，先做好上述部位的增强涂层（附加层）。

附加涂层做法：是在涂膜附加层中铺贴胎体增加材料（聚酯无纺布或化纤无纺布），涂膜操作时用板刷刮涂料驱除气泡，将胎体增加材料紧密地粘贴在基层上，阴阳角部位一般为条形，管根为块形，三面角，应裁成块形布铺设，可多次涂刷涂膜。

4. 涂刷第一道涂膜：在前一道涂膜加固层的材料固化并干燥后，应先检查其附加层部位有无残留的气孔或气泡，如没有，即可涂刷第一层涂膜；如有气孔或气泡，则应用橡胶刮板将混合料用力压入气孔，局部再刷涂膜，然后进行第一层涂膜施工。

涂刮第二道涂膜：第一道涂膜固化后，即可在其上均匀地涂刮第二道涂膜，涂刮方向应与第一道的涂刮方向相垂直，涂刮第二道与第一道相间隔的时间一般不小于24h，亦不大于72h。

5. 涂刮第三道涂膜：涂刮方法与第二道涂膜相同，但涂刮方向应与其垂直。

6. 收头处理：所有涂膜收头均应采用防水涂料多遍涂刷密实或用密封材料压边封固，压边宽度不得小于10mm；收头处的胎体增强材料应裁剪整齐，如有凹槽应压入凹槽，不得有翘边、皱折、露白等缺陷。

（五）质量标准

1. 主控项目

（1）防水涂料和胎体增强材料的质量应符合设计要求。

检验方法：检查出厂合格证、质量检验报告和进场检验报告。

（2）涂膜防水层不得有渗漏和积水现象。

检验方法：雨后观察和淋水、蓄水试验。

（3）涂膜防水层在檐口、檐沟、天沟、水落口、泛水、变形缝、伸出屋面管道的防水构造，应符合设计要求。

检验方法：观察检查。

（4）涂膜防水层的平均厚度应符合设计要求，且最小厚度不得小于设计厚度的80%。

检验方法：针测法和取样量测。

2. 一般项目

（1）涂膜防水层与基层应黏结牢固，表面应平整，涂布应均匀，不得有流淌、皱折、起泡和露胎体等缺陷。

检验方法：观察检查。

（2）涂膜防水层的收头应用防水涂料多遍涂刷。

检验方法：观察检查。

（3）铺贴胎体增加材料应平整顺直，搭接尺寸应准确，应排除起泡，并应与涂料黏结牢固；胎体增加材料搭接宽度的允许偏差为 −10mm。

检验方法：观察和尺量检查。

（六）成品保护

1. 已涂刷好的涂膜防水层，应及时采取保护措施；在未做好保护层以前，不允许穿带钉鞋在涂膜防水层上走动，以免破坏防水层。
2. 突出屋面层的管道，水落口，天沟，檐沟处的周边防水层不得碰损。
3. 水落口，天沟，檐沟等处应保持畅通，施工中要防止杂物掉入，试水后应进行认真清理。
4. 涂膜防水层施工过程中，未固化前不得上人走动，以免破坏防水层，造成渗漏的隐患。
5. 涂膜防水层施工过程中，应注意保护有关门口、墙面等部位，防止污染成品。

（七）安全、环保措施

1. 进入施工现场的操作人员必须戴好安全帽；
2. 在坡度较大的屋面上施工时，操作人员必须佩戴安全带；
3. 每次施工用完的机具要及时用有机溶剂清洗干净。
4. 使用溶剂型防水涂料时，施工现场周围严禁烟火，应备有消防器材，施工人员应穿工作服、戴手套、穿软底鞋；操作时若皮肤上沾染上涂料，及时用沾有相应溶剂的棉纱擦除，在用肥皂和清水洗净。
5. 溶剂型防水涂料易燃有毒，应存放于阴凉、通风、无强烈日光直射、无火源的库房中，并配有并配备足够的消防器材

第三节　刚性防水屋面施工

一、施工准备

1. 技术准备

（1）根据设计图纸及相关施工验收规范编制施工方案。
（2）按照施工方案要求做好技术、安全交底。

2. 材料要求

（1）混凝土水灰比不应大于0.55，每立方米混凝土水泥用量不得少于330kg，含砂率宜为35%~40%；灰砂比宜为1∶2~1∶2.5；混凝土采用机械搅拌，搅拌时间不应少于2min，补偿收缩混凝土连续搅拌时间不应少于3min。

（2）水泥宜采用普通硅酸盐水泥或硅酸盐水泥，不得采用火山灰质水泥，强度等级不低于32.5级；石子最大粒径不宜超过15mm，含泥量不应大于1%，应有良好的级配；

砂子应采用中砂或粗砂，粒径在 0.3~0.5mm，含泥量不应大于 2%。

（3）采用直径 4~6mm、间距为 100~200mm 的双向钢筋网片，也可采用冷拔低碳钢丝，网片应采用绑扎或电焊制作，在分格缝处断开，绑扎钢筋的搭接长度满足搭接要求，其保护层不应小于 10mm。

（4）细石混凝土宜掺入膨胀剂、减水剂、防水剂等外加剂，应根据不同品种的使用范围、技术要求选定，按照配合比准确计量，投料顺序得当。细石混凝土应用机械充分搅拌均匀，坍落度控制在 30~50mm，达到密实以提高其防水性能。

（5）用于密封处理的密封材料应具有弹塑性、黏结性、耐候性以及防水、气密性和耐疲劳性，如改性沥青嵌缝油膏、聚氨酯类和硅酮类等合成高分子密封材料。质量要求应符合规范和设计规定，其储存、保管应避免日晒、雨淋，避开火源，防止碰撞。

3. 主要机具

混凝土搅拌机，运输小车，运输小车，铁锹，铁抹子，水平刮杆，平板振动器，滚筒，塑料薄膜，水平尺，钢筋钳。

4. 作业条件

（1）现浇整体式钢筋混凝土屋面，结构层表面应平整、坚实，必须进行蓄水试验，当发现有裂缝、渗漏等缺陷时，必须进行封闭和防锈处理。

（2）预制钢筋混凝土屋面板不得有外部损伤和缺陷，凡有局部轻微缺陷者，应在吊装前修补好；预制板应安装平稳，板缝应大小一致，板缝宽度上口不小于 30mm，下口不小于 20mm；对板缝呈上窄下宽或宽度大于 50mm 的，应加设构造钢筋；相邻板面高差不大于 10mm。

（3）采用细石混凝土灌缝时，应在灌缝前清理板缝，并刷水泥素灰，用钢丝吊托底模，分次浇筑水泥砂浆和细石混凝土。混凝土应浇捣密实，不得有蜂窝麻面等缺陷，高度应与板面平齐。

（4）所有出屋面的管道、设备或预埋件均应安装完毕，检验合格，并做好防水处理。

（5）找平层应平整、压实、抹光，使其具有一定的防水能力。

（6）细石混凝土防水层施工温度宜在 5~30℃，应避免在负温或烈日暴晒下施工。

二、施工操作

（一）施工工艺流程

清理基层→找坡→做找平层→做隔离层→弹分格缝线→安装分格线木条、支边模→绑扎防水层钢筋网片→浇筑细石混凝土→养护→分格缝隙、变形缝等细部构造密封处理。

（二）施工操作

1. 基本规定

（1）刚性防水层中细石混凝土中不得使用火山灰水泥；当采用矿渣硅酸盐水泥时，应采用减少泌水性的措施，混凝土的强度等级不应低于C20。

（2）刚性防水层与立墙及突出屋面结构等交接处，均应做柔性密封处理；刚性防水层与基层间宜设置隔离层。

（3）混凝土中掺加膨胀剂、减水剂、防水剂等外加剂时，应按配合比准确计量，投料顺序得当，并应用机械搅拌，机械振捣。

（4）刚性防水层应设置分格缝，分格缝内应嵌填密封材料。

（5）细石混凝土防水层的厚度不应小于40mm。

2. 操作工艺

（1）基层处理

1）刚性防水层的基层宜为整体现浇钢筋混凝土板或找平层，应为结构找坡或找平层找坡，此时为了缓解基层变形对刚性防水层的影响，在基层与防水层之间设隔离层。

2）基层为装配式钢筋混凝土板时，板端缝应先嵌填密封材料处理。

3）刚性防水层的基层为保温屋面时，保温层可兼做隔离层，但保温层必须干燥。

4）基层为柔性防水层时，应加设一道无纺布做隔离层。

（2）做隔离层

1）在细石混凝土防水层与基层之间设置隔离层，依据设计可采用干铺无纺布、塑料薄膜或者低强度等级的砂浆，施工时避免钢筋破坏防水层，必要时可在防水层上做砂浆保护层。

2）采用低强度等级的砂浆的隔离层表面应压光，施工后的隔离层应表面平整光洁，厚薄一致，并具有一定的强度。在浇筑细石混凝土前，应做好隔离层成品保护工作，不能踩踏破坏，待隔离层干燥，并具有一定的强度后，细石混凝土防水层方可施工。

（3）分格缝设置原则

细石混凝土防水层的分格缝，应设在变形较大和较易变形的屋面板的支承端、屋面转折处、防水层与突出屋面结构的交接处，并应与板缝对齐，其纵横间距应控制在6m以内。

（4）粘贴安放分格缝木条

1）分格缝的宽度应不大于40mm，且不小于10mm，如接缝太宽，应进行调整或用聚合物水泥砂浆处理。

2）按分格缝的宽度和防水层的厚度加工或选用分格木条。木条应质地坚硬、规格正确，为方便拆除应做成上大下小的楔形、使用前在水中浸透，涂刷隔离剂。

3）采用水泥素灰或水泥砂浆固定于弹线位置，要求尺寸、位置正确。

4）为便于拆除，分格缝镶嵌材料也可以使用聚苯板或定型聚氯乙烯塑料分格条，底部用水泥砂浆固定在弹线位置。

（5）绑扎钢筋网片

1）钢筋网片可采用Φ4~Φ6mm冷拔低碳钢丝，间距为100~200mm的绑扎或点焊的双向钢筋网片。钢筋网片应放在防水层上部，绑扎钢丝收口应向下弯，不得露出防水层表面。钢筋的保护层厚度不应小于10mm，钢丝必须调直。

2）钢筋网片要保证位置的正确性并且必须在分格缝处断开，可采用如下方法施工：将分格缝木条开槽、穿筋，使冷拔钢丝调息拉伸并固定在屋面周边设置前临时支座上，待混凝土浇筑完毕，强度达到50%时，取出木条，剪断分格缝处的钢丝，然后拆除支座。

（6）浇筑细石混凝土

1）混凝土浇筑应按照由远而近，先高后低的原则进行。在每个分格内，混凝土应连续浇筑，不得留施工缝，混凝土要铺平铺匀，用高频平板振动器振捣或用滚筒碾压，保证达到密实程度，振捣或碾压泛浆后，用木抹子拍实抹平。

2）待混凝土收水初凝后，大约10h左右，起出木条，避免破坏分格缝，用铁抹子进行第一次抹压，混凝土终凝前进行第二次抹压，使混凝土表面平整、光滑、无抹痕。抹压时严禁在表面洒水、加干水泥或水泥浆。

（7）养护

细石混凝土终凝后（12~24h）应养护，养护时间不应少于14d，养护初期禁止上人。养护方法可采用洒水湿润，也可采用喷涂养护剂、覆盖塑料薄膜或锯末等方法，必须保证细石混凝土处于充分的湿润状态。

（8）分格缝、变形缝等细部构造的密封防水处理

1）细部构造

①屋面刚性防水层与山墙、女儿墙等所有竖向结构及设备基础、管道等突出屋面结构交接处都应断开，留出30mm的间隙，并用密封材料嵌填密封。在交接处和基层转角处应加设防水卷材，为了避免用水泥砂浆找平并抹成圆弧易造成黏结不牢、空鼓、开裂的现象，而采用与刚性防水层做法一致的细石混凝土（内设钢筋网片）在基层与竖向结构的交接处和基层的转角处找平并抹圆弧，同时为了有利于卷材铺贴，圆弧半径宜大于100mm，小于150mm。竖向卷材收头固定密封于立墙凹槽或女儿墙压顶内，屋面卷材头应用密封材料封闭。

②细石混凝土防水层应伸到挑檐或伸入天沟、檐沟内不小于60mm，并做滴水线。

2）嵌填密封材料

①应先对分格缝、变形缝等防水部位的基层进行修补清理，去除灰尘杂物，铲除砂浆等残留物，使基层牢固、表面平整密实、干净干燥，方可进行密封处理。

②密封材料采用改性沥青密封材料或合成高分子密封材料等。嵌填密封材料时，应先在分格缝侧壁及缝上口两边150mm范围内涂刷与密封材料材性相配套的基层处理剂。改性沥青密封材料基层处理剂现场配置，为保证其质量，应配比准确，搅拌均匀。多组分反应固化型材料，配置时应根据固化前的有效时间确定一次使用量，用多少配置多少，未用

完的材料不得下次使用。

③处理剂应涂刷均匀，不露底。待基层处理剂表面干燥后，应立即嵌填密封材料。密封材料的接缝深度为接缝宽度的0.5~0.7倍，接缝处的底部应填放与基层处理剂不相容的背衬材料，如泡沫棒或油毡条。

④当采用改性石油沥青密封材料嵌填时应注意以下两点：

一是：热灌法施工应由下向上进行，尽量减少接头，垂直于屋脊的板缝宜先浇灌，同时在纵横交叉处宜沿平行于屋脊的两侧板缝各延伸浇灌150mm，并留成斜搓。

二是：冷嵌法施工应先将少量密封材料批刮到缝槽两侧，分次将密封材料嵌填在缝内，用力压嵌密实，嵌填时密封材料与缝壁不得留有空隙，并防止裹入空气，接头应采用斜搓。

⑤采用合成高分子密封材料嵌填时，不管是用挤出枪还是用腻子刀施工，表面都不会光滑平直，可能还会出现凹陷、漏嵌填、孔洞、气泡等现象，故应在密封材料表面干前进行修整。

⑥密封材料嵌填应饱满、无间隙、无气泡，密封材料表面呈凹状，中部比周围低3~5mm。

⑦嵌填完毕的密封材料应保护，不得碰损及污染，固化前不得踩踏，可采用卷材或木板保护。

⑧女儿墙根部转角做法：首先在女儿墙根部结构层做一道柔性防水，再用细石混凝土做成圆弧形转角，细石混凝土圆弧形转角面层做柔性防水层与屋面大面积柔性防水层相连，最后，用聚合物砂浆做保护层。

⑨变形缝中间应填充泡沫塑料，其上放置衬垫材料，并用卷材封盖，顶部应加混凝土盖板或金属盖板。

（三）质量控制要点

1. 材料的关键要求

细石混凝土中不得使用火山灰水泥；混凝土水灰比不应大于0.55；每立方米混凝土水泥用量不得少于330kg；含砂率宜为35%~40%；灰砂比宜为1∶2~1∶2.5；混凝土强度等级不应低于C20。

2. 技术关键要求

混凝土中掺加外加剂的品种、数量必须依照外加剂性能进行选配，并按配合比准确计量，投料顺序得当。

3. 质量关键要求

混凝土的原材料配合比必须符合设计要求；细石混凝土防水层不得出现渗漏或积水现象。

（四）质量标准

1. 细石混凝土刚性防水层

（1）检查数量：按屋面面积每 100m² 抽查一处，每处 10m²，每一层面不应少于 3 处。

（2）主控项目

1）所使用的原材料、外加剂、混凝土配合比防水性能，必须符合设计要求和规程的规定。

检验方法：检查产品的出厂合格证、混凝土配合比和试验报告。

2）钢筋的品种、规格、位置及保护层厚度，必须符合设计要求和规程规定。

检验方法：可检查钢筋隐蔽验收记录和观察检查。

3）防水层完工后严禁有渗漏现象。可蓄水 30~100mm 高，持续 24h 观察。

（3）一般项目

1）细石混凝土防水层的坡度，必须符合排水要求，不积水，可用坡度尺检查或浇水观察。

2）细石混凝土防水层的外观质量应厚度一致、表面平整、压实抹光、无裂缝、起壳、起砂等缺陷。

3）泛水、檐口、分格缝及溢水口标高等做法应符合设计和规程规定；泛水、檐口做法正确，分格缝的设置位置和间距符合要求，分格缝和檐口平直，溢水口标高正确；可检查隐蔽工程验收记录及观察检查。

（4）实测项目

细石混凝土屋面的允许偏差应符合表 6-3-1 要求：

表 6-3-1 细石混凝土屋面的允许偏差

项目	允许偏差（mm）	检验方法
平整度	±5	用 2m 直尺和楔形塞尺检查
分格缝位置	±20	尺量检查
泛水高度	≥120	尺量检查

2. 密封材料

（1）检查数量：按每 50m 检查一处，每处 5m，且不少于 3 处。

（2）主控项目

1）密封材料的质量必须符合设计要求。

检验方法：可检查产品的合格证、配合比和现场抽样复验报告。

2）密封材料嵌填必须密实、连续、饱满，黏结牢固，无气泡、开裂、鼓泡、下塌或脱落等缺陷；厚度符合设计和规程要求。

3）嵌填的密封材料表面应平滑，缝边应顺直，无凹凸不平现象。

（3）一般项目

1）密封材料嵌缝的板缝基层应表面平整密实，无松动、露筋、起砂等缺陷，干燥干净，并涂刷基层处理剂。

2）嵌缝后的保护层黏结牢固，覆盖严密，保护层盖过嵌缝两边各不少于20mm。

（4）实测项目

密封防水接缝宽度的允许偏差为±10%，接缝深度为宽度的0.5~0.7倍。

（五）成品保护

（1）刚性防水层混凝土浇筑完，应按要求进行养护，养护期间不准上人，其他工种不得进入，养护期过后也要注意成品保护。分格缝填塞时，注意不要污染屋面。

（2）雨水口等部位安装临时堵头要保护好，以防灌入杂物，造成堵塞。

（3）不得在已完成屋面上拌和砂浆及堆放杂物。

（六）职业健康安全要求

1. 该项作业的危险点（最易发生的事故）是高空坠落、触电。针对以上危险点，应采取如下预防措施：

（1）屋面四周无女儿墙处按要求搭设防护栏杆或防护脚手架。

（2）浇筑混凝土时混凝土不得集中堆放。

（3）混凝土工、抹灰工必须是经过培训持有效上岗证的人员

（4）混凝土振捣器使用前必须经电工检验确认合格后方可使用。开关箱必须装设漏电保护器，插头应完好无损，电源线不得破皮漏电，操作者必须穿绝缘鞋（胶鞋），戴绝缘手套。

2. 安全操作规程

抹灰工岗位作业指导书 Q/JHQ—0404—2004。

混凝土工岗位作业指导书 Q/JHQ—0405—2004。

3. 发生事故后应采取的避难和急救措施

（1）一旦发生高处坠落、火灾事故，伤员应及时就近送医院抢救。

（2）在组织现场事故处理的同时，应立即向上级报告事故情况并保护好现场。同时采取防止事故扩大或蔓延的紧急措施。

（七）环境保护要求

1. 混凝土搅拌、运输、浇筑过程中不得污染其他部位。

2. 水泥、砂、石、混凝土等材料运输过程不得随处溢洒，及时清扫撒落地材料，保持现场环境整洁。

第四节 地下防水工程施工

一、施工准备

（一）技术准备

本作业指导书为通用范本。在开工前应组织技术人员会审施工图纸和文件，根据图纸设计和工期要求，编制实施性地下室防水施工方案，完善作业指导书内容，报请有关部门审批后下达作业队实施。

（二）材料准备

1. 卷材：高聚物改性沥青卷材，一般有复合胎、聚酯胎、麻布胎三种。卷材的品种和规格均应符合设计规定，并有出厂合格证和按规定进行二次试验合格后才能使用。

2. 配制玛蒂脂的填充料：滑石粉、板岩粉、云母粉、石棉粉。

3. 工具：汽油喷灯或液化石油气罐喷枪、刮板、铁棍、裁刀等。

（三）作业条件

1. 地下室的顶板的水泥砂浆找平层，要求干燥、平整、光洁、无凹坑、无起砂、无空鼓和较大裂纹。

2. 地下室的侧壁混凝土面要求平整、光洁、无凹坑，无钢筋、铁件等凸出，阴阳角处应做成圆弧形或钝角。

3. 室外作业应在天气晴朗、无风条件下进行。

4. 地下水位高于防水层的施工部位，应先做好降低地下水位和排水工作，将地下水位降至防水层底标高以下300mm，并保持到防水层施工完毕。

5. 地面或墙面的预埋管件、变形缝等处应进行隐蔽工程检查验收，使其符合设计和施工验收规范的要求。

6. 地下室底板下铺贴卷材防水层前，应在垫层上抹好水泥砂浆找平层，待干燥后方可进行防水层施工。

7. 卷材防水层施工的环境温度不应低于5℃。

二、施工操作

（一）工艺流程

1. 平面铺贴工艺流程

抹垫层找平层→养护→清理→喷涂冷底子油→铺贴附加油毡层→铺第一层立墙油毡→铺第一层平面油毡→抹保护层。

2. 立面铺贴工艺流程

割除外露钢筋、铁件等→结构面清理、坑凹找平→养护→喷涂冷底子油→接铺阴阳角处附加层→铺第一层油毡→铺第二层油毡→（按设计分层铺设）→砌筑保护墙。

（二）施工工艺

1. 结构防水面施工前，在底板垫层、顶板表面、外墙壁外表做应抹水泥砂浆找平层，使防水卷材铺贴在一个平顺的基面上。要求阴阳角抹成圆角。

2. 水泥砂浆找平层抹完后应浇水养护，使其强度上升后，经干燥方可做防水层。

3. 喷涂冷底子油：为使铺贴防水卷材沥青玛琋脂与基层结合，在铺卷材前，应在铺贴面上，喷涂冷底子油两道。

4. 铺贴水平面防水层：

（1）平面铺贴卷材：铺贴卷材前，宜使基层表面干燥，先喷冷底子油结合层两道，然后根据卷材规格及搭接要求弹线，按线分层铺设，铺贴卷材应符合下列要求：

（2）粘贴卷材的沥青胶结材料的厚度一般为1.5~2.5mm。

（3）卷材搭接长度：长边不应小于100mm，短边不应小于150mm。上下两层和相邻两幅卷材的接缝应错开，上下层卷材不得相互垂直铺贴。

（4）在平面与立面的转角处，卷材的接缝应留在平面上距立面不小于600mm处。

（5）在所有转角处均应铺贴附加层。附加层可用两层同样的卷材，也可用一层抗拉强度较高的卷材。附加层应按加固处的形状仔细粘贴紧密。

（6）粘贴卷材时应展平压实。卷材与基层和各层卷材间必须黏结紧密，多余的沥青胶结材料应挤出，搭接缝必须用沥青胶结料仔细封严。最后一层卷材贴好后，应在其表面上均匀地涂刷一层厚度为1~1.5mm的热沥青胶结材料。同时撒拍粗砂以形成防水保护层的结合层。

（7）平面与立面结构施工缝处，防水卷材接槎按规范方法处理。

5. 立面铺贴卷材：

（1）铺贴前宜使基层表面干燥，满喷冷底子油两道，干燥后即可铺贴。铺贴立面卷材，有两种铺贴方法，其做法要求如下：

①立面卷材防水层外防外贴法：应先铺平面，后铺贴立面，平立面交接处应加铺附加

层。一般施工将立面底根部根据结构施工缝高度改为外防内贴卷材层，接槎部位先做的卷材应留出搭接长度，该范围的保护墙应用石灰砂浆砌筑，待结构墙体积做外防外贴卷材防水层时，分层接槎，经验收后砌筑保护墙。

②立面卷材防水层外防内贴法：在结构施工前，应将永久性保护墙砌筑在与需防水结构同一垫层上。保护墙贴防水卷材面应先抹1：3水泥砂浆找平层，干燥后喷涂冷底子油，干燥后即可铺贴油毡卷材。卷材铺贴必须分层，先铺贴立面，后铺贴平面，铺贴立面时应先铺转角，后铺大面；卷材防水层铺完后，应按规范或设计要求做水泥砂浆或混凝土保护层，一般在立面上应在涂刷防水层最后一层沥青胶材料时，粘上干净的粗砂，待冷却后，抹一层10~20mm厚的1：3水泥砂浆保护层；在平面上可铺设一层30~50mm厚的细石混凝土保护层。外防内贴法保护墙铺设转折处卷材的方法见标准图做法。

③防水卷材与管根埋设件连接处的做法见标准图做法。

④采用埋入式橡胶或塑料止水带的变形缝作法见标准图做法。

6. 保护层或保护墙：

外防内贴卷材防水层表面应做保护层，平面卷材面做细石混凝土保护层厚度为30~50mm；立面抹1：3水泥砂浆保护层，10~20mm厚。

（三）质量标准

1. 保证项目

（1）卷材与胶结材料必须符合设计要求和施工及验收规范的规定。

（2）卷材防水层及其变形缝、预埋管件、细部做法，必须符合设计要求和施工及验收规范的规定。

2. 基本项目

（1）基层牢固，表面洁净、平整，阴阳角处呈圆弧形或钝角，冷底子油涂布均匀，无漏涂。

（2）铺贴方法和搭接，收头应符合施工及验收规范的规定，黏结牢固紧密，接缝封严，无损伤、空鼓等缺陷。

（3）卷材防水层的保护层应黏结牢固，结合密实，厚度均匀一致。

（四）成品保护

1. 地下卷材防水层部位预埋的管道不得碰损变位和堵塞杂物。

2. 卷材防水层铺贴完成后，要及时做好保护层，防止结构施工碰坏防水层；外贴防水层铺贴完成后，应按设计砌好保护墙。

3. 卷材平面防水层施工中和完成后，不得在防水层上放置材料或防水层用作施工运输车道。

（五）通病预防

1. 卷材防水层空鼓：卷材防水层空鼓，发生的原因多是卷材防水层的基层含水率高，找平层未干燥，就施工卷材防水层，将湿气封在里面，遇热气体将防水层鼓起；另外铺贴油毡卷材时，压得不紧，粘贴不密实，窝住操作时的热气，使卷材起泡、空鼓。施工时应注意基层干燥，操作中应压实粘紧，不可窝住气体，即可防止空鼓的发生。

2. 渗漏：地下卷材防水工程渗漏主要发生在穿墙管处、螺栓处、变形缝处和卷材接槎处，其原因是：这些特殊部位做防水的基层处理不好，结构不密实，找平层收头不严密；卷材附加层收边不严，卷材裁割不规矩；变形缝止水带捻压不好，结构变形等原因使变形缝处漏水；卷材接槎处先后施工的接槎卷材有破损，铺粘不严而漏水。施工中应根据不同的特殊部位，采取规范规定的处理方法，操作时认真按形状剪裁卷材，周边压平贴严，黏结牢固，在完成这些部位附加层铺贴后，精心检查，把好验收关。

第五节　卫生间防水施工

一、施工的准备

1. 卫生间防水分项工程施工前应由施工单位编写《卫生间防水施工方案》，由监理单位及建设单位审批通过后方可施工。

2. 防水材料要有正规的出厂合格证及性能检验报告，进场后必须进行复检，合格后方可使用。

3. 结构施工时卫生间穿楼板管道预留洞的位置要准确，管道安装前要用线坠吊线检查，确保管道周围缝隙不小于30mm，个别位置不准确的孔洞用水钻开孔，严禁随意剔凿。

4. 卫生间墙体根部应做高度不小于200mm的混凝土现浇带，现浇带与楼板要一次整体浇筑。

5. 热水及暖气管道穿楼板要使用套管，套管顶部应高出装饰地面50mm，下部应与楼板底面相平，安装前应准确计算其长度。穿过楼板的套管与管道之间缝隙应用阻燃密实材料和防水油膏填实，端面要光滑。

6. 居室地面施工时在卫生间门口处预留出300mm宽做防水，待卫生间防水层施工完毕后和防水保护层一起施工。

二、施工操作

（一）工艺流程

管道安装吊模、堵洞找平层防水层闭水试验保护层。

1. 管道安装：地漏标高由地面做法和门口至地漏坡度（坡度不小于3%）确定，施工时要严格控制。安装管道时将止水圈套在管道上（止水圈由 PVC-U 管道生产商配套供应）。所有穿越卫生间楼板的管道安装完毕并验收合格后，必须及时堵洞，堵洞时要严格细致地进行孔洞清理，将地漏、上下水等各管道周围的木楔、砖块等用来临时固定管子的杂物彻底清除。

2. 支模、堵洞：堵洞用的模板可采用木模板或定型底模。支模后用水冲洗孔洞，先用表面处理剂（如：EC—1 界面处理剂）满涂预留洞口四周，再分两次灌缝。第一次先把止水圈提起，用加微膨胀剂的半干硬性细石混凝土灌入并捣实，混凝土强度等级应比楼板混凝土强度提高一个标号，其厚度为楼板厚度的 1/2。第二次落下止水圈，用与第一次相同的混凝土填缝，使其与楼板齐平。填缝混凝土要及时养护，达到一定强度后（一般 5 天）进行管道根部 24 小时蓄水试验，合格后再做找平层。

3. 找平层施工：为使找平层和基层结合牢固，应将基层的浮灰、油污等处理干净，找平层施工时应边扫素水泥浆边抹灰，卫生间周圈墙角处抹成 R=30mm 的圆弧，管道周围留凹槽内嵌油膏。分两次抹压，最后压光压平，找平层要及时养护，以防找平层开裂、空鼓或起砂。

4. 防水层施工：待找平层完全干透后，将找平层彻底清扫干净。应先在管根、地漏、四周墙根周围涂刷一道涂膜附加层内加玻璃丝布，管道周围直径为 300mm，墙角处沿墙高和楼板水平方向各 150mm。待干到不粘手时，开始整体涂刷防水涂漠。整体涂刷要分层进行，每层涂膜厚度要均匀，涂刷方向要一致，不得漏涂。相邻两层涂膜涂刷方向应相互垂直，时间间隔根据环境温度和涂膜固化程度控制。各整体防水层在墙根处应向上卷起至少 200mm。门口铺出 300mm 宽。防水层厚度要符合设计要求。

5. 防水层的验收（闭水试验）：防水层施工完毕后，必须进行闭水试验，试验时间为 24 小时以上。自顶板下方观测管道周边和其他墙边角处等部位无渗水、湿润现象。经监理单位、建设单位验收合格后办理隐蔽验收记录。

6. 保护层施工：防水层上的保护层要一次成活。施工时要做好成品保护，防止破坏防水层。保护层向地漏找坡坡度不小于 3%。

（二）注意事项

1. 堵洞前管道周围缝隙不得小于 30mm，个别位置不准确的孔洞要用水钻开孔，严禁随意剔凿，以利于保证堵洞质量。

2. 卫生间墙体根部应做不小于 200mm 高的混凝土现浇带，现浇带与楼板要结合牢固，以防卫生间墙体渗漏。

3. 穿楼板用的套管，其顶部一定要高出装饰地面 50mm。

4. 找平层施工时基层一定要处理干净，防止找平层结合不牢。阴阳角一定要做成圆弧状；防水层施工时找平层一定要清扫干净，特别是管根、墙根等部位。

5. 涂刷涂膜时厚度要均匀一致，不宜太厚，前后两次涂刷方向应相互垂直，总厚度必须符合设计要求。

6. 闭水试验合格后要及时进行保护层施工，以防人为破坏。

7. 埋入地面的冷热水管道严禁从卫生间门口进入卫生间，应沿墙暗辅至墙面防水层上面穿墙进入卫生间。

8. 卫生间门口外 300mm 范围内可不做地盘管。

第六节　防水工程冬期施工

一、CPS 防水密封膏

1. 高性能橡胶材料为主要原料的膏状体水性防水密封材料；

2. 可用于建筑大面积密封防水；

3. 可用于节点密封防水；

4. 其活性成分能与水化过程中的水泥凝胶发生化学交联与物理卯榫的协同作用；

5. 自愈性；

6. 弹性大，恢复性强；

7. 干燥、潮湿基面皆能施工；

8. 当大面积施工时，可单独作为一道防水层；

9. 能与水泥、金属、玻璃、塑料、木材、陶瓷等基面反应黏结双核一膏功能；

（1）双核心技术：1 核：CPS 技术，与水泥/混凝土固化过程同步反应黏结；2 核：级配技术，与多种材质与不同界面密封黏结。

（2）一膏：可厚涂、不流挂。

二、冬季防水施工的划分

（一）冬季施工时期的划分

1. 当室外日平均气温连续 5 天稳定低于 5℃时，即进入冬季施工时期。当室外日平均气温连续 5 天高于 5℃时，即解除冬季施工。

2. 北方地区由 10 月下旬起温度逐渐下降，应根据当地的气温进行判断，适时选择使用冬季防水施工方案。适应冬季防水施工的气温应控制在 5℃~-10℃的范围内。

（二）冬季施工方案的划分：湿铺法和干粘法

（1）当温度在 5℃~0℃时，宜选用湿铺法施工。

水泥浆料与卷材反应缓慢，需在水泥浆料里添加抗冻剂、早强剂缩短反应时间。

（2）当温度在0℃~（-10）℃时，宜选用干粘法施工。

湿润的基层易结冰，水泥浆料（加有添加剂）与卷材反应黏结缓慢。则需选择CPS防水密封膏配合黏结卷材。

1. 冬季防水施工方案一：湿铺法

主要材料：CPS反应黏结型湿铺防水卷材

辅助材料：PO42.5普通硅酸盐水泥、CPS防水密封膏（节点密封处理）

表6-6-1 抗冻剂（丙二醇、水溶性的）、早强剂

施工部位	工序	设计材料	施工方法	备注
地下室底板	第一道	CPS反应粘卷材	空铺施工	加温接边
	第二道	CPS反应粘卷材	干粘施工	加温助粘
地下室侧墙	第一道	CPS反应粘卷材	湿铺施工	水泥浆料（冬季配方）
	第二道	CPS反应粘卷材	干粘施工	加温助粘
地下车库顶板	第一道	CPS反应粘卷材	湿铺施工	水泥浆料（冬季配方）
	第二道	CPS反应粘卷材	干粘施工	加温助粘
屋面	第一道	CPS反应粘卷材	湿铺施工	水泥浆料（冬季配方）
	第二道	CPS反应粘卷材	干粘施工	加温助粘

（1）当温度在0℃~5℃时，宜选择湿铺法施工。

1）根据当地温差幅度选择在水（湿润基面）里添加适量的丙二醇（水溶剂）以防基面结冰。

2）根据当地温差幅度选择在水泥浆料里添加适量的抗冻剂、早强剂以防水泥浆料结冰。

3）使用湿铺法施工时需注意：

①当防水构造为一级时，底层湿铺卷材需反应固化后方能进行面层卷材的干粘铺贴。卷材防水层施工完毕后需及时进行防水保护层的施工。

②当防水构造为二级时，湿铺卷材需反应固化后方能进行防水保护层的施工。

2. 冬季防水施工方案二：干粘法

主要材料：CPS反应黏结型湿铺防水卷材、CPS防水密封膏

辅助材料：丙二醇（水溶剂）

表6-6-2

施工部位	工序	设计材料	施工方法	备注
地下室底板	第一道	CPS反应粘卷材	空铺施工	加温接边
	第二道	CPS反应粘卷材	干粘施工	加温助粘
地下室侧墙	第一道	CPS防水密封膏	涂刮施工	/
	第二道	CPS反应粘卷材	干粘施工	加温助粘
地下车库顶板	第一道	CPS防水密封膏	涂刮施工	/
	第二道	CPS反应粘卷材	干粘施工	加温助粘
屋面	第一道	CPS防水密封膏	涂刮施工	/
	第二道	CPS反应粘卷材	干粘施工	加温助粘

（1）当温度在 0℃~-10℃时，宜选择干粘法施工。

（2）CPS 防水密封膏在干燥、潮湿的基面皆能施工。

（3）单层涂刮 CPS 防水密封膏时，可作为基层处理剂；涂刮≥3 层时，可作为一道独立的防水层。

（4）CPS 防水密封膏在干燥基面施工时，基层表面应坚实、平整、干净、无毛刺。

（5）CPS 防水密封膏在潮湿基面施工时，应根据当地温差幅度选择在水中（用于基面湿润）添加适量的丙二醇（水溶剂）以防基面结冰。

（6）应选择白天气温最高时施工，确保防水效果。

第七章 装饰工程施工

当前,随着社会发展速度的加快,人们生活水平的不断提高,人们在追求物质条件提高的同时,对于精神生活的追求也在不断地提高,集中体现在人们对于居住环境的要求上,建筑工程装饰装修质量及效果受到人们的高度重视,装饰装修在建筑物建设中是重要的组成部分。在建筑物的装饰装修过程中,需要对工程的各个部分进行严格的把关和控制,做到预防控制,是提高装修工程质量的核心内容。

第一节 抹灰施工

一、施工准备

(一)材料

1. 水泥:硅酸盐水泥、普通硅酸盐水泥强度等级不低于32.5。严禁不同品种、不同强度等级的水泥混用。水泥进场应有产品合格证和出厂检验报告,进场后应进行取样复试。水泥的凝结时间和安定性复验合格。当对水泥质量有怀疑或水泥出厂超过3个月时,在使用前必须进行复试,并按复试结果使用。

2. 砂:平均粒径为0.35~0.5mm的中砂,砂的颗粒要求质地坚硬、洁净,含泥量不得大于3%,不得含有草根、树叶、碱质和其他有机物等杂质。使用前应按使用要求过不同孔径的筛子。

3. 石灰膏:应用块状生石灰淋制,淋制时用筛网过滤,孔径不大于3mm,储存在沉淀池中。熟化时间,常温一般不少于15d;用于罩面灰时,熟化时间不应少于30d。使用时石灰膏内不应含有未熟化的颗粒和其他杂质。

4. 磨细生石灰:其细度应通过4900孔/cm^2的筛子。用前应用水浸泡使其充分熟化,其熟化时间宜为7d以上。

5. 纸筋:通常使用白纸筋或草纸筋,使用前三周用水浸透并敲打拌和成糊状,要求洁净、细腻,也可制成纸浆使用。

6. 麻刀：柔软干燥，不含杂质，长度约 10~30mm。使用前 4~5d 敲打松散，并用石灰膏调好。

7. 界面剂：界面剂应有产品合格证、性能检测报告、使用说明书等质量证明文件。进场后及时进行检验。

8. 钢板网：钢板网厚度为 0.8mm，单个网眼面积不大于 400mm²，表面防锈层良好。

（二）机具设备

1. 机械：砂浆搅拌机、麻刀机、纸筋灰搅拌机。

2. 工具：筛子、手推车、铁板、铁锹、平锹、灰勺、水勺、托灰板、木抹子、铁抹子、阴阳角抹子、塑料抹子、刮杠、软刮尺、软毛刷、钢丝刷、长毛刷、鸡腿刷、粉线包、钢筋卡子、小线、喷壶、小水壶、水桶、扫帚、锤子、錾子等。

3. 计量检测用具：磅秤、方尺、钢尺、水平尺、靠尺、托线板、线坠等。

4. 安全防护用品：护目镜、口罩、手套等。

（三）作业条件

1. 结构工程已完，并经验收合格。

2. 已测设完室内标高控制线，并经预检合格。

3. 门窗框安装完，与墙体连接牢固。缝隙用 1∶3 水泥砂浆（或 1∶1∶6 混合砂浆）分层嵌塞密实。塑钢、铝合金门窗框缝隙按产品说明书要求的嵌缝材料堵塞密实，并已贴好保护膜。门框下部用铁皮保护。

4. 墙内预埋件和穿墙套管已安装完。墙内的消火栓箱、配电箱等安装完，箱体与预留洞之间的缝隙已用 1∶3 干硬性水泥砂浆或细石混凝土堵塞密实，箱体背后明露部分钉钢丝网，与洞边搭接不得小于 100mm。

5. 抹灰用脚手架已搭设好，架子要离开墙面及门窗口 200~250mm，顶板抹灰脚手板距顶板约 1.8m 左右。

6. 不同基层交接处已采取加强措施，并经验收合格。

7. 抹灰前宜做完屋面防水或上一层地面。

（四）技术准备

1. 编制分项工程施工方案并经审批，对操作人员进行安全技术交底。

2. 大面积施工前应先做样板，并经监理、建设单位确认后再进行施工。

二、施工操作

（一）工艺流程

1. 顶板抹灰

基层处理→弹线、找规矩→抹底灰→抹中层灰→抹罩面灰。

2. 墙面抹灰

基层处理→弹线、找规矩、套方→贴饼、冲筋→做护角→抹底灰→抹罩面灰→抹水泥窗台板→抹墙裙、踢脚。

（二）操作方法

1. 顶板抹灰：

（1）现浇混凝土楼板：先将基层表面凸出的混凝土凿平，用钢丝刷满刷一遍，提前一天浇水润湿。表面有油污时，用清洗剂或去污剂除去，用清水冲洗干净晾干。若混凝土表面较光滑，应对其表面拉毛，其方法有两种：一是用掺加液体界面剂的聚合物水泥砂浆甩毛，要求甩点均匀（界面剂掺量按产品使用说明书或经实验确定）。表面干燥后水泥砂浆疙瘩均匀地粘满基层表面，并有较高的强度（用手掰不掉为准）。二是将界面剂用水调成糊状，用抹子将糊状界面剂浆均匀地抹在混凝土面上，厚度一般为2mm左右。

（2）预制混凝土楼板：首先将凸出楼板面的灌缝混凝土剔平，其他处理方法同现浇混凝土楼板。

2. 弹线、找规矩：根据标高控制线，在四周墙上弹出靠近顶板的水平线，作为顶板抹灰的水平控制线。

3. 抹底灰：先将顶板基层润湿，然后刷一道界面剂，随刷随抹底灰。底灰一般用1：3水泥砂浆（或1：0.3：3水泥混合砂浆），厚度通常为3~5mm。以墙上水平线为依据，将顶板四周找平。抹灰时需用力挤压，使底灰与顶板表面结合紧密。最后用软刮尺刮平，木抹子搓平、搓毛。局部较厚时，应分层抹灰找平。

4）抹中层灰：抹底灰后紧跟抹中层灰（为保证中层灰与底灰黏结牢固，如底层吸水快，应及时洒水）。先从板边开始，用抹子顺抹纹方向抹灰，用刮尺刮平，木抹子搓毛。

5）抹罩面灰：罩面灰采用1：2.5水泥砂浆（或1：0.3：2.5水泥混合砂浆），厚度一般为5mm左右。待中层灰约六七成干时抹罩面灰，先在中层灰表面上薄薄地刮一道聚合物水泥浆，紧接着抹罩面灰，用刮尺刮平，铁抹子抹平、压实、压光，并使其与底灰黏结牢固。

（三）混凝土墙面抹灰

1. 基层处理：

（1）基层处理方法同"现浇混凝土盖板"。

（2）混凝土墙面与其他不同材料墙面交接处，先钉加强钢板网，与不同材料墙面的搭接长度不小于100mm。钢板网钉完后，进行隐蔽验收，合格后方可进行下道工序。

2. 弹线、找规矩、套方：分别在门窗口角、垛、墙面等处吊垂直套方，在墙面上弹抹灰控制线。并用托线板检查基层表面的平整度、垂直度，确定抹灰厚度，最薄处抹灰厚度不应小于7mm。墙面凹度较大时，应用水泥砂浆分层抹平。

3. 贴饼、冲筋：根据控制线在门口、墙角用线坠、方尺、拉通线等方法贴灰饼，然后根据两灰饼用托线板挂做下边两个灰饼，高度在踢脚线上口，厚薄以托线板垂直为准，然后拉通线每隔1.2~1.5m上下各加若干个灰饼。灰饼一般用1:3水泥砂浆做成边长为50mm的方形。门窗口、垛角也必须补贴灰饼，上下两个灰饼要在一条垂直线上。

根据灰饼用与抹灰层相同的水泥砂浆进行冲筋，冲筋根数应根据房间的高度或宽度来决定，一般筋宽约100mm为宜，厚度与灰饼相同。冲筋时上下两灰饼中间分两次抹成凸八字形，比灰饼高出5~10mm，然后用刮杠紧贴灰饼搓平。可冲横筋也可冲立筋，依据操作习惯而定。墙面高度不大于3.5m时宜冲立筋。墙面高度大于3.5m时，宜冲横筋。

4. 做护角：根据灰饼和冲筋，在门窗口、墙面和柱面的阳角处，根据灰饼厚度抹灰，粘好八字靠尺（也可用钢筋卡子）并找方吊直。用1:3水泥砂浆打底，待砂浆稍干后用阳角抹子用素水泥浆捋出小圆角作为护角。也可用1:2水泥砂浆（或1:0.3:2.5水泥混合砂浆）做明护角。护角高度不应低于2m，每侧宽度不应小于50mm。在抹水泥护角的同时，用1:3水泥砂浆或（或1:1:6水泥混合砂浆）分两遍抹好门窗口边的底灰。当门窗口抹灰面的宽度小于100mm时，通常在做水泥护角时一次完成抹灰。

5. 抹底灰：冲筋完2h左右即可抹底灰，一般应在抹灰前一天用水把墙面基层浇透，刷一道聚合物水泥浆。底灰采用1:3水泥砂浆（或1:0.3:3混合砂浆）。打底厚度设计无要求时一般为13mm，每道厚度一般为5~7mm，分层分遍与冲筋抹平，并用大杠垂直、水平刮一遍，用木抹子搓平、搓毛。然后用托线板、方尺检查底子灰是否平整，阴阳角是否方正。抹灰后应及时清理落地灰。

6. 抹罩面灰：罩面灰采用1:2.5水泥砂浆（或1:0.3:2.5水泥混合砂浆），厚度一般为5~8mm。底层砂浆抹好24h后，将墙面底层砂浆湿润。抹灰时先薄薄地刮一道聚合物水泥浆，使其与底灰结合牢固，随即抹第二遍，用大刮杠把表面刮平刮直，用铁抹子压实抹光。

7. 抹水泥窗台板：先将窗台基层清理干净，用水浇透、刷一道聚合物水泥浆，然后抹1:2.5水泥砂浆面层，压实压光。窗台板若要求出墙，应根据出墙厚度贴靠尺板分层抹灰，要求下口平直，不得有毛刺。砂浆终凝后浇水养护2~3d。

8. 抹墙裙、踢脚：墙面基层处理干净，浇水润湿，刷界面剂一道，随即抹1:3水泥砂浆底层，表面用木抹子搓毛，待底灰七八成干时，开始抹面层砂浆。面层用1:2.5水泥砂浆，抹好后用铁抹子压光。踢脚面或墙裙面一般凸出抹灰墙面5~7mm，并要求出墙厚度一致，表面平整，上口平直光滑。

（四）一般抹灰工程质量的允许偏差和检验方法见表 7-1-1。

表 7-1-1　一般抹灰的允许偏差和检验方法

项目	允许偏差（mm）		检验方法
	普通	高级	
立面垂直	4	3	用 2m 垂直检测尺检查
表面垂直	4	3	用 2m 靠尺和楔形塞尺检查
阴阳角方正	4	3	用直角检测尺检查
阴阳角垂直	—	—	用 2m 垂直检测尺检查
分格条（缝）直线度	4	3	拉 5m 线，不足 5m 拉通线，钢直尺检查
墙裙、踢脚上口直线度	4	3	拉 5m 线，不足 5m 拉通线，钢直尺检查

注：1. 普通抹灰，本表阴角方正可不检查。2. 顶棚抹灰，本表表面平整可不检查，但应平整。

（五）成品保护

门窗框在抹灰之前应进行保护或贴保护膜。抹灰完成后，及时清理残留在门窗框上的砂浆。翻拆架子时防止损坏已抹好的墙面。用手推车或人工搬运材料时，采取保护措施，防止造成污染或损坏。抹灰完成后，在建筑物进出口和转角部位，应及时做护角保护，防止碰坏棱角。抹灰作业时，禁止蹬踩已安装好的窗台板或其他专业设备，防止损坏，必须保护好地面、地漏，禁止直接在地面上拌灰或堆放砂浆。

（六）应注意的质量问题

抹灰前对基层必须处理干净，光滑表面应做毛化处理，浇水湿润。抹灰时应分层进行，每层抹灰不应过厚，并严格控制间隔时间，抹完后及时浇水养护，以防空鼓、开裂。安装窗框时，标高应统一、尺寸准确，框四周应留有抹灰量，以防抹灰吃口。抹灰时避免将接槎放在大面中间处，一般应留在分格缝或不明显处，防止产生接槎不平。若墙面不做涂饰时，砂浆应用同品种、同批号的水泥，罩面压光应避免在同一处过多抹压，以防造成表面颜色深浅不一。淋制灰膏或炮制磨细生石灰粉时，熟化时间必须达到规定天数，防止因灰膏中存有未熟化的颗粒，造成抹灰层爆裂，出现开花、麻点。现浇混凝土顶板抹灰基层必须进行毛化处理，抹灰厚度不得过厚，防止因黏结不牢、开裂脱落，造成伤人的质量事故。必要时，施工前应经监理、建设单位确认，采取相应的技术措施，选用先进的模板及支撑体系，使顶板结构表面达到不抹灰即可做涂饰施工的效果。

第二节 饰面板与饰面砖施工

一、饰面板操作

(一)施工准备

1. 材料、工具质量要求

(1)木材的规格、型号应符合设计要求。

(2)计量工具应是经法定检验合格的产品。

(3)施工工具使用前应进行安全性和适用性检查。

(4)操作之前,先准备好机具,所用机具应齐全、适用、无障碍,以保证施工质量和生产顺利进行。

(5)饰面板的厚度为15mm。

2. 主要机具

木工工作台,电锯,电刨,冲击钻,手枪钻,钢板尺(1m长),砂纸,长卷尺,盒尺,锤子,各种形状的木工凿子,线锯,铝制水平尺,方尺,多用刀,弹线用的粉线包,墨斗,小白线,笤帚,托线板,线坠,红铅笔,工具袋等。

3. 作业条件

(1)镶贴饰面板的基体已经做完,并具有足够的稳定性和刚度,表面的平整度、垂直度应符合相应质量检验评定标准的规定。

(2)室内饰面板施工时,墙面弹好1000mm水平线。

(3)室内饰面板施工时,要安装好门窗框,位置准确,垂直、牢固,并考虑镶贴饰面板的足够余量。

(4)室内饰面板施工时,要做好水电管线,堵好管洞。

(5)大面积的饰面板工程,应事先做好样板墙或样板房,经有关人员共同鉴定合格后,方可大面积施工。

(二)工艺流程

基层或底板处理→弹线→墙面打孔→固定木龙骨→饰面板基层→安装饰面板。

1. 施工前要进行基层处理,用托板检查墙面的垂直度和平整度。如墙面平整误差在10mm以内,采取垫补砂浆修整的办法,以保证木龙骨的平整度和垂直度。

2. 基层处理完要进行弹线,按图纸的尺寸,将木龙骨的安装中心线弹到基层上,确定龙骨的安装位置。

3. 饰面板龙骨选用 15mm 多层夹板，饰面板基层选用 12mm 多层夹板，所有木料均需做三防处理（防火、防腐、防虫）胶粘面除外。饰面板基层调平由竖龙骨实现，即在安装竖龙骨时竖龙骨需做调平处理，在安装 12mm 多层夹板后平整度及垂直度不能超过 2mm。

固定竖龙骨采用 50mm 钢排钉且竖龙骨间距不大于 300mm（中心距），需注意在采用钢排钉固定竖龙骨时要避开墙面强弱电线管，以免打爆打穿。

12mm 饰面板基层需选用面层无破损的质量上乘多层夹板，且单面涂刷三防涂料。把已刷三防涂料面向内，与竖龙骨固定。

基层施工完成后需向公司质检申请验收，验收合格后方可安装饰面板。

——粘贴饰面板之前应将到场的饰面板进行预贴，保证尺寸及颜色的正确。发现饰面板尺寸及颜色不合格的应及时通知相关技术人员前来处理。

——安装饰面板时应用中性结构硅胶打"S"形进行粘贴，饰面板及基层上必须都打胶。粘贴需一次成活，避免多次打胶粘贴。

——留缝工艺的面板装饰要求板面尺寸精确，缝间距一致，整齐顺直。板边裁切后，必须用 0 号砂纸砂磨，无毛刷。板面粘贴必须采用中性结构胶。

（四）产品质量要求

1. 饰面板的品种、规格、颜色和性能应符合设计要求，木龙骨、饰面板的燃烧性能等级和木材的含水率应符合设计要求。

2. 饰面板孔、槽的数量、位置和尺寸应符合设计要求。

3. 饰面板表面应平整、洁净、色泽一致，无裂缝和缺损。

4. 饰面板嵌缝应密实、拼缝平直、无翘曲，宽度和深度应符合设计要求，嵌填材料色泽应一致。

5. 饰面板上的孔洞应套割吻合，边缘应整齐、对饰面板上有开关插座面板的开孔应保证孔洞大小满足面板的安装、孔洞方正，多个开关插座面板孔洞时其间距、高度应一致。

6. 饰面板安装的允许偏差和检验方法应符合规范 GB50210—2001 的规定。

（五）产品保护要求

1. 饰面安装过程中，应注意保护好内部已装好的各种管线。

2. 施工过程，对已施工完的地面、墙面、窗台等应注意保护防止损坏。

3. 进场饰面板要注意保护，使其不变形、不受潮、不损坏、不污染，饰面板储放地应保持干燥并做好防火工作。

4. 已安装完的饰面板要注意防止污染，保护膜应在工程清洁期间时去除，严禁在施工时去除保护膜。

二、饰面砖施工

（一）施工准备

1. 材料要求

（1）水泥：32.5等级及以上的硅酸盐水泥或普通硅酸盐水泥。应有出厂证明或复试单，若出厂超过三个月，应按试验结果使用。

（2）白水泥：325号白水泥。

（3）砂子：粗砂或中砂，用前过筛。

（4）面砖：面砖的表面应光洁、方正、平整，质地坚固，其品种、规格、尺寸、色泽、图案应均匀一致，必须符合设计规定。不得有缺楞、掉角、暗痕和裂纹等缺陷。其性能指标均应符合现行国家标准的规定，釉面砖的吸水率不得大于10%。

（5）石灰膏：应用块状生石灰淋制，淋制时必须用孔径不大于3mm×3mm的筛过滤，并贮存在沉淀池中。

熟化时间，常温下一般不少于15d；用于罩面时，不应少于30d。使用时，石灰膏内不得含有未熟化的颗粒和其他杂质。

（6）生石灰粉：抹灰用的石灰膏可用磨细生石灰粉代替，其细度应通过4900孔/cm^2筛。用于罩面时，熟化时间不应小于3d。

（7）粉煤灰：细度过0.08mm方孔筛，筛余量不大于5%。

（8）107胶和矿物颜料等。

2. 主要机具

磅秤、铁板、孔径5mm筛子、窗纱筛子、手推车、大桶、小水桶、平锹、木抹子、铁抹子、大杠、中杠、小杠、靠尺、方尺、铁制水平尺、灰槽、灰勺、米厘条、毛刷、钢丝刷、笤帚、錾子、锤子、粉线包、小白线、擦布或棉丝、钢片开刀、小灰铲、手提电动小圆锯、勾缝溜子、勾缝托灰板、托线板、线坠、盒尺、钉子、红铅笔、铅丝、工具袋等。

3. 作业条件

（1）外架应按有关规定搭设好，架子的步高和支搭要符合施工要求和安全操作规程，其横竖杆及拉杆等应离开墙面和门窗口角150~200mm。室内粘贴时马凳或门字架准备就绪。

（2）主体结构已经检查验收合格。墙面抹灰、天棚抹灰已做好。有防水要求的房间地面防水、墙面防水按设计要求已经做好。

（3）阳台栏杆、预留孔洞及排水管等应处理完毕，门窗框扇要固定好，并用1:3水泥砂浆将缝隙堵塞密实，并事先粘贴好保护膜。

（4）水电管线已安装完毕，管洞已堵好。墙面基层清理干净，脚手眼、窗台、窗套等事先砌堵好。

(5) 按面砖的尺寸、颜色进行选砖，并分类存放备用。

(6) 大面积施工前应先放大样，并做出样板墙，确定施工工艺及操作要点，并向施工人员做好交底工作。外墙面砖粘贴时样板墙完成后必须经抗拔拉试验鉴定合格后，还要经过设计、甲方和施工单位共同认定，方可组织班组按照样板墙要求施工。

（二）施工操作

1. 工艺流程

基层处理→吊垂直、套方、找规矩→贴灰饼→抹底层砂浆→弹线分格→排砖→浸砖→镶贴面砖→面砖勾缝与擦缝。

2. 基层为混凝土墙面时的操作方法

（1）基层处理：首先将凸出墙面的混凝土剔平，对大钢模施工的混凝土墙面应凿毛，并用钢丝刷满刷一遍，再浇水湿润。如果基层混凝土表面很光滑时，亦可采取如下的"毛化处理"办法，即先将表面尘土、污垢清扫干净，用10%火碱水将板面的油污刷掉，随之用净水将碱液冲净、晾干，然后用1∶1水泥细砂浆内掺水重20%的107胶，喷或用管帚将砂浆甩到墙上，其甩点要均匀，终凝后浇水养护，直至水泥砂浆疙瘩全部粘到混凝土光面上，并有较高的强度（用手剥不动）为止。

（2）吊垂直、套方、找规矩、贴灰饼：外墙面砖粘贴时，若建筑物为高层时，应在四大角和门窗口边用经纬仪打垂直线找直；如果建筑物为多层时，可从顶层开始用特制的大线坠绷铁丝吊垂直，然后根据面砖的规格尺寸分层设点、做灰饼。横线则以楼层为水平基准线交圈控制，竖向线则以四周大角和通天柱或垛子为基准线控制，应全部是整砖。每层打底时则以此灰饼作为基准点进行冲筋，使其底层灰做到横平竖直。同时要注意找好突出檐口、腰线、窗台、雨篷等饰面的流水坡度和滴水线（槽）。

（3）抹底层砂浆：先刷一道掺水重10%的107胶水泥素浆，紧跟着分层分遍抹底层砂浆（采用配合比为1∶3水泥砂浆），第一遍厚度宜为5mm，抹后用木抹子搓平，隔天浇水养护；待第一遍6~7成干时，即可抹第二遍，厚度约8~12mm，随即用木杠刮平、木抹子搓毛，隔天浇水养护，若需要抹第三遍时，其操作方法同第二遍，直至把底层砂浆抹平为止。

（4）弹线分格：待基层灰6~7成干时，即可按图纸要求进行分段分格弹线，同时亦可进行面层贴标准点的工作，以控制面层出墙尺寸及垂直、平整。

（5）排砖：根据大样图及墙面尺寸进行横竖向排砖，以保证面砖缝隙均匀，符合设计图纸要求，注意大墙面、通天柱子和垛子要排整砖，以及在同一墙面上的横竖排列，均不得有一行以上的非整砖。非整砖行应排在次要部位，如窗间墙或阴角处等。亦要注意一致和对称。如遇有突出的卡件，应用整砖套割吻合，不得用非整砖随意拼凑镶贴。

（6）浸砖：釉面砖和外墙面砖镶贴前，首先要将面砖清扫干净，放入净水中浸泡2h以上，取出待表面晾干或擦干净后方可使用。

（7）镶贴面砖：

1）外墙镶贴：外墙镶贴应自上而下进行。高层建筑采取措施后，可分段进行。在每一分段或分块内的面砖，均为自下而上镶贴。从最下一层砖下皮的位置线先稳好靠尺，以此托住第一皮面砖。在面砖外皮上口拉水平通线，作为镶贴的标准。

在面砖背面宜采用1:2水泥砂浆镶贴，砂浆厚度为6~10mm，贴上后用灰铲柄轻轻敲打，使之附线，再用钢片开刀调整竖缝，并用小杠通过标准点高速平面和垂直度。

另外一种做法是，用1:1水泥砂浆加水重20%的107胶，在砖背面抹3~4mm厚粘贴即可。但此种做法其基层灰必须抹得平整，而且砂子必须用窗纱筛后使用。

另外也可用胶粉来粘贴面砖，其厚度为2~3mm，用此种做法其基层灰必须更平整。

如要求釉面砖拉缝镶贴时，面砖之间的水平缝宽度用米厘条控制，米厘条用贴砖用砂浆与中层灰临时镶贴，米厘条贴在已镶贴好的面砖上口，为保证其平整，可临时加垫小木楔。

女儿墙压顶、窗台、腰线等部位平面也要镶贴面砖时，除流水坡度符合设计要求外，应采取顶面面砖压立面面砖的做法，预防和见风使舵渗水，引起空裂；同时还应采取立面中最低一排面砖必须压底平面面砖，并低出底平面面砖3~5mm的做法，让其超滴水线（槽）的作用，防止尿檐面引起空裂。

2）室内面砖粘贴：室内面砖粘贴宜从房间阳角开始，并由上而下进行。按地面水平线上嵌上一根八字尺或直靠尺，用水平尺校正，作为第一行面砖水平方向的依据。粘贴时，墙面砖的下口坐在八字尺或靠尺上，这样可防止面砖因自重而向下滑移，以确保其横平竖直。

在面砖背面刮满1:2水泥砂浆刀灰，厚度为6~10mm，按所弹尺寸线，将面砖坐在八字尺或靠尺上，贴于墙面用力按压，使其略高于标志块，贴上后用灰铲柄轻轻敲打，使面砖紧密粘于墙面上，再用钢片开刀调整竖缝，并用小杠通过标准点调整平面和垂直度。对于高出标志块的应轻轻敲击，使其平齐，若低于标志块时应取下面砖，重新抹满刀灰再粘贴，不得在砖口处塞灰，否则会产生空鼓。

然后依次按上法往上粘贴，粘贴时应尽量注意与相邻面砖的平整及竖直方向的垂直和水平方向和平整，如因面砖的规格尺寸或几何形状不等时，应在粘贴时随时调整，使其缝隙宽窄一致。当贴到最上一行时。要求上口成一直线。上口如没有压条（镶边）应用一面圆的面砖。阳角的大面一侧用圆的面砖，这一排的最上面一块应用两面圆的面砖。

（8）面砖勾缝与擦缝：面砖铺贴拉缝时，用1:1水泥砂浆勾缝，先勾水平缝再勾竖缝，勾好后要求凹进面砖外表面2~3mm。若横竖缝为干挤缝，或小于3mm者，应用白水泥配颜料进行擦缝处理。面砖缝子勾完后，用布或棉丝蘸稀盐酸擦洗干净。

3. 基层为砖墙面时的操作方法

（1）抹灰前，墙面必须清扫干净，浇水湿润。

（2）大墙面和四角、门窗口边弹线找规矩，必须由顶层到底一次进行，弹出垂直线，并决定面砖出墙尺寸，分层设点、做灰饼。横线则以楼层为水平基线交圈控制，竖向线则以四周大角和通天垛、柱子为基准线控制。每层打底时则以此灰饼作为基准点进行冲筋，使其底层灰做到横平竖直。同时要注意找好突出檐口、腰线、窗台、雨篷等饰面的流水坡度。

（3）抹底层砂浆：先把墙面浇水湿润，然后用1：3水泥砂浆刮一道约6mm厚，紧跟着用同强度等级的灰与所冲的筋抹平，随即用木杠刮平，木抹搓毛，隔天浇水养护。

余下同基层为混凝土墙面做法。

4. 基层为加气混凝土墙面时的操作方法

基层为加气混凝土墙面时，可酌情选用下述两种方法中的一种：

（1）用水湿润加气混凝土表面，修补缺棱掉角处。修补前，先刷一道聚合物水泥浆，然后用1：3：9=水泥：白灰膏：砂子混合砂浆分层补平，隔天刷聚合物水泥浆并抹1：1：6混合砂浆打底，木抹子搓平，隔天浇水养护。

（2）用水湿润加气混凝土表面，在缺棱掉角处刷聚合物水泥浆一道，用1：3：9混合砂浆分层补平，待干燥后，钉金属网一层并绷紧。在金属网上分层抹1：1：6混合砂浆打底（最好采取机械喷射工艺），砂浆与金属网应结合牢固，最后用木抹子轻轻搓平，隔天浇水养护。

其他做法同混凝土墙面。

5. 夏期施工

镶贴室外饰面板、饰面砖，应有防止暴晒的可行措施。

6. 冬期施工

一般只在冬期初期施工，严寒阶段不得施工。

（1）砂浆的使用温度不得低于5℃，砂浆硬化前，应采取防冻措施。

（2）用冻结法砌筑的墙，应待其解冻后再抹灰。

（3）镶贴砂浆硬化初期不得受冻。气温低于5℃时，室外镶贴砂浆内可掺入能降低冻结温度的外加剂，其掺量应由试验确定。

（4）为了防止灰层早期受冻，并保证操作质量，其砂浆内的白灰膏和107胶不能使用，可采用同体积粉煤灰代替或改用水泥砂浆抹灰。

（三）饰面砖粘贴工程质量验收标准

本验收标准适用于内墙饰面砖粘贴工程和高度不大于100、抗震设防烈度不大于8度、采用满粘法施工的外墙饰面砖粘贴工程的质量验收。

1. 主控项目

（1）饰面砖的品种、规格、图案、颜色和性能应符合设计要求。

检验方法：观察；检查产品合格证书、进场验收记录、性能检测报告和复验报告。

（2）饰面砖粘贴工程的找平、防水、黏结和勾缝材料及施工方法应符合设计要求及国家现行产品标准和工程技术标准的规定。

检验方法：检查产品合格证书、复验报告和隐蔽工程验收记录。

（3）饰面砖粘贴必须牢固。

检验方法：检查样板件黏结强度检测报告和施工记录。

（4）满粘法施工的饰面砖工程应无空鼓、裂缝。

检验方法：观察；用小锤轻击检查。

2. 一般项目

（1）饰面砖表面应平整、洁净、色泽一致，无裂痕和缺损。

检验方法：观察。

（2）阴阳角处搭接方式、非整砖使用部位应符合设计要求。

检验方法：观察。

（3）墙面突出物周围的饰面砖应整砖套砖割吻合，边缘应整齐。墙裙、贴脸突出墙面的厚度应一致。

检验方法：观察；尺量检查。

（4）饰面砖接缝应平直、光滑，填嵌应连续、密实；宽度和深度应符合设计要求。

检验方法：观察；尺量检查。

（5）有排水要求的部位应做滴水线（槽）。滴水线（槽）应顺直，流水坡向应正确，坡度应符合设计要求。

检验方法：观察；用水平尺检查。

（6）饰面砖粘贴的允许偏差和检验方法应符合下表的规定。

表 7-2-1　饰面砖粘贴的允许偏差和检验方法

项次	项目	允许偏差		检验方法
		外墙面砖	内墙面砖	
1	立面垂直度	3	2	用2M垂直检测尺检查
2	表面平整度	4	3	用2M靠尺和塞尺检查
3	阴阳角方正	3	3	用直角检测尺检查
4	接缝直线度	3	2	拉5M线，不足5拉通线，用钢直尺检查
5	接缝高低差	1	0.5	用钢直尺和塞尺检查
6	接缝宽度	1	1	用钢直尺检查

（四）成品保护

1. 要及时清擦干净残留在门窗框上的砂浆，特别是铝合金门窗框宜粘贴保护膜，预防污染、锈蚀。

2. 认真贯彻合理的施工顺序，少数工种（水、电、通风、设备安装等）的活应做在前面，防止损坏面砖。

3. 油漆粉刷不得将油浆喷滴在已完的饰面砖上，如果面砖上部为外涂料或水刷石墙面，宜先做外涂料或水刷石，然后贴面砖，以免污染墙面。若需先做面砖时，完工后必须采取贴纸或塑料薄膜等措施，防止污染。

4. 各抹灰层在凝结前应防止风干、暴晒、水冲和振动，以保证各层有足够的强度。

5. 拆架子时注意不要碰撞墙面。

6. 装饰材料和饰件以及有饰面的构件，在运输、保管和施工过程中，必须采取措施防止损坏和变质。

（五）应注意的质量问题

1. 空鼓、脱落

（1）因冬季气温低，砂浆受冻，到来年春天化冻后容易发生脱落。因此在进行室外贴面砖操作时应保持正温，尽量不在冬期施工。

（2）基层表面偏差较大，基层处理或施工不当，如每层抹灰跟得太紧，面砖勾缝不严，又没有洒水养护，各层之间的黏结强度很差，面层就容易产生空鼓、脱落。

（3）砂浆配合比不准，稠度控制不好，砂子含泥量过大，在同一施工面上采用几种不同的配合比砂浆，因而产生不同的干缩，亦会空鼓。应在贴面砖砂浆中加适量107胶，增强黏结，严格按工艺操作，重视基层处理和自检工作，要逐块检查，发现空鼓的应随即返工重做。

2. 墙面不平：主要是结构施工期间，几何尺寸控制不好，造成外墙面垂直、平整偏差大，而装修前对基层处理以不够认真。应加强对基层打底工作的检查，合格后方可进行下道工序。

3. 分格缝不匀、不直：主要是施工前没有认真按照图纸尺寸，核对结构施工的实际情况，加上分段分块弹线、排砖不细，贴灰饼控制点少，以及面砖规格尺寸偏差大，施工中选砖不细，操作不当等造成。

4. 墙面脏：主要原因是勾完整后没有及时擦净砂浆以及其他工种污染所致，可用棉丝蘸稀盐酸加20%水刷洗，然后用自来水冲净。同时应加强成品保护。

第三节 地面施工

一、地面铺石材

（一）施工准备

1. 材料

（1）石材（由石材厂加工的成品）的品种、规格、质量应符合设计和施工规范要求。

（2）水泥：32.5号普通硅酸盐水泥或矿渣硅酸盐水泥，并准备适量擦缝用白水泥。

（3）砂：中砂或粗砂。

（4）石材表面防护剂。

2. 作业条件

大理石板块进场后应堆放在室内，侧立堆放，底下应加垫木方。并详细核对品种、规格、数量、质量等是否符合设计要求，有裂纹、缺棱掉角的不得使用。需要切割钻孔的板材，在安装前加工好。石材加工安排在场外加工。室内抹灰、水电设备管线等均已完成。房内四周墙上弹好 +50cm 水平线。施工前应放出铺设大理石地面的施工大样图。

（二）操作工艺

1. 熟悉图纸：以施工图和加工单为依据，熟悉了解各部位尺寸和做法，弄清洞口、边角等部位之间的关系。

2. 试拼：在正式铺设前，对每一房间的大理石（或花岗石）板块；应按图案、颜色、纹理试拼。试拼后按两个方向编号排列，然后按编号放整齐。

3. 弹线：在房间的主要部位弹出互相垂直的控制十字线，用以检查和控制大理石板块的位置，十字线可以弹在混凝土垫层上，并引至墙面底部。

4. 试排：在房内的两个相互垂直的方向，铺两条干砂，其宽度大于板块，厚度不小于 3cm。根据图纸要求把大理石板块排好，以便检查板块之间的缝隙，核对板块与墙面、柱、洞口等的相对位置。

5. 基层自理：在铺砌大理石板之前将混凝土垫层清扫干净（包括试排用的干砂及大理石块），然后洒水湿润，扫一遍素水泥浆。

6. 铺砂浆：根据水平线，定出地面找平层厚度，拉十字线，铺找平层水泥砂浆，找平层一般采用 1：3 的干硬性水泥砂浆，干硬程度以手捏成团不松散为宜。砂浆从里往门口处摊铺，铺好后刮大杠、拍实，用抹子找平，其厚度适当高出根据水平线定的找平层厚度。

7. 铺大理石块：一般房间应先里后外进行铺设，即先从远离门口的一边开始，按照试拼编号，依次铺砌，逐步退至门口。铺前将板块预先浸湿阴干后备用，在铺好的干硬性水泥砂浆上先试铺合适后，翻开石板，在水泥砂浆上浇一层水灰比 0.5 的素水泥浆，然后正式镶铺。安放时四角同时往下落，用橡皮锤或木槌轻击木垫板（不得用木槌直接敲击大理石板），根据水平线用水平尺找平，铺完第一块向两侧和后退方向顺序镶铺，如发现空隙应将石板掀起用砂浆补实再行安装。大理石板块之间，接缝要严，不留缝隙。

8. 打蜡：当各工序完工不再上人时可打蜡达到光滑洁亮。

（三）质量标准

1. 主控项目

（1）大理石面层所用板块的品种、规格、颜色和性能应符合设计要求。

（2）面层与下一层应结合牢固，无空鼓。

（3）饰面板安装工程的预埋件、连接件的数量、规格、位置、连接方法和防腐处理必须符合设计要求。

2. 一般项目

（1）大理石面层的表面应洁净、平整、无磨痕，且应图案清晰、色泽一致、接缝均匀、周边顺直、镶嵌正确、板块无裂纹、掉角、缺棱等缺陷。

（2）大理石面层的允许偏差应符合质量验收规范的规定。

表面平整度：2mm

缝格平直：2mm

接缝高低：0.5mm

踢脚线上口平直：2mm

板块间隙宽度：1mm

（四）石材六面防护剂涂刷时需注意的事项

涂刷石材的防护必须待石材的水分干透后方可涂刷。如水分还未干透，工期赶紧的情况下，可先刷五面防护剂，正面待项目完成后石材面水分完全蒸发后才做最后一道的正面石材防护剂处理，最后石材打蜡。

石材防护剂的涂刷如处理得不好，会把石材的水分封闭在石材里跑不出来，造成石材里保留水影，一旦形成水影后，此类质量问题就非常难处理和修复了。

二、复合地板地面

（一）施工准备

1. 材料

（1）面层材料

1）材质：宜选用耐磨、纹理清晰、有光泽、耐朽、不易开裂、不易变形的国产优质复合木地板，厚度应符合设计要求。

1）规格：通常为条形企口板。

3）拼缝：企口缝。

（2）基层材料：防潮垫。

2. 作业条件

（1）施工程序：水泥砂浆找平油光—垫复合木地板防潮垫—复合木地板层板安装。

（2）施工要点

面层施工主要是包括面层开板条的固定及表面的饰面处理。固定方式以钉接固定为主。即用圆钉将面层板条固定在水泥地面上。

①条形木地板的铺设方向应考虑铺钉方便，固定牢固，使用美观的要求。对于走廊、过道等部位，应顺着行走的方向铺设；而室内房间，宜顺着光线铺钉。对于大多数房间来说，顺着光线铺钉，同行走方向是一致的。

②以墙面一侧开始，将条心木板材心向上逐块排紧铺钉，缝隙不超过 1mm，圆钉的长度为板厚的 2.0~2.5 倍。硬木板铺钉前应先钻孔，一般孔径为钉径 0.7~0.8 倍。

③用钉固定，在钉法上有明钉和暗钉两种钉法。明钉法，先将钉帽砸扁，将圆钉斜向钉入板内，同一行的钉帽应在同一条直线上，并须将钉帽冲入板 3~5mm。暗钉法，先将钉帽砸扁，从板边的凹角处，斜向钉入。在铺钉时，钉子要与表面呈一定角度，一般常用 45 度或 60 度斜钉入内。

（3）施工注意事项

1）一定要按设计要求施工，选择材料应符合选材标准。

2）木地板靠墙处要留出 9mm 空隙，以利通风。在地板和踢脚板相交处，如安装封闭木压条，则应在木踢脚板上留通风孔。

3）实铺式木地板所铺设的油毡防潮层必须与墙身防潮层连接。

4）在常温条件下，细石混凝土垫层浇灌后至少 7D，方可铺装复合木地板面层。

6）木地板的铺设方向：以房间内光线进入方向为木地板的铺设方向。

3. 质量标准

（1）主控项目

1）复合地板面层所采用的条材和块材，其技术等级和质量要求应符合设计要求。

2）面层铺设应牢固；粘贴无空鼓

（2）一般项目

1）实木复合地板面层图案和颜色应符合设计要求，图案清晰，颜色一致，板面无翘曲。

2）面层的接头位置应错开、缝隙严密、表面洁净。

3）踢脚线表面应光滑，接缝严密，高度一致。

4. 检验方法

（1）板面缝隙宽度 2.0 用钢尺检查。

（2）表面平整度 2.0 用 2m 靠尺及楔形塞尺检查。

（3）踢脚线上口平齐 3.0。

（4）板面拼缝平直 3.0。拉 5m 通线，不足 5m 拉通线或用钢尺检查。

（5）相邻板材高差 0.5 用尺量和楔形塞尺检查。

（6）踢脚线与面层的接缝 0.1 楔形塞尺检查。

三、地面铺瓷砖

（一）施工准备

1. 材料要求

（1）水泥：32.5 级以上普通硅酸盐水泥或矿渣硅酸盐水泥；

（2）砂：粗砂或中砂，含泥量不大于 3%，过 8mm 孔径的筛子；

（3）瓷砖：进场验收合格后，在施工前应进行挑选，将有质量缺陷的先剔除，然后将面砖按大中小三类挑选后分别码放在垫木上。

2. 主要机具

小水桶、半裁桶、笤帚、方尺、平锹、铁抹子、大杠、筛子、窄手推车、钢丝刷、喷壶、橡皮锤、小线、云石机、水平尺等。

3. 作业条件

（1）墙上四周弹好 +50cm 水平线；

（2）地面防水层已经做完，室内墙面湿作业已经做完；

（3）穿楼地面的管洞已经堵严塞实；

（4）楼地面垫层已经做完；

（5）板块应预先用水浸湿，并码放好，铺时达到表面无明水；

（6）复杂的地面施工前，应绘制施工大样图，并做出样板间，经检查合格后，方可大面积施工。

（二）施工操作

基层处理→找标高、弹线→铺找平层→弹铺砖控制线→铺砖→勾缝、擦缝→养护→踢脚板安装。

1. 基层处理、定标高

（1）将基层表面的浮土或砂浆铲掉，清扫干净，有油污时，应用 10% 火碱水刷净，并用清水冲洗干净；

（2）根据 +50cm 水平线和设计图纸找出板面标高。

2. 弹控制线

（1）先根据排砖图确定铺砌的缝隙宽度，一般为：缸砖 10mm；卫生间、厨房通体砖 3mm；房间、走廊通体砖 2mm；

（2）根据排砖图及缝宽在地面上弹纵、横控制线。注意该十字线与墙面抹灰时控制房间方正的十字线是否对应平行，同时注意开间方向的控制线是否与走廊的纵向控制线平行，不平行时应调整至平行。以避免在门口位置的分色砖出现大小头。

（3）排砖原则

1）开间方向要对称（垂直门口方向分中）。

2）破活尽量排在远离门口及隐蔽处，如：暖气罩下面。

3）为了排整砖，可以用分色砖调整。

4）与走廊的砖缝尽量对上，对不上时可以在门口处用分色砖分隔。

5）根据排砖原则画出排砖图。

6）有地漏的房间应注意坡度、坡向。

3. 铺贴瓷砖

为了找好位置和标高,应从门口开始,纵向先铺2~3行砖,以此为标筋拉纵横水平标高线,铺时应从里面向外退着操作,人不得踏在刚铺好的砖面上,每块砖应跟线,操作程序是:

(1)铺砌前将砖板块放入半截水桶中浸水湿润,晾干后表面无明水时,方可使用;

(2)找平层上洒水湿润,均匀涂刷素水泥浆(水灰比为0.4~0.5),涂刷面积不要过大,铺多少刷多少;

(3)结合层的厚度:一般采用水泥砂浆结合层,厚度为10~25mm;铺设厚度以放上面砖时高出面层标高线3~4mm为宜,铺好后用大杠尺刮平,再用抹子拍实找平(铺设面积不得过大);

(4)结合层拌和:干硬性砂浆,配合比为1:3(体积比),应随拌随用,初凝前用完,防止影响黏结质量。干硬性程度以手捏成团,落地即散为宜。

(5)铺贴时,砖的背面朝上抹黏结砂浆,铺砌到已刷好的水泥浆:找平层上,砖上棱略高出水平标高线,找正、找直、找方后,砖上面垫木板,用橡皮锤拍实,顺序从内退着往外铺贴,做到面砖砂浆饱满、相接紧密、结实,与地漏相接处,用云石机将砖加工成与地漏相吻合。铺地砖时最好一次铺一间,大面积施工时,应采取分段、分部位铺贴。

(6)拨缝、修整:铺完2~3行,应随时拉线检查缝格的平直度,如超出规定应立即修整,将缝拨直,并用橡皮锤拍实。此项工作应在结合层凝结之前完成。

4. 勾缝、擦缝

面层铺贴应在24小时后进行勾缝、擦缝的工作,并应采用同品种、同标号、同颜色的水泥,或用专门的嵌缝材料。

(1)勾缝:用1:1水泥细砂浆勾缝,缝内深度宜为砖厚的1/3,要求缝内砂浆密实、平整、光滑。随勾随将剩余水泥砂浆清走、擦净。

(2)擦缝:如设计要求缝隙很小时,则要求接缝平直,在铺实修好的面层上用浆壶往缝内浇水泥浆,然后用干水泥撒在缝上,再用棉纱团擦揉,将缝隙擦满。最后将面层上的水泥浆擦干净。

5. 养护

铺完砖24小时后,洒水养护,时间不应小于7天。

(三)质量标准

1. 主控项目

(1)面层所有的板块的品种、质量必须符合设计要求。

(2)面层与下一层的结合(黏结)应牢固,无空鼓。

2. 一般项目

(1)砖面层的表面应洁净、图案清晰,色泽一致,接缝平整,深浅一致,周边顺直。

板块无裂纹、掉角和缺棱等缺陷。

（2）面层邻接处的镶边用料及尺寸应符合设计要求，边角整齐、光滑。

（3）楼梯踏步和台阶板块的缝隙宽度应一致、齿角整齐；楼层梯段相邻踏步高度不应大于 10mm；防滑条顺直。

（4）面层表面的坡度应符合设计要求，不倒泛水、不积水，与地漏、管道结合处应严密牢固，无渗漏。

（5）砖面层的允许偏差应符合《建筑装饰装修工程质量验收规范》规定。

表面平整度：2mm；

缝格平直：3mm；

接缝高低：0.5mm；

踢脚线上口平直：3mm；

板块间隙宽度：2mm；

（四）成品保护

1. 在铺贴板块操作过程中，对已安装好的门框、管道都要加以保护，如门框钉装保护铁皮，运灰车采用窄车等。

2. 切割地砖时，不得在刚铺贴好的砖面层上操作。

3. 刚铺贴砂浆抗压强度达 1.2MPa 时，方可上人进行操作，但必须注意油漆、砂浆不得存放在板块上，铁管等硬器不得碰坏砖面层。喷浆时要对面层进行覆盖保护。

（五）应注意的质量问题

1. 板块空鼓：基层清理不净、洒水湿润不均、砖未浸水、水泥浆结合层刷的面积过大、风干后起隔离作用、上人过早影响黏结层强度等因素都是导致空鼓的原因。

2. 板块表面不洁净：主要是做完面层之后，成品保护不够，油漆桶放在地砖上、在地砖上拌和砂浆、刷浆时不覆盖等，都造成层面被污染。

3. 有地漏的房间倒坡：做找平层砂浆时，没有按设计要求的泛水坡度进行弹线找坡。因此必须在找标高，弹线时找好坡度，抹灰饼和标筋时，抹出泛水。

4. 地面铺贴不平，出现高低差：对地砖未进行预先选挑，砖的薄厚不一造成高低差，或铺贴时未严格按水平标高线进行控制。

5. 地面标高错误：多出现在厕浴间。原因是防水层过厚或结合层过厚。

6. 厕浴间泛水过小或局部倒坡：地漏安装过高或 +50cm 线不准。

四、地面铺地毯

（一）施工准备

1. 材料

（1）地毯：阻燃地毯。

（2）地毯胶粘剂、地毯接缝胶带、麻布条。

（3）地毯木卡条（倒刺板）、铝压条（倒刺板）、锑条、铜压边条。

（4）施工工具：张紧器、裁边机、切割刀、裁剪剪刀、漆刷、熨斗、弹线粉袋、扁铲、锤子等。

（二）施工操作

工艺流程：清理基层、裁剪地毯、钉卡条、压条、接缝处理、铺接工艺、修整、清理。

1. 清理基层

（1）铺设地毯的基层要求具有一定的强度。

（2）基层表面必须平整，无凹坑、麻面、裂缝，并保持清洁干净。若有油污，须用丙酮或松节油擦洗干净，高低不平处应预先用水泥砂浆填嵌平整。

2. 裁剪地毯

（1）根据房间尺寸和形状，用裁边机从长卷上裁下地毯。

（2）每段地毯和长度要比房间长度长约20mm，宽度要以裁出地毯边缘后的尺寸计算，弹线裁剪边缘部分。要注意地毯纹理的铺设方向是否与设计一致。

3. 钉木卡条和门口压条

（1）采用木卡条（倒刺板）固定地毯时，应沿房间四周靠墙脚1~2cm处，将卡条固定于基层上。

（2）在门口处，为不使地毯被踢起和边缘受损，达到美观的效果，常用铝合金卡条、锑条固定。卡条、锑条内有倒刺扣牢地毯。锑条的长边与地面固定，待铺上地毯后，将短边打下，紧压住地毯面层。

（3）卡条和压条可用钉条、螺丝、射钉固定在基层上。

4. 接缝处理

（1）地毯是背面接缝。接缝是将地毯翻过来，使两条缝平接，用线缝后，刷白胶，贴上牛皮胶纸，缝线应较结实，针脚不必太密。

（2）胶带黏结法即先将胶带按地面上的弹线铺好，两端固定，将两侧地毯的边缘压在胶带上，然后用电熨斗在胶带的无胶面上熨烫，使胶质熔解，随着电熨斗的移动，用扁铲在接缝处辗压平实，使之牢固地连在一起。

（3）用电铲修葺地毯接口处正面不齐的绒毛。

5. 铺接工艺

（1）用张紧器或膝撑将地毯在纵横方向逐段推移伸展，使之拉紧，平伏地平，以保证地毯在使用过程中遇至一定的推力而不隆起。张力器底部有许多小刺，可将地毯卡紧而推移，推力应适当，过大易将地毯撕破，过小则推移不平，推移应逐步进行。

（2）用张紧器张紧后，地毯四周应挂在卡条上或铝合金条上固定。

6. 修整、清理

地毯完全铺好后，用搪刀裁去多余部分，并用扁铲将边缘塞入卡条和墙壁之间的缝中，用吸尘器吸去灰尘等。

（三）施工注意事项

1. 凡能被雨水淋湿、有地下水侵蚀的地面，特别潮湿的地面，不能铺设地毯。

2. 在墙边的踢脚处以及室内柱子和其他突出物处，地毯的多余部分应剪掉，再精细修整边缘，使之吻合服帖。

3. 地毯拼缝应尽量小，不应使缝线露出，要求在接缝时用张力器将地毯张平服帖后再进行接缝。接缝处要考虑地毯上花纹、图案的衔接，否则会影响装饰质量。

4. 铺完后，地毯应达到毯面平整服帖，图案连续、协调，不显接缝，不易滑动，墙边、门口处连接牢靠，毯面无脏污、损伤。

（四）质量标准

1. 主控项目

地毯的品种、规格、颜色、花色、胶料和辅料及其材质必须符合设计要求和国家现行地毯产品标准的规定。

地毯表面应平服、拼缝处粘贴牢固、严密平整、图案吻合。

2. 一般项目

地毯表面不应起鼓、起皱、翘边、卷边、显拼缝、露线和无毛边，绒毛顺光一致，毯面干净，无污染和损伤。

地毯同其他面层连接处、收口处和墙边、柱子周围应顺直、压紧。

五、不锈钢踢脚安装

（一）施工工艺

施工准备→固定木楔安装→防腐剂刷涂→踢脚板木基板安装→不锈钢踢脚板安装。

（二）施工方法与技术措施

1. 木踢脚板基层板应在木地板刨光后在安装，以保证踢脚板的表面平整。

2. 在墙内安装踢脚板基板的位置，每隔400mm打入木楔。安装前，先按设计标高将控制线弹到墙面，使木踢脚板上口与标高控制线重合。

3. 木踢脚板与地面转角处安装木压条或安装圆角成品木条。

4. 木踢脚板基板接缝处应做陪榫或斜坡压槎，在90°转角处做成45°斜角接槎。

5. 木踢脚板背面刷水柏油防腐剂。安装时，木踢脚板基板要与立墙贴紧，上口要平直，钉接要牢固，用气动打钉枪直接钉在木楔，若用明打钉接，钉帽要砸扁，并冲入板内

2~3mm，钉子的长度是板厚度的2.0~2.5倍，且间距不宜大于1.5m。

6. 不锈钢饰面工作待室内一切施工完毕后进行。表面保护膜竣工前撕毁，亚光不锈钢饰面板与基层板胶结时，应间隔胶结，间隔距＜300mm，接口处应采用压条压平整。

（三）质量要求

1. 木踢脚板基层板应钉牢墙角，表面平直，安装牢固，不应发生翘曲或呈波浪形等情况。

2. 采用气动打钉枪固定木踢脚板基层板，若采用明钉固定时钉帽必须打扁并打入板中2~3mm，钉时不得在板面留下伤痕。板上口应平整。拉通线检查时，偏差不得大于3mm，接搓平整，误差不得大于1mm。

3. 木踢脚板基层板接缝处做斜边压搓胶粘法，墙面明、阳角处宜做45°斜边平整粘接接缝，不能搭接。木踢脚基层板与地坪必须垂直一致。

4. 木踢脚基层板含水率应按不同地区的自然含水率加以控制，一般不应大于18%，相互胶粘接缝的木材含水率相差不应大于1.5%。

5. 不锈钢饰面板板缝、接口处高差不大于0.5mm，平整不大于0.5mm、接缝宽度不大于1mm。

六、PVC地板

（一）现场要求

1. 地面水分含量在4.5%以下，若为底层地面应先做防水处理；

2. 环境温度在10~35℃，相对湿度不得大于80%，通风或空气流动条件好，并且室内其他各项工程已基本完成，不得有上下交叉作业；

3. 施工现场配备照明装置；

4. 每300m² 设有一处接地点。

（二）施工准备

1. 熟悉设计图纸并勘察施工现场；

2. 结合实际情况及建设单位要求，制定切实可行的施工方案；

3. 各种施工材料、设备、工具准备齐全，确保无误；

4. 材料送达工地后，报送业主确定。

（三）施工步骤

1. 清理地面，清除地面浮尘；

2. 定位铺设基准线；

3. 铺拉接地导网（铜泊）；

4. 涂刷导电胶；

5. 铺贴PVC地板；

6. 滚压 PVC 地板；

7. 开 4mm 宽焊接槽；

8. 焊接地板缝隙；

9. 静电接地。

七、地面铺地毯（块毯）

（一）施工准备

1. 材料

（1）地毯：阻燃地毯。

（2）地毯胶粘剂、地毯接缝胶带、麻布条。

（3）施工工具：裁边机、切割刀、裁剪剪刀、漆刷、熨斗、弹线粉袋、扁铲、锤子等。

（二）施工工序

1. 粘贴法固定方式

基层地面处理→实量放线→裁割地毯→刮胶晾置→铺设银压→清理、保护。

2. 施工要点

（1）在铺装前必须进行实量，测量墙角是否规方，准确记录各角角度。根据计算的下料尺寸在地毯背面弹线、裁割。

（2）接缝处应用胶带在地毯背面将两块地毯粘贴在一起，要先将接缝处不齐的绒毛修齐，并反复揉搓接缝处绒毛，至表面看不出接缝痕迹为止。

（3）黏结铺设时刮胶后晾置 5~10 分钟，待胶液变得干粘时铺设。

（4）地毯铺平后用毡辊压出气泡。

（5）多余的地毯边裁去，清理拉掉的纤维。

（6）裁割地毯时应沿地毯经纱裁割，只割断纬纱，不割经纱，对于有背衬的地毯，应从正面分开绒毛，找出经纱、纬纱后裁割。

（三）质量标准

1. 主控项目

1）各种地毯的材质、规格、技术指标必须符合设计要求和施工规范规定。

2）地毯与基层固定必须牢固，无卷边、翻起现象。

2. 一般项目

1）地毯表面平整，无打皱、鼓包现象。

2）拼缝平整、密实，在视线范围内不显拼缝。

3）地毯与其他地面的收口或交接处应顺直。

4）地毯的绒毛应理顺，表面洁净，无油污物等。

（四）注意事项

1. 注意成品保护，用胶粘贴的地毯，24小时内不许随意踩踏。
2. 地毯铺装对基层地面的要求较高，地面必须平整、洁净，含水率不得大于8%，并已安装好踢脚板，踢脚板下沿至地面间隙应比地毯厚度大2~3毫米。

准确测量房间尺寸和计算下料尺寸，以免造成浪费。

八、地面铺塑胶

（一）准备工作

1. 材料进场。
2. 施工工具与器械的准备。
3. 水电到位。

（二）基础处理

1. 对不符合条件的地面进行打磨、修补。
2. 清扫场地。

（三）放线

先确定四条曲直分界线，在运动场地的直断面放线，标线应以鲜艳色彩为宜，以曲直分界线为基准，放出内沿施工线，然后由内向外依次放出各施工线。

（四）材料打磨

将塑胶材料（底部朝上）自然摊铺在地面，使用打磨机对底层表面进行打磨。

作用：增强材料与基础面层的粘合力，使其粘接的更为牢固。打磨过程中打磨机要匀速前进，切勿损坏场地表面。

（五）铺涂底胶

用专业的封底胶（甲乙组比例1∶4，2%的催化剂，另加少量胶粉）进行铺涂。

作用：

（1）防止底层渗水

（2）基础找平

（3）该专业封底胶与底层基础和上层胶板具有较好的黏接力，从而确保场地的粘接效果。

（六）场地粘接

1. 摊铺胶板

施工标线画好后，以一条曲直分界线为基准，由内沿开始将场地展开，沿画好的施工标线对齐，依次摆放场地，横向压头以200mm为宜，纵向场地以对齐为宜，并根据温度不同要放置30~60分钟。

作用是：

①橡胶面层让物料回复原状态和适应天气；

②把橡胶面层铺在对应的位置上；

③质量检查（把损坏和不平整的切割掉）；

④把所有接口切齐和整理好。

2. 铺涂胶粘剂

场地摆好后，在粘接前，先将场地由两端分别卷起，由卷好的场地中心往一方向在地面上刮胶。地面刮胶时，胶粘剂的用量应适中，每平方米应控制在$0.7~1kg/m^2$之间，刮涂要均匀，控制好胶粘剂的黏度，在最佳时间内进行铺设。

3. 粘接

塑胶材料在与地面粘接时，操作场地铺设要十分细心，材料的侧边应与地面施工标线对齐。先将卷起场地的一侧进行粘接，粘接好后，在将另一侧进行粘接，依次先将内侧场地粘接好。

其他各道铺设过程与一道铺设大体相同。

塑胶材料两侧边在粘接过程中，应将存留在场地底部的空气赶挤干净，为确保侧边粘接牢固应在场地与场地侧边，用专用工具撬划一下在压稳，这样可以使侧边的粘接接口压住，直至胶水固化。小方格一半填了胶水一半填满空气。运动员在上面竞赛时，空气和原胶受压缩储藏能量和避反震，在脚底离开面层时，天然胶和空气随着扩充把能量反送回给运动员。

4. 表面压制

材料与地面粘接好后，为确保场地与地面粘接牢固，为防止场地翘边，就将以粘接好的场地用重物将边缘部分压住，场地两侧可用建筑红砖，用砖的大平面，一块接一块压稳，场地与场地端面接口处应用重方式处理，采用压边方法，但需用四层红砖，沿中心向两侧各摆三排平砖，直至胶水固化，以确保铺设质量。

5. 端口裁接

端面接口粘接时应先将一端场地用钢尺压稳，裁齐。上压场地与下压场地在端口粘接时应考虑低温时的收缩量，使上压板与下压板有余量，挤粘两端口应涂有黏结剂，以便粘接效果更好。

（七）清洗场地

场地粘接完毕且胶粘剂完全固化后，将场地清洗干净，同时检查场地端口的接口处，对接口不牢或不平整的区域及时修补，为下一道工序做好准备。

（八）画线

场地经过修补、清洗后，进行画线工作。画线是精雕细作程序，除确保测量仪器、设备、工具的精确度以外，施工人员应具备责任心强、工作认真的素质。其测量精度为万分之一，选用的钢尺应充分考虑尺长检定及修改，点位线放完后，应进行三人校对，校对符合要求后再喷线。喷线盒应每道一个，以保证场地弧线的均匀一致性。喷线过程中，注意喷线盒要及时清洗，避免喷线漆滴落在场地表面，以保证场地表面的美观、整洁。

（九）清理场地

完成以上所有工序后，进行场地清理，保持场内清洁。

第四节　吊项与轻质隔墙施工

一、吊顶施工

吊顶又称顶棚、天花板，是建筑装饰工程中的一个重要子分部工程。吊顶具有保温、隔热、隔声和吸声的作用，也是电气、暖卫、通风空调、通信和防护、报警管线设备等工程的隐蔽层。按施工工艺和采用材料的不同，分为暗龙骨吊顶（又称隐蔽式吊顶）和明龙骨吊顶（又称活动式吊顶）。吊顶工程由支承部分（吊杆和主龙骨）、基层（次龙骨）和面层三部分组成。

（一）吊顶工程施工技术要求

1. 安装龙骨前，应按设计要求对房间净高、洞口标高和吊顶管道、设备及其支架的标高进行交接检验。

2. 吊顶工程的木吊顶、木龙骨和木饰面板必须进行防火处理，并应符合有关设计防火规范的规定。

3. 吊顶工程中的预埋件、钢筋吊杆和型钢吊杆应进行防锈处理。

4. 安装面板前应完成吊顶内管道和设备的调试及验收。

5. 吊顶距主龙骨端部和距墙的距离不应大于300mm。吊顶间距和主龙骨间距不应大于1200mm，当吊杆长度1.5m时，应设置反支撑。当吊杆与设备相遇时，应调整增设吊杆。

6. 当石膏板吊顶面积大于 100m² 时，纵横方向每 12~18m 距离处宜做伸缩缝处理。

（二）工艺流程

弹吊顶标高水平线→画主龙骨分档线→吊顶内管道、设备的安装、调试及隐蔽验收→吊杆安装→龙骨安装（边龙骨安装、主龙骨安装、次龙骨安装）→填充材料的设置→安装饰面板→安装收口、收边压条。

（三）施工方法

1. 测量放线

（1）弹吊顶标高水平线：应根据吊顶的设计标高在四周墙上弹线。弹线应清晰，位置应准确。

（2）画龙骨分档线：沿已弹好的顶棚标高水平线，按吊顶平面图，在混凝土顶板画（弹）出主龙骨的分档位置线。主龙骨宜平行房间长向布置，分档线位置线从吊顶中心向两边分，间距不宜大于 1200mm，并标出吊杆的固定点。

2. 吊杆安装

（1）不上人的吊顶，吊杆可以采用 Φ6 的吊杆；上人的吊顶，吊杆可以采用 Φ8 的吊杆；大于 1500mm 时，还应设置反向支撑。

（2）吊杆应通直，并有足够的承载能力。

（3）吊顶灯具、风口及检修口等应设附加吊杆。重型灯具、电扇及其他重型设备严禁安装在吊顶工程的龙骨上，必须增设附加吊杆。

3. 龙骨安装

（1）安装边龙骨

边龙骨的安装应按设计要求弹线，用射钉固定，射钉间距应不大于吊顶次龙骨的间距。

（2）安装主龙骨

1）主龙骨应吊挂在吊杆上。主龙骨间距、起拱高度应符合设计要求。主龙骨的接长应采取对接，相邻龙骨的对接接头要相互错开。主龙骨安装后应及时校正其位置、标高。

2）跨度大于 15m 的吊顶，应在主龙骨上每隔 15m 加一道大龙骨，并垂直主龙骨焊接牢固；如有大的造型顶棚，造型龙骨部分应用角钢或扁钢焊接成框架，并应与楼板连接牢固。

（3）安装次龙骨

次龙骨分明龙骨和暗龙骨两种。次龙骨间距宜为 300~600mm，在潮湿地区和场所间距宜为 300~400mm。

（4）安装横撑龙骨

暗龙骨系列横撑龙骨应用连接件将其两端连接在通长次龙骨上。明龙骨系列的横撑龙骨与通长龙骨搭接处的间隙不得大于 1mm。

5. 饰面板安装

（1）明龙骨吊顶饰面板安装

明龙骨吊顶饰面面板的安装方法有：搁置法、嵌入法、卡固法等。搁置法是将饰面板直接放在T形龙骨组成的格栅框内，即完成吊顶安装。有些轻质饰面板考虑到刮风时会被掀起（包括空调风口附近），应有放散落措施，宜用木条、卡子等固定。嵌入法是将饰面板事先加工成企业口暗缝，安装时将T形龙骨两肋插入企口缝内。卡固法是饰面板与龙骨采用配套卡具卡接固定，多用于金属饰面板安装。

（2）暗龙骨吊顶饰面板安装

暗龙骨吊顶饰面板的安装方法有：钉固法、粘贴法、嵌入法、卡固法等。粘贴法分为直接粘贴法和复合粘贴法。直接粘贴法是将饰面板用胶粘剂直接粘贴在龙骨上。刷胶宽度为10~15mm，经5~10min后，将饰面板粘在相应部位。

（四）吊顶工程应对下列隐蔽工程项目进行验收

（1）吊顶内管道、设备的安装及水管试压，风管的避光试验；

（2）木龙骨防火、防腐处理；

（3）预埋件或拉结筋；

（4）吊杆安装；

（5）龙骨安装；

（6）填充材料的设置。

二、轻质隔墙施工

室内隔断墙主要有轻钢龙骨、木龙骨及砖砌三种形式。砖砌墙由于重量大，湿作业，时间较长，除在改造卫生间、厨房时使用，一般不宜在室内使用。

（一）木龙骨隔断墙

木龙骨隔断墙是以红、白松木做骨架，以石膏板或木质纤维板、胶合板为面板的墙体，它的加工速度快，劳动强度低，重量轻，隔声效果好，应用广泛。

1. 木龙骨隔断墙的施工程序

木龙骨架的施工程序为：清理基层地面→弹线、找规矩→在地面用砖、水泥砂浆做地枕带（又称踢脚座）→弹线，返线到顶棚及主体结构墙上→立边框墙筋→安装沿地、沿顶木楞→立隔断立龙骨→钉横龙骨→封罩面板，预留插座位置并设加强垫木→罩面板处理。

2. 木龙骨隔断墙的施工规范

木龙骨架应使用规格为40毫米×60毫米的红、白松木。立龙骨的间距应考虑罩面板的尺寸，一般在450~600毫米之间。如有门口，两侧应各立一根通天立龙骨。横龙骨应与立龙骨开榫相接，窗口的上、下边与门口的上边，应加横龙骨。

安装沿地、沿顶木楞时，应将木楞两端伸入砖墙内至少120毫米，以保证隔断墙与原结构墙连接牢固。

隔断墙罩面板安装可参照轻钢龙骨罩面板安装方法执行。

3. 木龙骨隔断墙的验收

木龙骨隔断墙的检验标准为：隔断的尺寸正确，材料规格一致；墙面平直方正，光滑，拐角处方正交接处严密，沿地、沿顶木楞及边框墙筋，各自交接后的龙骨应牢固、平直。检查隔断墙面，用2米直尺检测，表面平整度误差小于2毫米，立面垂直度误差小于3毫米，接缝高低差小于0.5毫米。

（二）轻钢龙骨隔断墙

轻钢龙骨隔断墙是永久性墙体，它以轻钢龙骨为骨架，以纸面石膏板为基层面材组合而成，面部可进行乳胶漆、壁纸、木材等多种材料的装饰，在家庭装修过程中，进行空间布局的调整和设计时，经常使用这种墙体材料，如大室内空间的分割、非承重墙的改动、移位，复式居民楼楼梯的遮掩等。

轻钢龙骨隔断墙具有重量轻、安全可靠、抗冲击力强、无毒、不燃的优点，其占用室内空间小、施工方便、快捷的特点优于其他永久性墙体材料。同时，它又具有较好的隔音、隔热、防腐、防蛀的性能，可以使用在家庭室内的任何部位，包括厨房、卫生间的隔断处理。为满足特殊环境的要求，它还可用于进行高等级的隔音、隔热处理。因此，轻钢龙骨隔断墙是较理想的墙体材料。

1. 轻钢龙骨的种类

常用的轻钢龙骨有Q50、Q75、Q100三种规格，分别适用于不同高度的隔断墙。家庭房高一般在3米以内，使用规格为Q50的轻钢龙骨就能满足需要。组装经钢龙骨骨架，需要有用于不同部位的龙骨及相应配件，才能组装成隔断墙。

2. 轻钢龙骨架的安装

首先要根据设计图纸，在室内地面弹出墙体的位置线，并将线引至侧墙和顶棚，地上弹线应弹出双线，即墙的两个垂面在地面上的投影都要弹出。

其次要做墙垫，以保证骨架和地面吻合。具体做法是：先清理地面的接触部分，涂刷一遍YJ302型界面处理剂，随即打素混凝土墙垫，墙垫的上表面应平整，两侧应垂直。

固定沿地、沿顶龙骨，可采用射钉或钻孔用膨胀螺栓固定，间距一般以900毫米为宜，射钉位置应避开原基层中已敷设的暗管。

竖龙骨的安装间距应按限制高度的规定选用，采用暗接缝时龙骨间距应增加6毫米，如采用明接缝时，龙骨间距按明接缝宽度确定。需要吊挂物品的墙面，龙骨间距应该缩短，一般为300毫米，竖龙骨应由墙的一端开始排列，当最后一根龙骨距墙的距离大于规定龙骨间距时，必须增设一根龙骨。竖龙骨上下端应与沿地、沿顶龙骨用圆钉固定，现场需裁截龙骨时，一律由龙骨上端开始。冲孔位置不能颠倒，并保证各龙骨冲孔在同一水平线上。

安装门口立柱时，应根据设计确定的门口立柱形式进行组合，在安装立柱的同时，应将门口与立柱一起就位固定。窗口的安装方法同门口一样。

当隔断墙高度超过石膏板长度或墙上开有窗户时，应设水平龙骨，其连接方式可采用沿地、沿顶龙骨与竖向龙骨连接的方式，也可采用竖向龙骨用卡托和角托同竖龙骨连接的方式。

在隔断墙上需设置配电盘、洗面盘、水箱等设施时，各种附墙设备的吊挂件，均应按设计要求在安装骨架时，预先将连接件与龙骨架连接牢固。

3. 纸面石膏板的安装

轻钢龙骨架安装好，经检查无误后，就可安装石膏板，石膏板应竖向排列，龙骨两侧的石膏板应错缝排列，用自攻螺丝固定，其顺序是从板的中间向两侧固定，固定位置离板边距离在10~16毫米之间，离切割边的板边至少15毫米，板边螺丝钉间距为250毫米，边中螺钉间距为300毫米，螺帽略埋入板内，但不得损坏纸面。下端的石膏板不要与地面直接接触，应留10~15毫米缝隙，用密封膏嵌严。

石膏板安装后，清扫接缝中的浮土，用腻子刀将腻子嵌入缝内与板面找平。缝内腻子凝固后，刮1毫米腻子从接缝带网眼中挤出。随即用大腻子刀在整个装饰面上刮腻子，将接缝带埋入腻子中，并将石膏板棱边及纸面不平之处全部找平，留待精装修时再进行表面的装饰处理。

4. 轻钢龙骨异型隔断墙的安装

轻钢龙骨隔断墙的一个很大优势在于易于加工制作和安装异型墙面。在家庭装修中，为充分利用空间或增加墙体装修的艺术效果，有时需要异型墙面。现以圆弧形墙面的安装为例，说明异型墙面的安装方法。

安装弧形墙面时，应首先在地面和顶棚上分别画出圆弧形基准线，此基准线应是双线，画法同一般轻钢龙骨隔断墙安装时的画法相同。将沿地、沿顶龙骨切割缺口后，弯曲成所需弧形，使圆弧边紧靠弧形基线，用射钉固定在地面和顶棚上，竖向龙骨用自攻螺钉或抽芯铆钉与沿地、沿顶龙骨连接牢固。竖向龙骨间距依据圆弧长度计算确定，原则是每块圆弧形石膏板应作力于三根竖龙骨上。

安装纸面石膏板时，应将石膏板背面等距离割出2~3毫米宽、板厚2/5深度的口。割口间距依圆弧半径确定，半径越小，割口间距越小，安装时，将割口面靠于龙骨，从一边开始逐渐弯曲石膏板，使其紧贴龙骨的弧面，然后用自攻螺丝钉将其固定。其他安装步骤同一般轻钢龙骨纸面石膏板墙。

第五节 门窗施工

一、木门窗安装

（一）工艺流程

定位放线→安装门、窗框→安装门、窗玻璃→安装门、窗配件→框与墙体之间的缝隙、框与扇之间的填嵌、密封→清理→保护成品。

（二）施工方法

1. 门窗框安装

（1）在预留门窗洞口时，应留出门窗框走头（门窗框上下坎两端伸出框外的部分）的缺口，在门窗框调整就位后，补砌缺口。当受条件限制，门窗不能留走头时，应采取可靠措施将门窗框固定在预埋木砖上。结构工程施工时预埋木砖的数量和间距应满足要求，即2m高以内的门窗每边不少于3块木砖，木砖间距以0.8~0.9m为宜，2m高以上的门窗框，每边木砖间距不大于2m，以保证门窗框安装牢固。

（2）复查洞口标高、尺寸及木砖位置。

（3）将门窗框用木楔临时固定在门窗洞口内相应位置。用垂准仪器校正框的正、侧面垂直度，用水平尺校正框冒头的水平度。

（4）用砸扁钉帽的钉子钉牢在木砖上。钉帽要冲入木框内1~2mm，每块木砖要钉两处。高档硬木门框应用钻钻孔，用木螺丝拧固，木螺钉应拧进木框5mm，用同等材质的木楔补孔。

（5）木门窗框需镶贴脸时，门窗框应凸出墙面，凸出的厚度应等于抹灰层或装饰面层的厚度。

（6）木门窗与墙体间缝隙的填嵌材料应符合设计要求，填嵌应饱满。寒冷地区门窗框与洞口间的缝隙应填充保温材料。

2. 木门窗扇安装

木门窗扇必须安装牢固，并应开关灵活，关闭严密，无倒翘。框扇之间、扇与扇之间、门扇与建筑地面工程的面层标高之间的留缝限值应符合下表7-5-1的要求：

表 7-5-1

项次	项目		留缝限值（mm）		检验方法
			普通	高级	
1	工业厂房双扇大门对口缝		2~5	—	用塞尺检查
2	门窗扇对口缝		1~2.5	1.5~2	
3	门窗扇与上框间留缝		1~2	1~1.5	
4	门窗扇与侧框间留缝		1~2.5	1~1.5	
5	门扇与下框间距留缝		2~3	2~2.5	
6	门扇与下框间留缝		3~5	3~4	
7	无下框时门扇与地面间留缝	外门	4~7	5~6	
		内门	5~8	6~7	
		卫生间门	8~12	8~10	
		厂房大门	10~20	—	

3. 配件安装

木门窗五金配件应安装齐全，位置适宜，固定可靠。

二、金属门窗

（一）工艺流程

定位放线→安装门、窗框（包括金属门窗的副框）→校正门、窗框→固定门、窗框（与主体结构连接）→安装门、窗扇→安装门、窗玻璃→安装门、窗配件→框与墙体之间的缝隙填嵌、密封→清理→保护成品。

（二）施工方法

金属门窗安装应采用预留洞口的方法施工，不得采用边安装砌口或先安装后砌口的方法施工。金属门窗的固定方法应符合设计要求，在砌体上安装金属门窗严禁用射钉固定。

1. 铝合金门窗框安装

铝合金门窗安装时，墙体与连接件、连接件与门窗框的固定方式，应按下表选择：

表 7-5-2 铝合金门窗的固定方式一览表

序号	连接方式	适用范围
1	连接件焊接连接	适用于钢结构
2	预埋件连接	适用于钢筋混凝土结构
3	燕尾铁脚连接	适用于砖墙结构
4	金属膨胀螺栓固定	适用于钢筋混凝土结构、砖墙结构
5	射钉固定	适用于钢筋混凝土结构

2. 门窗扇安装

推拉门窗在门窗框安装固定后，将配好玻璃的门窗扇整体安入框内滑槽，调整好与扇的缝隙，扇与框的搭接量应符合设计要求，推拉扇开关力应不大于100N。同时，必须有防脱落措施。

平开门窗在与框与扇格架组装上墙、安装固定好后在按玻璃。密封条安装时应留有比门窗的配装边长20~30mm，转角处应斜面断开，并用胶粘剂粘贴牢固，避免收缩产生缝隙。

3. 安装五金配件

五金配件与门窗连接用镀锌螺钉。安装的五金配件应固定牢固，使用灵活。

三、塑料门窗

（一）工艺流程

洞口找中线→补贴保护膜→框上找中线→安装固定片→框进洞口→调整定位→门窗框定→框与洞口之间填缝→装玻璃（或门窗扇）→配件安装→清理→成品保护。

（二）施工方法

塑料门窗应采用预留洞口的方法安装，不得边安装边砌口或先安装后砌口施工。

1. 门窗框上安装固定片

（1）检查门窗框上下边的位置及其内外朝向，并确认无误后，在安装固定片。为了更好地调节门窗胀缩引起的变形和防止渗漏，应使用单向固定片，双向交叉安装。与外保温墙体固定的边框固定片宜朝向室内。固定片与框连接应采用自攻螺钉直接钻入固定，不得锤击钉入。

（2）固定片的位置应距门窗端角、中竖梃、中横梃150~200mm，固定片之间的间距应符合设计要求，并不得大于600mm。不得将固定片直接装在中横梃、中竖梃的端头上。

2. 门窗框安装

（1）当门窗框装入洞口时，其上下框中线应与洞口中线对齐并临时固定，然后再按图纸确定门窗框在洞口墙体厚度方向的安装位置。安装时应采取防止门窗变形的措施。应随时调整门窗的水平度、垂直度和直角度，用木楔临时固定。

（2）门窗框固定

当门窗与墙体固定时，应先固定上框，后固定边框。固定方法如下：

1）混凝土墙洞口采用射钉或膨胀螺丝固定。

2）砖墙洞口应用膨胀螺丝固定，不得固定在砖缝处，并严禁用射钉固定。

3）轻质砌块或加气混凝土洞口可在预埋混凝土块上用射钉或膨胀螺钉固定。

4）设有预埋铁件的洞口应采用焊接的方法固定，也可先预埋件上按紧固件规格打基孔，然后用紧固件固定。

5）窗下框与墙体也采用固定片固定，但应按照设计要求，处理好室内窗台板与室外窗台的节点处理，防止窗台渗水。

（3）安装组合窗时，应从洞口的一端按顺序安装。拼樘料与混凝土连接可与连接件搭接，也可与预埋件或连接件焊接。拼樘料与砖墙连接可采用预留洞口，拼樘料两端应插入预留洞口中。当窗框与拼樘料连接时，应先将两窗框与拼樘料卡接，然后用自钻自攻螺钉拧紧。紧固件端头及拼樘料与窗框之间缝隙用嵌缝油膏密封处理。

3. 门窗扇安装

门窗扇应待水泥砂浆硬化后安装。门窗扇安装后，框扇应无可视变形，关闭应严密，搭接量应均匀，开关应灵活。铰链部位配合间隙的允许偏差及框、扇的搭接量、开关力等应符合国家现行《未增塑聚氯乙烯（PVC-U）塑料窗》JG/T140—2005、《未增塑聚氯乙烯（PVC-U）塑料窗》JG/T180—2005的规定。推拉门窗必须有防脱落装置。

4. 配件安装

安装门窗五金配件时，应将螺钉固定在内衬增强型钢或局部加强钢板上，或使螺钉至少穿过塑料型材的两层壁厚，紧固件应采用自钻攻螺钉一次钻入固定，不得采用预先打孔的固定方法。五金件应齐全，位置应正确，安装应牢固，使用应灵活，达到各自的使用功能。安装滑落撑时，紧固螺钉必须使用不锈钢材质，并应与框扇增强型钢或内衬加强钢板可靠连接。螺钉与框扇连接处应进行防水密封处理。平开窗高度大于900mm时，窗扇锁闭点不应少于2个。

四、门窗玻璃安装

（一）施工工艺

清理门窗框→量尺寸→下料→裁割→安装。

（二）施工方法

1. 玻璃品种、规格应符合设计要求。单块玻璃大于 $1.5m^2$ 时应使用安全玻璃。玻璃表面应洁净，不得有腻子、密封胶、涂料等污渍，中空玻璃内外表面均应洁净，玻璃中空层内不得有灰尘和水蒸气。

2. 门窗玻璃不应直接接触型材。单面镀膜玻璃的镀膜层及磨砂玻璃的磨砂面应朝向室内，但磨砂玻璃作为浴室、卫生间门窗玻璃时，则应注意将其花纹面朝外，以防表面浸水而透视。中空玻璃的单面镀膜玻璃应在最外层，镀膜层应朝向室内。

第六节　涂饰施工

一、施工准备

（一）材料

1. 涂料：丙烯酸合成树脂乳液涂料、抗碱封闭底漆。其品种、颜色应符合设计要求，并应有产品合格证和检测报告。

2. 辅料：成品腻子粉、石膏、界面剂应有产品合格证。厨房、厕所、浴室必须使用耐水腻子。

（二）主要机具

涂料搅拌器、喷枪、气泵、胶皮刮板、钢片刮板、腻子托板、排笔、刷子、砂纸、靠尺、线坠。

（三）作业条件

1. 各种孔洞修补及抹灰作业全部完成，验收合格。
2. 门窗玻璃安装、管道设备试压及防水工程完毕并验收合格。
3. 基层应干燥，含水率不大于10%。
4. 施工环境清洁、通风、无尘埃，作业面环境温度应在5~35℃。
5. 施工前先做样板，经设计、监理、建设单位及有关质量部门验收合格后，再大面积施工。

二、施工操作

（一）工艺及过程

工艺流程：基层处理→刷底漆→刮腻子→刷涂料。

1. 基层处理：将基层起皮松动处清除干净，用聚合物水泥砂浆补抹后，将残留灰渣铲除扫净。

2. 刷底漆：新建筑物的混凝土或抹灰基层在涂饰前应涂刷抗碱封闭底漆，改造工程在涂饰涂料前应清除疏松的旧装饰层，并涂刷界面剂。

3. 刮腻子：刮腻子遍数可由墙面平整程度决定，一般情况为三遍。第一遍用胶皮刮板横向满刮，一刮板接一刮板，接头不得留槎，每一刮板最后收头要干净利索。干燥后用砂纸打磨，将浮腻子及斑迹磨光，再将墙面清扫干净。第二遍仍用胶皮刮板纵向满刮，方法同第一遍。第三遍用胶皮刮板找补腻子或用钢片刮板满刮腻子，腻子应刮的尽量薄，将墙面刮平、刮光。干燥后用细砂纸磨平、磨光，不得遗漏或将腻子磨穿。

4. 刷涂料：

刷涂法：先将基层清扫干净，涂料用排笔涂刷。涂料使用前应搅拌均匀，适当加水稀释，防止头遍漆刷不开。干燥后复补腻子，用砂纸磨光，清扫干净。

滚涂法：将蘸取涂料的毛辊先按"W"方式运动将涂料大致涂在基层上，然后用不蘸涂料的毛辊紧贴基层上下、左右来回滚动，使涂料在基层上均匀展开。最后用蘸取涂料的毛辊按一定方向满滚一遍，阴角及上下口处则宜采用排笔刷涂找齐

喷涂法：喷枪压力宜控制在 0.4~0.8MPa 范围内。喷涂时，喷枪与墙面应保持垂直，距离宜在 500mm 左右，匀速平行移动，重叠宽度宜控制在喷涂宽度的 1/3。

刷第一遍涂料：涂刷顺序是先刷顶棚后刷墙面，墙面是先上后下，先左后右操作

刷第二遍涂料：操作方法同第一遍，使用前充分搅拌，如不很稠，不宜加水，以防透底。漆膜干燥后，用细砂纸将墙面小疙瘩和排笔毛打磨掉，磨光滑后清扫干净。

刷第三遍涂料：做法同第二遍。由于漆膜干燥较快，涂刷时应从一头开始，逐渐刷向另一头。涂刷要上下顺刷，互相衔接，后一排笔紧接前一排笔，大面积施工时应几人配合一次完成，避免出现干燥后再接槎。

（二）质量验收标准

适用于乳液型涂料、无机涂料、水溶性涂料等水性涂料涂饰工程的质量验收。

1. 主控项目

（1）涂料的品种、型号和性能应符合设计要求。

检验方法：检查产品合格证书、性能检测报告和进场验收记录。

（2）涂料的颜色、图案需符合设计要求。

检验方法：观察。

（3）涂料的涂刷应均匀、黏结牢固，不得漏涂、透底、起皮和掉粉。

检验方法：观察、手摸检查。

（4）基层处理应符合现行国家标准《建筑装饰装修工程质量验收规范》GB50210—2001 的规定。

检验方法：观察、手摸检查、检查施工记录。

2. 一般项目

（1）薄涂料的涂饰质量和检验方法应符合相关规范规定。

（2）厚涂料的涂饰质量和检验方法应符合相关规范规定。

（3）浮层涂料的涂饰质量和检验方法应符合相关规范规定。

（4）涂层与其他装修材料和设备衔接处应吻合，界面应清晰。

检验方法：观察。

第七节　裱糊施工

一、施工准备

（一）材料要求

1. 石膏、大白、滑石粉、聚醋酸乙烯乳液、羧甲基纤维素、108胶或各种型号的壁纸、胶粘剂等。

2. 壁纸：为保证裱糊质量，各种壁红、墙布的质量应符合设计要求和相应的国家标准。

3. 胶粘剂、嵌缝腻子、玻璃网格布等，应根据设计和基层的实际需要提前备齐。但胶粘剂应满足建筑物的防火要求，避免在高温下因胶粘剂失去黏结力使壁纸脱落而引起火灾。

（二）主要机具

裁纸工作台、钢板尺（1m长）、壁纸刀、毛巾、塑料水桶、塑料脸盆、油工刮板、拌腻子槽、小辊、开刀、毛刷、排笔、擦布或棉丝、粉线包、小白线、铁制水平尺、托线板、线坠、盒尺、钉子、锤子、红铅笔、笤帚、工具袋等。

（三）作业条件

1. 混凝土和墙面抹灰已完成，且经过干燥，含水率不高于8%；木材制品不得大于12%。

2. 水电及设备、顶墙上预留顶埋件已完。

3. 门窗油漆已完成。

4. 有水磨石地面的房间，出光、打蜡已完，并将面层磨石保护好。

5. 墙面清扫干净，如有凸凹不平、缺棱掉角或局部面层损坏者，提前修补好并应干燥，预制混凝土表面提前刮石膏腻子找平。

6. 事先将突出墙面的设备部件等卸下收存好，待壁纸粘贴完后再将其部件重新装好复原。

7. 如基层色差大，设计选用的又是易透底的薄型壁纸，粘贴前应先进行基层处理，使其颜色一致。

8. 对湿度较大的房间和经常潮湿的墙体表面，如需做裱糊时，应采用防水性能的壁纸和胶粘剂等材料。

9. 如房间较高应提前准备好脚手架，房间不高，应提前钉设木凳。

10. 对施工人员进行技术交底时，应强调技术措施和质量要求。大面积施工前应先做样板间，经质检部门鉴定合格后，方可组织班组施工。

二、施工操作

（一）工艺流程

原则上是先裱糊顶棚后裱糊墙面。

基层处理→吊直、套方、找规矩、弹线→计算用料、裁纸→粘贴壁纸→壁纸修整。

1. 裱糊顶棚壁纸

（1）基层处理：清理混凝土顶面，满刮腻子：首先将混凝土顶上的灰渣、浆点、污物等清刮干净，并用笤帚将粉尘扫净，满刮腻子一道。腻子的体积配合比为聚醋酸乙烯乳液 1，石膏或滑石粉 5，2% 羧甲基纤维素溶液 3.5。腻子干后磨砂纸，满刮第二遍腻子，待腻子干后用砂纸磨平、磨光。

（2）吊直、套方、找规矩、弹线：首先应将顶子的对称中心线通过吊直、套方、找规矩的办法弹出中心线，以便从中间向两边对称控制。墙顶交接处的处理原则：凡有挂镜线的按挂镜线，没有挂镜线则按设计要求弹线。

（3）计算用料、裁纸：根据设计要求决定壁纸的粘贴方向，然后计算用料、裁纸。应按所量尺寸每边留出 2~3cm 余量，如采用塑料壁纸，应在水槽内先浸泡 2~3min，拿出，抖出余水，半纸面用净毛巾沾干。

（4）刷胶、糊纸：在纸的背面和顶棚的粘贴部位刷胶，应注意按壁纸宽度刷胶，不宜过宽，铺贴时应从中间开始向两边铺粘。第一张一定要按已弹好的线找直粘牢，应注意纸的两边各甩出 1~2cm 不压死，以满足与第二张铺粘时的拼花压槎对缝的要求。然后依上法铺粘第二张，两张纸搭接 1~2cm，用钢板尺比齐，两人将尺按紧，一人用劈纸刀裁切，随即将搭槎处两张纸条撕去，用刮板带胶将缝隙压实刮牢。随后将顶子两端阴角处用钢板尺比齐、拉直，用刮板及辊子压实，最后用湿温毛巾将接缝处辊压出的胶痕擦净，依次进行。

（5）修整：壁纸粘贴完后，应检查是否有空鼓不实之处，接槎是否平顺，有无翘边现象，胶痕是否擦净，有地小包，表面是否平整，多余的胶是否清擦干净等，直至符合要求为止。

2. 裱糊墙面壁纸

（1）基层处理：如混凝土墙面可根据原基层质量的好坏，在清扫干净的墙面上满刮 1~2 道石膏腻子，干后用砂纸磨平、磨光；若为抹灰墙面，可满刮大白腻子 1~2 道找平、磨光，但不可磨破灰皮；石膏板墙用嵌缝腻子将缝堵实堵严，粘贴玻璃网格布或丝绸条、绢条等，然后局部刮腻子补平。

（2）吊垂直、套方、找规矩、弹线：首先应半房间四角的阴阳角通过吊垂直、套方、找规矩，并确定从哪个阴角开始按照壁纸的尺寸进行分块弹线控制（习惯做法是进门左阴角处开始铺贴第一张）。有挂镜线的按挂镜线，没有挂镜线的按设计要求弹线控制。

（3）计算用料、裁纸：按已量好的墙体高度约放大 2~3cm，按此尺寸计算用料、裁纸，一般应在案子上裁割，将裁好的纸用湿温毛巾擦后，摺好待用。

（4）刷胶、糊纸：应分别在纸上及墙上刷胶，其刷胶宽度应相吻合，墙上刷胶一次不应过宽。糊纸时从墙的阴角开始铺贴第一张，按已画好的垂直线吊直，并从上往下用手铺平，刮板刮实，并用小辊子将上、下阴角处压实。第一张粘好留 1~2cm（应拐过阴角约 2cm），然后粘铺第二张，依同法压平、压实，与第一张搭槎 1~2cm，要自上而下对缝，拼花要端正，用刮板刮平，用钢板尺在第一、第二张搭槎处切割开，将纸边撕去，边槎处带胶压实，并及时将挤出的胶液用湿温毛巾擦净，然后用同法将接顶、接踢脚的边切割整齐，并带胶压实。墙面上遇有电门、插销盒时，应在其位置上破纸作为标记。在裱糊时，阳角不允许甩槎接缝，阴角处必须裁纸搭缝，不允许整张纸铺贴，避免产生空鼓与皱折。

（5）花纸拼接

1）纸的拼缝处花形要对接拼搭好。

2）铺贴前应注意花形及纸的颜色力求一致。

3）墙与顶壁纸的搭接应根据设计要求而定，一般有挂镜线的房间应以挂镜线为界，无挂镜线的房间则以弹线为准。

4）花形拼接如出现困难时，错槎应尽量甩到不显眼的阴角处，大面不应出现错槎和花形混乱的现象。

（6）壁纸修整：糊纸后应认真检查，对墙纸的翘边翘角、气泡，皱折及胶痕未擦净等，应及时处理和修整，使之完善。

3. 冬期施工

（1）冬期施工应在采暖条件下进行，室内操作温度不应低于 5℃。

（2）做好门窗缝隙的封闭，并设专人负责测温、排湿、换气，严防寒气进入冻坏成品。

（二）质量标准

本章适用于聚氯乙烯塑料壁纸、复合纸质壁纸、墙布等裱糊工程的质量验收。

1. 主控项目

（1）壁纸、墙布的种类、规格、图案、颜色和燃烧性能等级必须符合设计要求及国家现行标准的有关规定。

检验方法：观察；检查产品合格证书、进场验收记录和性能检测报告。

（2）裱糊工程基层处理质量应符合本规范第 11.1.5 条的要求。

检验方法：观察；手摸检查；检查施工记录。

（3）裱糊后各幅拼接应横平竖直，拼接处花纹、图案应吻合、不离缝、不搭接、不显拼缝。

检验方法：观察；拼缝检查距离墙面 1.5m 处正视。

（4）壁纸、墙布应粘贴牢固，不得有漏贴、补贴、脱层、空鼓和翘边。

检验方法：观察；手摸检查。

2. 一般项目

（1）裱糊后的壁纸、墙布表面应平整，色泽应一致，不得有波纹、起伏、气泡、裂缝、皱折及斑污，斜视时应无胶痕。

检验方法：观察；手摸检查。

（2）复合压花壁纸的压痕及发泡壁纸的发泡层应无损坏。

检验方法：观察。

（3）壁纸、墙布与各种装饰线、设备、线盒应交接严密。

检验方法：观察。

（4）壁纸、墙布边缘应平直整齐，不得有纸毛、飞刺。

检验方法：观察。

（5）壁纸、墙布阴角处搭接应顺光，阳角处应无接缝。

检验方法：观察。

（三）成品保护

1. 墙纸裱糊完的房间应及时清理干净，不准做料房或休息室，避免污染和损坏。

2. 在整个裱糊的施工过程中，严禁非操作人员随意触摸墙纸。

3. 电气和其他设备等在进行安装时，应注意保护墙纸，防止污染和损坏。

4. 铺贴壁纸时，必须严格按照规程施工，施工操作时要做到干净利落，边缝要切割整齐，胶痕必须及时清擦干净。

5. 严禁在已裱糊好壁纸的顶、墙上剔眼打洞。若纯属设计变更，也应采取相应的措施，施工时要小心保护，施工后要及时认真修复，以保证壁纸的完整。

6. 二次修补油、浆活及磨石二次清理打蜡时，注意做好壁纸的保护，防止污染、碰撞与损坏。

（四）应注意的质量问题

1. 边缘翘起：主要是接缝处胶刷的少，或局部没刷胶，或边缝没压实，干后出现翘边、翘缝等现象。发现后应及时刷胶辊压修补好。

2. 上、下端缺纸：主要是裁纸时尺寸未量好，或切割时未压住钢板尺而走刀将纸裁小。施工操作时一定要认真细心。

3. 墙面不洁净，斜视有胶痕：主要是没及时用湿温毛巾半胶痕擦净，或虽清擦但不彻底又不认真，或由于其他工序造成面纸污染等。

4. 壁纸表面不平，斜视有疙瘩：主要是基层墙面清理不彻底，或虽清理但没认真清扫，因此基层表面仍有积尘、腻子包、水泥斑痕、小砂粒、胶浆疙瘩等，故粘贴壁纸后会出现小疙瘩；或由于抹灰砂浆中含有未熟化的生石灰颗粒，也会将壁纸拱起小包。处理时应将壁纸切开取出污物，再重新刷胶粘贴好。

5. 壁纸有泡：主要是基层含水率大，抹灰层未干就铺贴壁纸，由于灰层被封闭，多余水分出不来，气化就将壁纸拱起成泡。处理时可用注射器将泡刺破并注入胶液，用辊压实。

6. 阴阳角壁纸空鼓、阴角处有断裂：阳角处的粘贴大都采用整张纸，它要照顾到两上面、一个角，都要尺寸到位、表面平整、粘贴牢固，是有一定的难度，阴角比阳角稍好一点，但与抹灰基层质量有直接关系，主要是胶不漏刷，赶压到位，是可以防止空鼓的。要防止阴角断裂，关键是阴角壁纸接槎时必须超过阴角1~2cm，实际阴角处已形成了附加层，这样就不会由于时间长、壁纸收缩，而造成阴角处壁纸断裂。

7. 面层颜色不一，花形深浅不一：主要是壁纸质量差，施工时没有认真挑选。

8. 窗台板上下、窗帘盒上下等处铺贴毛糙，拼花不好，污染严重：主要是操作不认真。应加强工作责任心，要高标准、严要求，严格按规程认真施工。

9. 对湿度较大房间和经常潮湿的墙体应采用防水性的壁纸及胶粘剂，有酸性腐蚀的房间应采用防酸壁纸及胶粘剂。

10. 对于玻璃纤维布及无纺贴墙布，糊纸前不应浸泡，只用湿温毛巾涂擦后摺起备用即可。

（五）安全环保措施

1. 操作前检查脚手架和跳板是否搭设牢固，高度是否满足操作要求，合格后才能上架操作，凡不符合安全之处应及时修整。

2. 禁止穿硬底鞋、拖鞋、高跟鞋在架子上工作，架子上人数不得集中在一起，工具要搁置稳定，防止坠落伤人。

3. 在两层脚手架上操作时，应尽量避免在同一垂直线上工作。

4. 夜间临时用的移动照明灯，必须用安全电压。机械操作人员必须培训持证上岗，现场一切机械设备，非操作人员一律禁止乱动。

5. 选择材料时，必须选择符合国家规定的材料。

第八节　幕墙工

建筑幕墙是指由金属构件与各种板材组成的悬挂在主体结构上、不承担主体的结构荷载与作用的建筑外维护结构。建筑幕墙按其面层材料的不同可分为玻璃幕墙、石材幕墙、金属幕墙、组合幕墙等。

一、玻璃幕墙

（一）玻璃幕墙的分类及基本技术要求

1. 玻璃幕墙的分类

玻璃幕墙分有框玻璃幕墙和无框全玻璃幕墙。

表 7-8-1

有框玻璃幕墙	无框全玻璃幕墙
1. 普通玻璃幕墙（又称为全显框、明框玻璃幕墙或框式玻璃幕墙）	1. 底座式全玻璃幕墙
2. 半隐框玻璃幕墙（又称为中隐框玻璃幕墙）	2. 吊挂式玻璃幕墙
3. 全隐框玻璃幕墙（又称为隐框玻璃幕墙、点式玻璃幕墙）	3. 点式连接式玻璃幕墙

2. 玻璃幕墙的基本技术要求

（1）玻璃

玻璃幕墙的玻璃种类很多，有中空玻璃、钢化玻璃、半钢化玻璃、夹层玻璃、防火玻璃等。玻璃表面可镀膜，形成镀膜玻璃。中空镀膜玻璃在玻璃幕墙中应用广泛，它具有优良的保温、隔热、隔音和节能效果。

表 7-8-2　玻璃幕墙采用玻璃的厚度值

单层玻璃	6mm、8mm、10mm、12mm、15mm、19mm
夹层玻璃	（6+6）mm、（8+8）mm（中间夹聚乙烯醇缩丁醛胶片，干法合成）
中空玻璃	（6+da+5）mm、（6+da+6）mm、（8+da+8）mm 等（da 为空气层厚度，可取 6mm、9mm、12mm）

幕墙宜采用钢化玻璃、半钢化玻璃、夹层玻璃。有保温隔热性能要求的幕墙宜选用中空玻璃。

为减少玻璃幕墙的眩光和辐射热，宜采用低辐射率镀膜玻璃。因镀膜玻璃的金属镀膜层易氧化，不宜单层使用，只能用于中空和夹层玻璃的内侧。它可以有效降低能耗，节约能源，使建筑物通透，突出自然采光，是目前先进的绿色环保玻璃。

（2）骨架

玻璃幕墙的骨架除了有足够的强度、刚度外，还应有较高的耐久性，以保证幕墙的安全耐久。玻璃幕墙中采用的钢材（除不锈钢外），应进行表面热渗镀锌。黏结隐框玻璃的硅酮密封结构胶（简称结构胶）十分重要，结构胶应有与接触材料的相容性试验报告，并有保险年限的质量证书。点式连接玻璃幕墙的连接件和连系杆等采用高强金属材料或不锈钢精加工制作，有的还要承受很大的受预应力，技术要求高。

（二）有框玻璃幕墙

有框玻璃幕墙的类别不同其构造形式也不同，现以铝合金全隐框玻璃幕墙为例说明其构造。所谓全隐框是指玻璃组合件固定在铝合金框架的外侧，从室外观看只见幕墙玻璃及分格线，铝合金框架完全隐藏在玻璃幕后面。

1. 有框玻璃幕墙的组成

有框玻璃幕墙由幕墙立柱、横梁、玻璃、主体结构、预埋件、连接件，以及连接螺栓、垫杆和胶缝、开启扇等组成。

2. 有框玻璃幕墙施工工艺

幕墙施工工艺流程为:

(1) 测量、放线;

(2) 调整和后置预埋件;

(3) 确认主体结构轴线和各面中心线;

(4) 以中心线为基准向两侧排基准竖线;

(5) 按图样要求安装钢连接件和立柱、校正误差;

(6) 钢连接件满焊固定、表面防腐处理;

(7) 安装横框;

(8) 上、下边封修;

(9) 安装玻璃组件;

(10) 安装开启窗扇;

(11) 填充泡沫棒并注胶;

(12) 清洁、整理,检查、验收。

玻璃幕墙工序多、技术和安装精度要求高,应由专业幕墙公司设计、施工。

(三) 全玻璃幕墙

由玻璃板和玻璃肋制作的玻璃幕墙称为全玻璃幕墙。它通透性好、造型简洁明快。由于该幕墙通常采用较厚的玻璃,所以隔声效果较好,被广泛应用于各种底层公共空间的外装饰。

1. 全玻璃幕墙的分类

全玻璃幕墙根据构造方式的不同,分为吊挂式、坐落式和点式连接三种。

2. 全玻璃幕墙的构造

(1) 坐落式全玻璃幕墙构造

坐落式全玻璃幕墙为了加强玻璃板的刚度、保证玻璃幕墙整体在风压等水平荷载作用下的稳定性,构造中应加设玻璃肋。

其构造组成有上下金属夹槽、玻璃板、玻璃肋、弹性垫块、聚乙烯泡沫垫杆或橡胶嵌条、连接螺栓、硅酮结构胶及耐候胶等,如右图所示,上下夹槽为5号槽钢,槽底垫弹性垫块,两侧嵌填橡胶条,封口用耐候胶。

(2) 吊挂式全玻璃幕墙构造

当幕墙玻璃高度超过一定高度时,采用吊挂式全玻璃幕墙做法是一种好方法。

吊挂式全玻璃幕墙主要构造方法是在玻璃顶部增设钢梁、吊钩和夹具,将玻璃竖直吊挂起来,然后在玻璃底部两角附近垫上固定垫块、并将玻璃镶嵌在底部金属槽内,槽内玻璃两侧用密封条及密封胶嵌实,限制其水平位移。

（3）点式连接玻璃幕墙构造

点式连接玻璃幕墙是指在幕墙玻璃四角打孔，用幕墙专用钢爪将玻璃连接起来并将荷载传给相应构件，最后传给主体结构的幕墙做法。

这种做法体现设计的高技派风格及当今时代的技术美倾向。它追求建筑物内外空间的更多融合，人们可透过玻璃清晰地看到支承玻璃的整个构架体系，使得这些构架体系从单纯的支承作用转向具有形式美、结构美的元素，具有强烈的装饰效果，为人们所喜闻乐见。点式连接玻璃幕墙，被广泛应用于各种大型公共建筑中共享空间的外装饰。

点式连接玻璃幕墙有以下几种：玻璃肋点式连接玻璃幕墙、钢桁架点式连接玻璃幕墙和拉索式点式连接玻璃幕墙等。

1）钢桁架点式连接幕墙是指在金属桁架上安装钢爪，面玻璃四角打孔，钢爪上的特殊螺栓穿过玻璃孔，紧固后将玻璃固定在钢爪上形成的幕墙。

2）玻璃肋点式连接幕墙是指玻璃肋支承在主体结构上，在玻璃肋上安装连接板和钢爪，面玻璃开孔后与钢爪（4脚支架）用特殊螺栓连接的幕墙形式。

3）拉索式点式连接幕墙是将玻璃面板用钢爪固定在索桁架上的玻璃幕墙，它由玻璃面板、索桁架、支承结构组成。索桁架悬挂在支承结构上，它由按一定规律布置的预应力索具及连系杆等组成。索桁架起着形成幕墙支承系统、承受面玻璃荷载并传至支承结构上的作用

3. 全玻璃幕墙施工工艺

全玻璃幕墙施工工艺流程为：

定位放线→上部钢架安装（支撑结构制作安装）→下部和侧面嵌槽安装（索桁架安装、索杆架张拉）→玻璃肋、玻璃板安装就位→嵌固及注胶密封→表面清洗和验收。

二、石材幕墙

石材幕墙是指利用金属挂件将石材饰面板直接悬挂在主体结构上，或当主体结构为混凝土框架时，先将金属骨架悬挂于主体结构上，然后再利用金属挂件将石材饰面板挂接在金属骨架上的幕墙。

前者称为直接式干挂幕墙，后者称为骨架式干挂幕墙。（不论什么做法必须有金属挂件）

（一）石材幕墙的分类

1. 短槽式石材幕墙

在幕墙石板侧边中间开短槽，用不锈钢挂件挂接、支撑石板的做法。短槽式做法构造简单，技术成熟、目前应用较多。

2. 通槽式石材幕墙

在石板侧边中间开通槽，嵌入和安装通长金属卡条，石板固定在金属卡条上的做法。此种做法应用较少。

3. 钢销式石材幕墙

在石板侧边打孔，穿不锈钢钢销将两块石板连接，钢销与挂件连接，将石材挂接起来的做法。此做法目前已较少应用。

4. 背栓式石材幕墙

在石板背面钻四个扩底孔，孔中安装柱锥式锚栓，然后再把锚栓通过连接件与幕墙的横梁相接的幕墙做法。背栓式是石材幕墙的新型做法，它受力合理、维修更换方便，是引进技术，目前正在应用、推广中。

（二）石材幕墙的组成和构造

石材幕墙由石材面板、不锈钢挂件、钢骨架及预埋件、连接件和石材拼缝嵌胶等组成。

直接式干挂幕墙将不锈钢挂件安装于主体结构上，无须钢骨架，此做法要求主体结构墙体强度高，否则应采用骨架式干挂。幕墙的横梁、立柱等骨架可采用型钢或铝型材。

（三）施工工艺流程

干挂石材幕墙安装施工工艺流程为：

（1）测量放线

（2）预埋件位置尺寸检查

（3）金属骨架安装

（4）钢结构刷防锈漆

（5）防火保温棉安装

（6）石材干挂

（7）嵌填密封胶

（8）石材幕墙表面清理

（9）工程验收

三、金属幕墙

以铝塑复合板、铝单板、蜂窝铝板等做为饰面的金属幕墙的应用已比较普遍，它们具有艺术表现力强、色彩丰富，以及质量轻、抗震好、安装和维修方便等优点，为越来越多的建筑外装饰所采用。

（一）金属幕墙的分类

金属幕墙按照面板材质不同分为铝单板、蜂窝铝板、搪瓷板、不锈钢板幕墙等。还有用两种以上材料构成的金属复合板，如铝塑复合板、金属夹心板幕墙。

金属幕墙面板按表面处理不同分为光面板、亚光板、压型板、波纹板等。

（二）金属幕墙的组成和构造

1. 金属幕墙的组成

金属幕墙是由金属饰面板、连接件、金属骨架、预埋件、密封条和胶缝等组成。

2. 金属幕墙的构造

金属幕墙的构造与石材幕墙基本相同。其安装方法也有直接式安装和骨架式安装两种。与石材幕墙构造不同的是金属面板采用折边加副框的方法形成组合件，再进行安装。

（三）金属幕墙施工工艺流程

金属幕墙施工工艺流程与石材幕墙基本相同。

（四）材料性能要求

1. 铝合金板材

板材铝合金单板（简称单层铝板）、铝塑复合板、铝合金蜂窝板（简称蜂窝铝板）；铝合金板材应达到国家相关标准及设计的要求，并应有出厂合格证。

1）铝合金板材（单层铝板、铝塑复合板、蜂窝铝板）表面进行氟碳树脂处理时，应符合下列规定：

①氟碳树脂含量不应低于75%；海边及严重酸雨地区，可采用三道或四道氟碳树脂涂层，其厚度应大于40μm；其他地区，可采用两道氟碳树脂涂层，其厚度应大于25μm。

②氟碳树脂涂层应无起泡、裂纹、剥落等现象。

2）幕墙用单层铝板厚度不应小于2.5mm。

3）铝塑复合板的上下两层铝合金板的厚度均应为0.5mm，铝合金板与夹心层的剥离强度标准值应大于7N/mm。

4）蜂窝铝板应符合设计要求。厚度为10mm的蜂窝铝板应由1mm厚的正面铝合金板、0.5~0.82mm厚的背面铝合金板及铝蜂窝黏结而成；厚度在10mm以上的蜂窝铝板，其正背面铝合金板厚度均应为1mm。

2. 金属材料

（1）幕墙采用的不锈钢宜采用奥氏体不锈钢材，其技术要求应符合设计要求和国家现行标准的规定。

（2）钢结构幕墙高度超过40m时，钢构件宜采用高耐候结构钢，并应在其表面涂刷防腐涂料。

（3）钢构件采用冷弯薄壁型钢时壁厚不得小于3.5mm。

3. 铝合金型材

所选用的铝合金型材应符合设计要求和现行国家标准《铝合金建筑型材》（GB/T5237.1）中有关高精级的规定；铝合金的表面处理层厚度和材质应符合现行国家标准《铝

合金建筑型材》(GB/T 5237.2~5237.5)的有关规定。

4. 非标准五金件

应符合设计要求，并应有出厂合格证。同时、应符合现行国家标准《紧固件机械性能不锈钢螺栓、螺钉和螺柱》(GB/T3098.6)和《紧固件机械性能不锈钢螺母》(GB/T 3098.15)的规定。

5. 建筑密封材料

(1) 幕墙采用的橡胶制品宜采用三元乙丙橡胶、氯丁橡胶；密封胶条应为挤出成形，橡胶块应为压模成形。密封胶条的技术性能方法应符合设计要求和国家现行标准的规定。

(2) 幕墙应采用中性硅酮耐候密封胶，同一幕墙工程应采用同一品牌的硅酮结构密封胶和硅酮耐候密封胶配套使用。其性能应符合表7-8-3的规定。

表 7-8-3 幕墙硅酮耐候密封胶的性能

项目	性能	
	金属幕墙用	石材幕墙用
表干时间	1~1.5h	
流淌性	无流淌	≤ 1.0mm
初期固化时间 (≥ 25℃)	3d	4d
完全固化时间 (相对湿度 ≥ 50%，温度 25℃ ± 2℃)	7~14d	
邵氏硬度	20~30	15~25
极限抗拉强度	0.11~0.14MPa	≥ 1.79MPa
断裂延伸率		≥ 300%
撕裂强度	3.8N/mm	
施工温度	5~48℃	
污染性	无污染	
固化后的变位承受能力	25% ≤ δ ≤ 50%	δ ≥ 50%
有效期	9~12个月	

6. 硅酮结构密封胶

(1) 幕墙应采用中性硅酮结构密封胶；硅酮结构密封胶分单组分和双组分，其性能应符合现行国家标准《建筑用硅酮结构密封胶》(GBl6776)的规定。

(2) 同一幕墙工程应采用同一品牌的单组分或双组分的硅酮结构密封胶，并应有保质年限的质量证书和无污染的试验报告。

(3) 同一幕墙工程应采用同一品牌的硅酮结构密封胶和硅酮耐候密封胶配套使用。

(三) 施工机具与工具

1. 机具：铆钉枪、冲击钻、电钻、电焊机、砂轮切割机、电动吊篮、电动螺钉旋具等。

2. 工具：注胶枪、滚轮、螺钉旋具、钳子、扳手、锤子、凿子、吊线锤、水平尺、钢卷尺等。

（四）作业条件

（1）主体结构和湿作业已做完并验收合格。

（2）主体结构上预埋件已按设计要求预埋。

（3）幕墙安装的施工组织设计已编制完成，并经过审核批准。

（4）幕墙材料已按设计要求配套进场，并复验合格。

（5）安装幕墙所用的垂直提升机、脚手架或吊篮已准备好，并经验收合格。

（五）施工工艺

金属幕墙施工工艺流程如下：

幕墙构件和金属板加工→施工测量→安装连接件→安装骨架→安装金属幕墙板→板缝处理→板面清理。

（六）施工要点

1. 幕墙构件加工制作

（1）幕墙的金属构件加工制作应符合下列规定：

1）幕墙结构杆件截料前应进行校直调整。

2）幕墙横梁长度的允许偏差应为 ±0.5mm，立柱量度的允许偏差应为 ±1.0mm，端头斜度的允许偏差应为 −15′。

3）截料端头不得因加工而变形，并不应有毛刺。

4）孔位的允许偏差应为 ±0.5mm，孔距的允许偏差应为 ±0.5mm，累计偏差不得大于 ±1.0mm。

5）铆钉的通孔尺寸偏差应符合现行国家标准《铆钉用通孔》（GB152.1）的规定。

6）沉头螺钉的沉孔尺寸偏差应符合现行国家标准《沉头螺钉用沉孔》（GB152.2）的规定。

7）圆柱头、螺栓的沉孔尺寸应符合现行国家标准《圆柱头、螺栓用沉孔》（GB152.3）的规定；螺纹孔的加工应符合设计要求。

（2）幕墙构件中，槽、豁、榫的加工应符合下列规定：

1）构件铣槽尺寸允许偏差应符合表 7-8-4 的规定。

表 7-8-4 铣槽尺寸允许偏差（单位：mm）

项目	a	b	f
允许偏差	+0.5 0.0	+0.5 0.0	±0.5

2）构件铣豁尺寸允许偏差应符合表 7-8-5 的规定。

表 7-8-5　铣豁尺寸允许偏差（单位：mm）

项目	a	h	c
允许偏差	+0.5 0.0	+0.5 0.0	±0.5

3）构件铣榫尺寸允许偏差应符合表 7-8-6 的规定。

表 7-8-6　铣榫尺寸允许偏差（单位：mm）

项目	a	b	f
偏差	0.0 -0.5	0.0 -0.5	±0.5

(3) 幕墙构件装配尺寸允许偏差应符合表 7-8-7 的规定。

表 7-8-7　构件装配尺寸允许偏差（单位：mm）

项目	构件长度	允许偏差
槽口尺寸	≤2000	±2.0
	>2000	±2.5
构件对边尺寸差	≤2000	≤2.0
	>2000	≤3.0
构件对角尺寸差	≤2000	≤3.0
	>2000	≤3.5

(4) 钢构件应符合现行国家标准《钢结构工程质量检验标准》(GB50221)的有关规定。钢构件表面防锈处理应符合现行国家标准《钢结构工程施工及验改规范》(GB50205)的有关规定。

(5) 钢构件焊接、螺栓连接应符合国家现行标准《钢结构设计规范》(GBJ 17)及《钢结构焊接技术规范》(JGJ 81)的有关规定。

2. 金属板加工制作

(1) 金属板材的品种、规格及色泽应符合设计要求；铝合金板材表面氟碳树脂涂层厚度应符合设计要求。

(2) 金属板材加工允许偏差应符合表 7-8-8 的规定。

表 7-8-8　金属板材加工允许偏差（单位：mm）

项目		允许偏差
边长	≤2000	±2.0
	>2000	±2.5
对边尺寸	≤2000	≤2.5
	>2000	≤3.0
对角线长度	≤2000	2.5
	>2000	3.0
折弯高度		≤1.0
平面度		≤2/1000
孔的中心距		±1.5

（3）单层铝板的加工应符合下列规定：

1）单层铝板折弯加工时，折弯外圆弧半径不应小于板厚的 1.5 倍。

2）单层铝板加劲肋的固定可采用电栓钉，但应确保铝板外表面不应变形、褪色，固定应牢固。

3）单层铝板的固定耳子应符合设计要求。固定耳子可采用焊接、铆接或在铝板上直接冲压而成，并应位置准确，调整方便，固定牢固。

4）单层铝板构件四周边应采用铆接、螺栓或胶粘与机械连接相结合的形式固定，并应做到构件刚性好，固定牢固。

（4）铝塑复合板的加工应符合下列规定：

1）复合板两端应加工成圆弧直角，嵌卡在直角铝型材内。

2）在切割铝塑复合板内层铝板和聚乙烯塑料时，应保留不小于0.3mm厚的聚乙烯塑料，并不得划伤外层铝板的内表面。；

3）打孔、切口等外露的聚乙烯塑料及角缝，应采用中性硅酮耐候密封胶密封。

4）在加工过程中铝塑复合板严禁与水接触。

（5）蜂窝铝板的加工应符合下列规定：

1）应根据组装要求决定切口的尺寸和形状，在切除铝芯时不得划伤蜂窝铝板外层铝板的内表面；各部位外层铝板上，应保留 0.3~0.5mm 的铝芯。

2）直角构件的加工，折角应弯成圆弧状，角缝应采用硅酮耐候密封胶密封。

3）大圆弧角构件的加工，圆弧部位应填充防火材料。

4）边缘的加工，应将外层铝板折合 180°，并将铝芯包封。

（6）金属幕墙的女儿墙部分，应用单层铝板或不锈钢板加工成向内倾斜的盖顶。

（7）构件出厂时，应附有构件合格证书。

（七）施工准备

1. 构件储存时应依照安装顺序排列放置，放置架应有足够的承载力和刚度。在室外储存时应采取保护措施。

2. 构件安装前应检查制造合格证，不合格的构件不得安装。

3. 金属幕墙与主体结构连接的预埋件应在主体结构施工时按设计要求埋设。预埋件应牢固，位置准确，预埋件的位置误差应按设计要求进行复查。当设计无明确要求时，预埋件的标高偏差不应大于 10mm。预埋件位置差不应大于 20mm。

（八）施工测量

安装施工测量应与主体结构的测量配合，其误差应及时调整。

1. 金属幕墙立柱的安装应符合下列规定

1）立柱安装标高偏差不应大于 3mm，轴线前后偏差不应大于 2mm，左右偏差不应大于 3mm。

2）相邻两根立柱安装标高偏差不应大于 3mm，同层立柱的最大标高偏差不应大于 5mm，相邻两根立柱的距离偏差不应大于 2mm。

2. 金属幕墙横梁安装应符合下列规定

1）应将横梁两端的连接件及垫片安装在立柱的预定位置，并应安装牢固，其接缝应严密。

2）相邻两根横梁的水平标高偏差不应大于 3mm。同层标高偏差：当一幅幕墙宽度小于或等于 35m 时，不应大于 5mm；当一幅幕墙宽度大于 35m 时，不应大于 7mm。

（九）施工过程

1. 安装连接件

将固定立柱和横梁的连接件与主体结构上的预埋件焊接牢固。若主体结构上预埋件漏埋时，应采用植筋或穿墙螺栓补设连接件，不得在主体结构上钻孔安装膨胀螺栓固定连接件。

2. 安装立柱和横梁

按弹线位置立柱和横梁焊接（用螺栓固定）在连接件上，先安装立柱，后安装横梁。安装过程中，应及时使用仪器进行矫正，保证立柱和横梁的标高及轴线误差不超过允许偏差。

3. 安装金属幕墙板

金属幕墙板从面墙最下层边部第一块板开始逐排自下而上安装。安装过程中应及时对金属板进行检查、测量、调整；上下、左右的偏差不应大于 1.5mm。

（1）铝合金板用螺钉（铆钉）固定于骨架上。螺钉（铆钉）间距 100~150mm。板缝留 10~20mm。

（2）铝塑复合板用螺钉将节点型材与骨架进行连接。

4. 板缝处理

板缝按设计要求用橡胶压条压紧或注入硅酮结构密封胶封闭。

5. 板面清理

幕墙施工中其表面的黏附物应及时清除。

幕墙安装完毕后，应先对金属幕墙表面清理，最后揭除金属板表面的保护膜。

6. 雨水渗漏检验

幕墙安装过程中宜进行接缝部位的雨水渗漏检验。

（十）施工安全要点

1. 幕墙安装施工的安全措施除应符合现行行业标准《建筑施工高处作业安全技术规范》（JGJ 80）的规定外，还应遵守施工组织设计确定的各项要求。

2. 安装幕墙用的施工机具和吊篮在使用前应进行严格检查，符合规定后方可使用。

3. 施工人员作业时必须戴安全帽，系安全带，并配备工具袋。

4. 工程的上下部交叉作业时，结构施工层下方应采取可靠的安全防护措施。

5. 现场焊接时，在焊接下方应设防火斗。

6. 脚手板上的废弃杂物应及时清理，不得在窗台、栏杆上放置施工工具。

（十一）质量标准

1. 主控项目

1）金属幕墙工程所使用的各种材料和配件，应符合设计要求及国家现行产品标准和工程技术规范的规定。

2）金属幕墙的造型和立面分格应符合设计要求。

3）金属面板的品种、规格、颜色、光泽及安装方向应符合设计要求。

4）金属幕墙主体结构上的预埋件、后置埋件的数量、位置及后置埋件的拉拔力必须符合设计要求。

5）金属幕墙的金属框架立柱与主体结构预埋件的连接、立柱与横梁的连接、金属面板的安装必须符合设计要求，安装必须牢固。

6）金属幕墙的防火、保温、防潮材料的设置应符合设计要求，并应密实、均匀、厚度一致。

7）金属框架及连接件的防腐处理应符合设计要求。

8）金属幕墙的防雷装置必须与主体结构的防雷装置可靠连接。

9）各种变形缝、墙角的连接节点应符合设计要求和技术标准的规定。

10）金属幕墙的板缝注胶应饱满、密实、连续、均匀、无气泡，宽度和厚度应符合设计要求和技术标准的规定。

11）金属幕墙应无渗漏。

2. 一般项目

1）金属板表面应平整、洁净、色泽一致。

2）金属幕墙的压条应平直、洁净、接口严密、安装牢固。

3）金属幕墙的密封胶缝应横平竖直、深浅一致、宽窄均匀、光滑顺直。

4）金属幕墙上的滴水线、流水坡向应正确、顺直。

5）每平方米金属板的表面质量和检验方法应符合表7-8-9的规定。

表7-8-9 每平方米金属板的表面质量和检验方法

项次	项目	质量要求	检验方法
1	明显划伤和长度超过100mm的轻微划伤	不允许	观察
2	长度不超过100mm的轻微划伤	≤8条	用钢直尺检查
3	擦伤总面积	≤500mm^2	用钢直尺检查

6）金属幕墙安装的允许偏差和检验方法应符合表7-8-10的规定。

表 7-8-10 金属幕墙安装的允许偏差和检验方法

项次	项目		允许偏差/mm	检验方法
1	幕墙垂直度	幕墙高度≤30m	10	用经纬仪检查
		30m<幕墙高度≤60m	15	
		60m<幕墙高度≤90m	20	
		幕墙高度>90m	25	
2	幕墙水平度	层高≤3m	3	用水平仪检查
		层高>3m	5	
3	幕墙表面平整度		2	用2m靠尺和塞尺检查
4	板材克面垂直度		3	用垂直检测尺检查
5	板材上沿水平度		2	用1m水平尺和钢直尺检查
6	相邻板材板角错位		1	用钢直尺检查
7	阳角方正		2	用直角检测尺检查
8	接缝直线度		3	拉5m线，不足5m拉通线，用钢直尺检查
9	接缝高低差		L	用钢直尺和塞尺检查
10	接缝宽度		L	用钢直尺检查

第九节 装饰工程的冬期和雨期施工

一、装饰工程冬期施工

（一）一般规定

1. 室外建筑装饰、装修工程施工不得在五级及五级以上大风或雨、雪天气下进行。
2. 室内抹灰前，应做好屋面防水层、保温层及室内封闭保温层。
3. 室内装饰施工可采用建筑物正式热源、临时性管道或火炉、电气取暖。若采用火炉取暖时，应采取预防煤气中毒的措施，防止烟气污染及发生安全事故，并应在火炉上方吊挂铁板，使煤气热度分散。
4. 室内抹灰、块料装饰工程的养护温度，不应低于5℃。水泥砂浆层应在潮湿的条件下养护，并应通风换气。
5. 外墙面的饰面板、饰面砖以及马赛克饰面工程，不宜进行冬期施工。
6. 冬期抹灰及所采用的砂浆应采取保温、防冻措施。室外抹灰砂浆、粘贴面砖用砂浆内应掺入防冻剂，其掺量应根据施工期及养护期间环境温度需求试验确定。

7.室外墙面抹灰后要进行涂料施工时，抹灰砂浆内所掺的防冻剂品种，应与所选用的涂料材质相匹配，具有良好的相溶性其掺量应通过试验确定。

8.冬期室外装饰工程施工前，宜采取挡风措施。

9.室内贴壁纸，环境温度应按胶粘剂规定施工温度进行，且不应低于5℃。

（二）抹灰工程

1.室内抹灰前，应将门口和窗口封好，门口和窗口的边缘及外墙脚手眼或孔洞等亦应堵好，施工洞口、运料口及楼梯间等处应封闭保温；北面房间距地面以上500mm处最低温度不应低于5℃。

2.砂浆应在搅拌棚内集中搅拌，并应在运输中保温，要随用随拌，防止砂浆冻结。室内抹灰的环境温度不应低于5℃。

3.室内抹灰工程结束后，在7d以内应保持室内温度不低于5℃。抹灰层可采取加温措施加速干燥。当采用热空气加温时，应注意通风，排除湿气。当抹灰砂浆中掺入防冻剂时，温度可相应降低。

4.室外抹灰采用冷作法施工时，使用水泥砂浆或水泥混合砂浆；砂浆内可掺入$CaCl_2$、$NaCl$、$NaNO_2$等防冻剂。

5.含氯盐的防冻剂不宜用于有高压电源部位和有油漆墙面的水泥砂浆基层内。

6.氯盐防冻剂可掺入硅酸盐水泥、普通硅酸盐水泥、矿渣硅酸盐水泥搅拌及干拌的砂浆中。砂浆内氯化钠掺量应符合表7-9-1规定。

表7-9-1　砂浆内氯化钠掺量（占用水重量的%）

项目	室外气温（℃）	
	0~-5	-5~-10
挑檐、阳台、雨罩、墙面等抹水泥砂浆	4	4~8
墙面为水刷石、干粘石水泥砂浆	5	5~10

当采用亚硝酸钠外加剂时，砂浆内亚硝酸钠掺量应符合表7-9-2规定。

表7-9-2　砂浆内亚硝酸钠掺量（占水泥重量的%）

室外温度（℃）	0~-3	-4~-9	-10~-15	-16~-20
掺量	1	3	5	8

防冻剂应有专人配制和使用，配制时可先配制20%浓度的标准溶液，然后根据气温再配制成使用浓度溶液。

7.抹灰基层表面当有冰、霜、雪时，可采用与抹灰砂浆同浓度的防冻剂溶液冲刷，并应清除表面的尘土。

8.当施工要求分层抹灰时，底层灰不得受冻。抹灰砂浆在硬化初期应采取防止受冻的保温措施。

（三）饰面工程

1. 室内外饰面工程施工环境及养护温度控制在黏结材料、勾缝材料允许的负温度范围之内。
2. 黏结材料负温施工性能应经试验确定，其他指标应符合相应国家标准的规定。
3. 外墙饰面材料应根据当地气温条件及吸水率要求进行选材。
4. 湿法作业的饰面板，采用水泥砂浆灌缝时，保温养护时间不少于7d。
5. EPS板、XPS板外墙外保温系统不宜在-10℃以下粘贴面砖施工，如必须粘贴施工，应遵守3.1规定。

（四）幕墙工程

1. 钢骨架及钢埋件施工应按本规程第10章相关规定进行。
2. 幕墙建筑密封胶、结构胶的选用应根据施工环境温度和产品使用温度条件确定，其技术性能应符合国家相关标准规定。
3. 化学植筋应根据结构胶产品使用温度规定进行，且不宜低于-5℃。

（五）油漆、刷浆、裱糊、玻璃工程

1. 油漆、刷浆、裱糊、玻璃工程应在采暖条件下进行施工。当需要在室外施工时，其最低环境温度不应低于5℃。
2. 刷调和漆时，应在其内加入调和漆重量2.5%的催干剂和5%的松香水，施工时应排除烟气和潮气，防止失光和发黏不干。
3. 室外喷、涂、刷油漆、高级涂料时应保持施工均衡。粉浆类料浆宜采用热水配制，随用随配并做料浆保温，料浆使用温度宜保持15℃左右。
4. 裱糊工程施工时，混凝土或抹灰基层含水率不应大于8%。施工中当室内温度高于20℃，且相对湿度大于80%时，应开窗换气，防止壁纸皱折起泡。
5. 玻璃工程施工时，应将玻璃、镶嵌用合成橡胶等材料运到有采暖设备的室内，施工环境温度不宜低于5℃。

二、装饰工程雨期施工

在确保现场施工排水畅通无阻的同时，必须采取措施保证装饰材料不被雨淋。合理安排施工顺序，晴天抢室外工作，雨天以室内作业为主，保证各个施工阶段不影响总体施工工期，从多方面进行合理安排，加快进度集中力量，连续作战，将雨期施工的不利影响降至最低，以保证优质高效地完成施工任务。

（一）雨季施工前的安全防范工作

1. 在雨季施工到来之前，要组织好全场施工人员的安全防范工作，一旦暴风雨来临有备无患。雨季施工期间，应准备充足的防水材料及设备，做好雨季施工的物资储备。现场道路排水通畅、使用设备齐全。设备的防护接地和防雷接地必须安装到位，在雨季来临之前准备应急防风防雨机具和设备。

2. 装饰装修等材料堆放地点要平整并垫高300mm~400mm，防止倾倒伤人及材料受潮。现场工棚、宿舍、仓库等应进行维护检查。

3. 各种材料、门窗及其配件、细木制品等，宜水平存放，有防雨防晒措施。存放场地应保持干燥，底层要搁置在调平的垫木上。垫木应沿边框和中格部位合理布置。

4. 砂子、水泥、陶粒、腻子粉等松散材料，堆放周围要加以围护遮盖，防止被雨水冲散。

5. 各种石膏板、轻质隔墙板材、轻钢龙骨、严禁雨淋、浸水、受潮。

6. 现场配电箱必须按照安全规范要求设围栏，围栏要做保护接零，保护接零应通过接线端子板连接。现场电动机具电源线严禁拖地。

7. 进入施工现场人人都要戴好安全帽，高处作业必须系好安全带。雷雨天不得进行焊接作业。

8. 作好"四口"及邻边的防护工作，楼梯口支搭1.2米高的防护栏杆，在电梯门安装完毕前电梯井口安装1.2米高可翻启式金属防护栏杆。

9. 施工期间的施工照明采用36V的安全电压。建筑物周围设排水沟，室外电梯要设接地避雷装置。6级大风或以上和大雨应停止施工作业。

（二）雨季施工的技术措施

1. 饰面装饰

1. 雨天刮批腻子时，应用干布将墙面水汽擦拭干净，以尽可能保持墙面干燥。同时还应根据天气的实际情况，尽可能延长腻子干透的时间，一般以2~3日为宜。

2. 对于木制品，饰面板刷清漆或做混油时刷硝基漆，切记不要在下雨天时刷。因为木制品表面在雨天时会凝聚一层水汽。水汽便会包裹在漆膜里，使木制品表面浑浊不清。会导致色泽不均匀，会出现返白的现象。

3. 雨季墙面滚涂乳胶漆，但要注意适当延长第一遍刷完后进行墙体干燥的时间。正常间隔为2h~4h左右，雨天可根据天气状况再延长。

2. 地面装饰

1. 雨天进行地面铺砖时，在水泥表面覆盖好牛皮纸或塑料布等物，同时尽量令其远离水源，以防止受潮或浸湿后结成块状。抹好的水泥会受到空气潮湿的影响，令凝固速度减慢。铺贴完地砖后，不能马上在上面踩踏。

2. 铺强化地板与复合地板，不能在下雨天进行铺装。雨天地面会受潮，甚至出现返潮现象，水分蒸发得慢，胶干得也慢，在这种情况下，将来很容易变形或出现空鼓现象。

3. 其他施工措施

1. 雨天施工时，注意对电路敷设或改造，特别是在阳台等容易被雨淋湿的地方，要将没埋线时露在电线外面的铜制线头包扎，以防止电线受潮后短路。雨后要组织专业电路管理人员对其线路进行全面检查。

2. 检查脚手架底座处是否松动或有下沉现象？脚手架卡扣件有无不实或开扣现象？所铺设的脚手架防滑挡板是否完好等现象。

（三）雨天应急措施

1. 一旦狂风暴雨来临，现场负责人首先指令停止施工作业。紧急疏散施工人员。首先检查电器设备开关箱，关闭一切不需使用的电源，防止雷电击伤施工人员。组织施工人员抗风排水，启动集水坑内的污水泵抽水排洪。

2. 现场负责人要安排人员对重要部位定时巡视，遇有异常情况立即疏散施工人员，并向上级汇报，同时布置警戒线。

3. 组织施工人员检查排水沟是否通畅，施工材料是否覆盖压实。

4. 尽量做到把风险损失降至最低。

结　语

目前社会发展迅速，建筑行业也在迅速的发展，建筑工程项目必然会逐渐增多，加强建筑施工管理就显得尤为重要，但是如何保证施工过程中的施工质量，施工中人员的安全管理，这是建筑行业中必须引起重视的问题。因此，施工企业要增强对建筑工程施工管理的重视，采用科学合理的手段进行建筑工程设计，在建筑施工前，必须对施工准备，施工的质量，施工的进度，施工现场进行安全管理和监察，施工过程中在每一个环节尽可能的关注安全与环境问题。施工企业可以形成一种创新意识，发展一种创新理念，全面提升施工创新管理技术与方法，尽量能够在不造成环境大污染的情况下，实施建筑工程施工，最终为施工企业打造出一个良好的创新环境。

参考文献

[1] 王丽梅，任粟，邓明栩主编．建筑工程施工技术 [M]．成都：西南交通大学出版社，2015.09.

[2] 华建民，张爱莉，康明主编；何若全总主编．建筑工程施工 [M]．重庆：重庆大学出版社，2015.03.

[3] 刘勤主编．建筑工程施工组织与管理 [M]．阳光出版社，2018.11.

[4] 鲁雷，高始慧，刘国华．建筑工程施工技术 [M]．武汉：武汉大学出版社，2016.08.

[5] 二级建造师执业资格考试命题研究组编．建筑工程施工管理 [M]．成都：电子科技大学出版社，2017.09.

[6] 李媛主编．建筑工程施工资料管理 [M]．北京：北京理工大学出版社，2017.01.

[7] 钟汉华，董伟主编．建筑工程施工工艺 [M]．重庆：重庆大学出版社，2015.10.

[8] 刘鉴秋．建筑工程施工 BIM 应用 [M]．重庆大学出版社，2018.08.

[9] 陈永鸿，赵发宾主编．建筑工程施工准备 [M]．重庆：重庆大学出版社，2014.08.

[10] 庄淼，韩应军，冯春菊主编．建筑工程施工组织设计 [M]．中国矿业大学出版社，2016.01.

[11] 黄隆洋主编．建筑工程施工实战技术 [M]．重庆：重庆大学出版社，2015.06.

[12] 滕官成，刘勇主编．建筑工程施工项目成本管理 [M]．上海：上海交通大学出版社，2015.03.

[13] 葛克水，张宏洲编．地下建筑工程施工 [M]．北京：地质出版社，2014.06.

[14] 北京土木建筑学会主编．建筑工程施工安全技术交底记录 [M]．北京：冶金工业出版社，2015.11.

[15] 北京土木建筑学会主编．建筑工程施工安全专项方案编制与实例 [M]．北京：冶金工业出版社，2015.11.

[16] 王作成主编．建筑工程施工质量检查与验收 [M]．北京：中国建材工业出版社，2014.08.

[17] 刘永新陈丙军编著．建筑工程施工技术与管理概论 [M]．天津：天津科学技术出版社，2013.04.

[18] 可淑玲，宋文学主编．建筑工程施工组织与管理 [M]．广州：华南理工大学出版社，2018.01.

[19] 徐伟，吴水根主编．建筑工程施工 [M]．上海：同济大学出版社，2013.08.